エンジニアなら
知っておきたい

# macOS環境の
# キホン

コマンド・Docker・
サーバなどをイチから解説

大津 真著

# まえがき

Apple社の次世代OSとして2001年に登場したmacOS（旧MacOSX）は、誕生から20年以上経過し、使いやすいGUIインターフェースと、分野を問わず安定して使用できるOSとして確固たる地位を築いています。

macOSの屋台骨を支えているのが、Darwinと名付けられた、堅牢性に定評あるUNIXシステムです。macOSには、そのUNIX部分に直接アクセスするための「ターミナル」アプリが標準で用意されています。

ターミナルのコマンドラインを使いこなせるようになると、macOSの世界が大幅に広がります。プログラマーを目指す方はPythonやRubyといったスクリプト言語、さらにはJavaやC言語といったコンパイラ言語を自由に操ることができます。サーバ管理者の方はSSHを使用したサーバの安全なリモート管理が可能になります。Webのエンジニアやデザイナーの方はオリジナルのWebサーバを構築してWebサイトの開発を効率的に行うことができます。

さらに、シェルの操作や基本コマンドはLinuxなど他のUNIX系OSとほぼ同じなので、macOSのターミナルの操作をマスターしておけば、システム管理者としてさまざまなOSが混在する環境を管理するといった場合も役立つでしょう。

本書は、主にその「ターミナル」を通してmacOSを徹底的に使いこなすための解説書です。

コマンドラインと聞くと難しそうといったイメージを持つ方も少なくないかもしれません。本書では、エンジニアを目指す方や、コンピュータプログラミングを学びたい学生の方のような初心者にも理解できるように、コマンドライン・インタプリタであるシェルの使い方、および基本的なUNIXコマンドの操作について一から解説し、安心して学習が進められるように配慮しています。

第1部「コマンドの基本操作を理解する」では、コマンドラインの初心者を対象に、ターミナルの操作を基礎から解説しています。Catalina以降の標準シェルであるzshを基本に解説していますが、以前の標準シェルであるbashのユーザ向けに相違点も適宜説明しています。

第2部「シェルの環境設定とシステム管理」では、シェルの環境設定、スーパーユーザの権限でのコマンドの実行方法や、ファイルの安全管理、ユーザ管理などについて説明しています。

第3部「開発・運用系ツールを活用する」では、定番のUNIXコマンドのインストール方法、旬のコンテナ技術である「Docker」の使い方などを解説しています。

第4部「ネットワーク管理とサーバ構築」では、ネットワークの設定、SSHサーバやWebサーバといったネットワークサーバの活用法などについて説明します。

コマンドラインの基本操作をマスターしたらあとは実践あるのみです。本書で得た知識をもとにネットの情報などを参照しながらターミナルを操作することにより、より理解が深まっていくことでしょう。

最後に、本書が、macOSの深淵なる世界を探求する読者の方々の手助けとなれば幸いです。

2022年6月　大津真

・本書の内容は、執筆時点（2022年6月）までの情報を基に執筆されています。紹介したWebサイトやアプリケーション、サービスは変更される可能性があります。

・本書の内容によって生じる、直接または間接被害について、著者ならびに弊社では、一切の責任を負いかねます。

・本書中の会社名、製品名、サービス名などは、一般に各社の登録商標、または商標です。なお、本書では©、®、TMは明記していません。

・正誤表を掲載した場合は、下記URLのページに表示されます。

https://book.impress.co.jp/books/1121101093

# contents

## contents

## contents

# 第 1 部

# コマンドの基本操作を理解する

# 第1章

# macOS環境の特徴を知ろう

**macOSの基本部分は「Darwin」というオープンソースのUNIXシステムです。美しいGUIを支える土台ともいえます。本章では、まずmacOSとユーザ管理の概略について説明します。具体的な手法にも少し触れていますが、実際の操作は2章以降で学びますので、ここでは概要をつかんでいただければ十分です。**

**ポイントはこれ！**

- macOSの基本部分はUNIXシステム
- ターミナルではさまざまなUNIXコマンドが実行可能
- ユーザは一般ユーザとスーパーユーザ（root）に大別される
- SIPによりスーパーユーザでも重要なシステムファイルは変更できない

## 1-1 macOSの基本部分はUNIXシステム

**macOS**（旧OSX）の基本部分である**Darwin**（ダーウィン）は、安定性に定評があるOS（オペレーティングシステム）の代表である**UNIX**（ユニックス）システムです。UNIXは、その堅牢性から特にインターネットのサーバや研究開発分野では欠かせないOSとなっています。まずは、UNIXとはどんなものか、そして、UNIXへの入り口となるターミナルのコマンドラインを使用するメリットについて説明しましょう。

### 1-1-1 UNIXの歴史についてざっと……

UNIXの歴史は古く、1969年にアメリカのAT&T社のベル研究所で開発が開始されました。もちろんパソコンなどない時代なので、動作環境は個人ではとても所有できないほど高価なミニコンなどに限られました。

UNIXは、早い段階でマルチユーザ、マルチタスク、ネットワーク機能といった先進の機能を実現し、さらに移植性の高い安定したOSとして注目を集め、研究機関や企業、政府機関で急速に普及していきました。その後、AT&Tベル研直系の商用UNIXである「**System V**」と、カリフォルニア大学バークレー校の研究グループによる「**BSD**」(Berkeley Software Distribution) というふたつの流派に分かれて発展を続けてきましたが、開発元ごとにさまざまな機能拡張が行われたため、同じUNIXシステムでも次第に互換性が乏しくなってきました。そのため、現在では、The Open Group (http://www.opengroup.org/) を中心に、**POSIX** (Portable Operating System Interface for UNIX：ポジックス) というUNIX系OSのAPI (アプリケーション・プログラム・インターフェース) を定めた規格が制定され、最近のUNIXシステムはこれに準拠しています。

macOSの基礎部分であるDarwinは、UNIXシステムそのものです。「UNIX」という名前を名乗るには、UNIXの商標を管理する業界団体The Open Groupから**SUS** (Single UNIX Specification) の認証を受ける必要がありますが、macOSはバージョン10.5でその認証を取得しました。したがって、macOSは今では名実ともにUNIXシステムです。

## 1-1-2　オープンソースのコマンドも追加できる

UNIXには星の数ほどのコマンドがオープンソースとして公開されています。macOSの場合、**Homebrew** (P.326「14章 Homebrewによるパッケージ管理」参照) といったパッケージ管理ツールを利用するとそれらを簡単に追加できます。

パッケージで提供されていない、あるいは、プログラム作成の流れを学習したいといった場合には、オープンソースとして公開されているソースファイルに対してコンパイルという処理を行ってアプリを作成できます。

その際にはアップルより無償で提供されている開発環境**Xcode**を利用すればよいでしょう。具体的な方法についてはP.351「第15章 ソースをダウンロードしてコンパイルする」で説明します。

MEMO

**本書のmacOSのバージョン**

**本書ではmacOS Monterey (12.3以降) を対象に解説しています。**

COLUMN

## MacはなぜUNIXを採用したのか

2000年ごろまで使用されていたMac専用のOSである「MacOS9」は、操作性やデザインには定評があり特にデザイン分野では圧倒的なシェアを誇っていました。

しかし、1984年に最初のMacが登場して以降、旧式のパソコン用OSとしての基本設計をそのまま肥大化していったため、いかんせんシステムが不安定で、根本から変革しないかぎり、いつの日か破綻するのは目に見えていました。その決断に重要な役割を果たしたのがAppleの創業者でありながら一時はAppleを追われ、紆余曲折の末CEOに返り咲いた、かの**スティーブ・ジョブズ**でした。

彼はAppleを離れている間に、**NEXTSTEP**というUNIXベースのOSを販売する会社を経営していました。Appleの新OSは、そのNEXTSTEPをベースに新たに生まれ変わることになったのです。

macOS（旧MacOSX）の最初のバージョンは2001年に登場しました。当初は**モトローラ**のG3、G4、G5といったCPUのみをサポートしていましたが、その後CPUが**Intel**に切り替わり、2020年登場のmacOS Big Surからは、**Appleシリコン**（m1などAppleオリジナルのCPU）もサポートされるようになりました。今後発売されるMacのCPUはAppleシリコンに切り替わっていく予定です。

# 1-2 ターミナルでは豊富なUNIXコマンドが利用可能

本章では、ここからコマンドの特徴やメリットなどの概要を見ていきます。具体的な使用方法については2章以降で解説します。ここでは、使い方よりも概要をつかむことにフォーカスしてください。

マウスやトラックパッドを使用してグラフィカルな操作を行う**GUI**（Graphical

User Interface）に対して、キーボードからコマンドをタイプして実行するユーザインターフェースを**CUI**（Character User Interface）、あるいは**CLI**（Command Line Interface）といいます。またコマンドを入力する行のことを「**コマンドライン**」といいます。

macOSでCUIコマンドを実行するには、「**ターミナル**」（「アプリケーション」→「ユーティリティ」フォルダにある）というアプリを使用します。

**ターミナル**

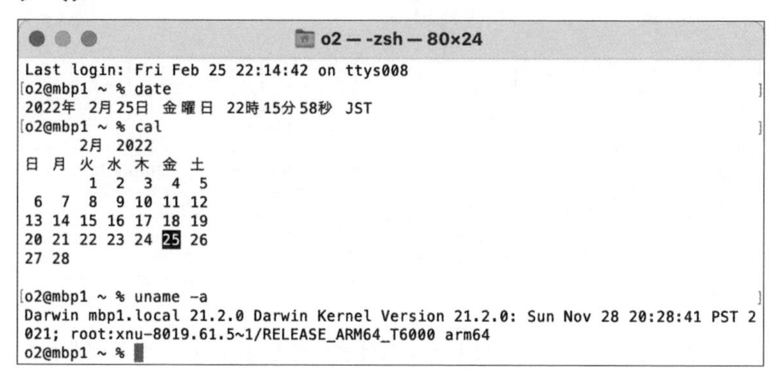


UNIXでは、その長い歴史の間にたくさんの優れたソフトウェアが開発されてきました。オープンソースとして公開されているものもたくさんあります。

macOSにも、コマンドラインインタプリタ（コマンドラインでユーザの入力したコマンドを解釈するプログラム）である「**シェル**」（P.032「2-3 コマンドを解釈するシェル」参照）をはじめ、さまざまなCUIコマンド、各種ネットワークサーバなど、多くのオープンソース・ソフトウェアが標準でインストールされています。

なお、macOSに用意されている基本的なCUIコマンドは、**FreeBSD**などのBSD系のオープンソースUNIXから移植されたものですが、macOSオリジナルのコマンドも多数インストールされています。たとえば、ディスクユーティリティ（Disk Utility）あるいはSpotlightといったGUIアプリに対応するCUIコマンドも用意されています。

## 1-2-1 日常的なファイル操作が便利に

それでは、ターミナルを通じてコマンドラインを使用すると何ができるのでしょう？ またどんなメリットがあるのでしょうか？ ユーザによって使い道はさまざまですが、とりあえず本項では使い方の一部を紹介しましょう。

日常的なファイル操作も、コマンドラインを使用するとより簡単に行えるケースがあります。たとえば、現在開いているフォルダの下で、拡張子が「**.txt**」あるいは「**.html**」となっているすべてのファイルを、同じ階層の**Backup**フォルダにコピーしたいとしましょう。

**複数のファイルを「Backup」フォルダにコピー**

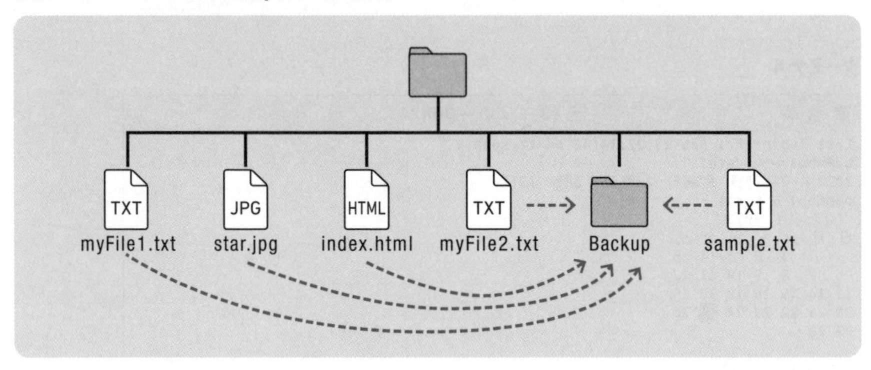


Finderでそのような処理を行うにはどうすればよいでしょうか？　いちばんシンプルな方法としては、option を押しながら1個ずつBackupフォルダへドラッグ&ドロップする方法があります。ファイル数が多い場合には、⌘＋F（⌘を押しながらFを押す）で検索ボックスを表示し、ファイル名の最後が「.html」や「.txt」で終わるという条件で検索したファイルをコピーしてもよいでしょう。

**「.html」「.txt」のファイルを検索**

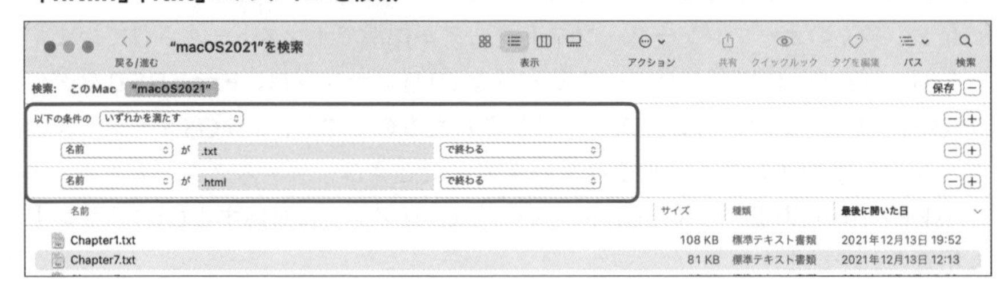


いずれにしてもちょっと面倒ですね。でも、コマンドラインでは単に次のようにタイプすれば一気にできます。

```
% cp *.txt *.html Backup/ return
```

※先頭の「%」は入力しません（P.024「2-1-2 簡単なコマンドを実行してみよう」参照）。

もう少し長いコマンドの例を示しましょう。たとえば、**samples**ディレクトリ以下で拡張子が「**.png**」のファイルを検索し、サイズの大きい順に10個表示するには次のようにします。

```
% find samples -name "*.png" -exec du {} \; | sort -nr |␣➡
head return
5552    samples/flower.png
2800    samples/myPics/myPngs/o2face.png
～以下略～
```

半角スペースを入れて改行せずに続けて入力

以下はコマンドの実行結果が表示されたもの

**MEMO**

**シェルスクリプト**

**実行するコマンドを「シェルスクリプト」と呼ばれるプログラムファイルに保存しておけば、後から何度でも呼び出して利用することもできます。**

## 1-2-2 Webサーバなどのシステムの設定が可能

macOSにはWebサーバ「**Apache**」などのサーバソフトウェアが標準搭載されています。自分のMacでApacheを起動できればWebサイトの開発が行えます。また、ApacheではCGIやPHPといった機能も利用できます。Apacheを管理するGUIアプリは用意されていません。設定や起動はコマンドラインで行う必要があります。具体的な方法はP.406「19章 WebサーバApacheを起動する」で説明します。

## 1-2-3 サーバのリモート管理が行える

Webサーバなどのインターネットサーバの管理は、別のマシンからネットワークを介してリモート管理されることが多いでしょう。サーバがmacOSの場合には「**画面共有**」を使用してGUIでリモート操作することも可能ですが、ネットワークの品質やセキュリティの問題から避けたほうがよい場合もあります。そのようなケースでは、ターミナルから**SSH**（Secure Shell）と呼ばれるリモートログインソフトを使用して、サーバを管理するという方法がよく利用されます。SSHでは通信の内容が暗号化されるため安全な操作が可能です。

**SSHでは通信内容が暗号化される**

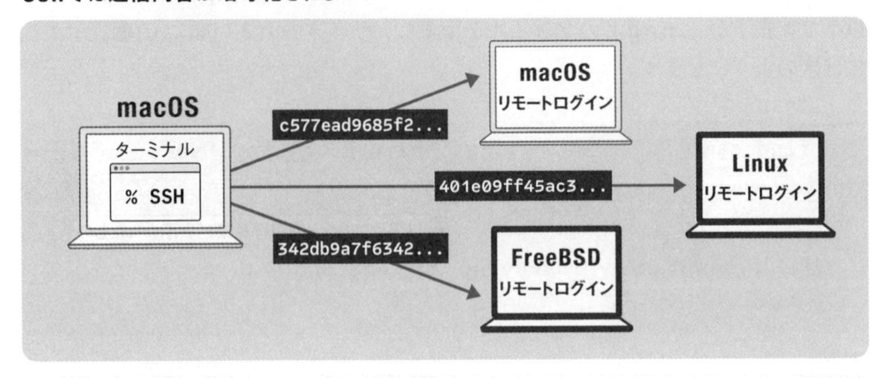


SSHを使用したリモートログインでは接続先はmacOSだけとは限りません。コマンドラインの操作を覚えておくことで、リモートログイン先のサーバがLinuxであろうとmacOSであろうとだいたい同じように操作できます。

たとえばレンタルサーバにWebページを置いている場合、SSHでリモートログインしてコンテンツの管理を行うといったことが可能です。

## 1-2-4 PythonやRubyのプログラム開発にも使用できる

最近では**Python**や**Ruby**といったスクリプト言語が人気ですが、macOSにはその開発／実行環境が用意されており、ターミナルを使用して、それらの言語の学習やプログラム開発が行えます。たとえば、Pythonバージョン3（python3）をインタラクティブモードで起動して、printコマンドで「こんにちは」と表示するには次のようにします（あわせてこの後のCOLUMNも参照）。

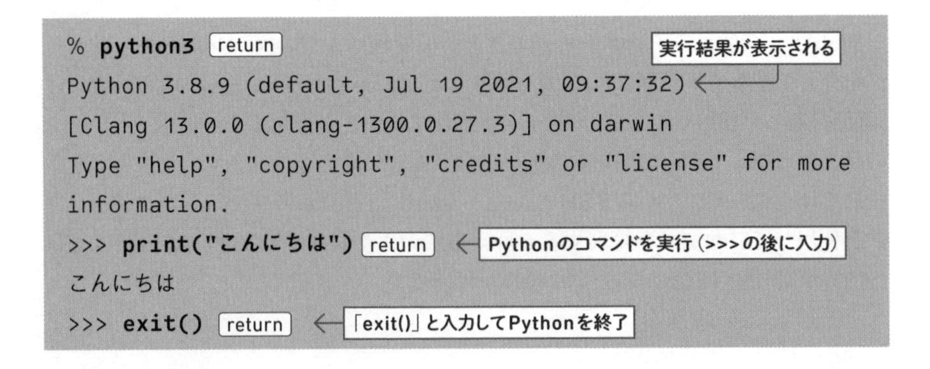

COLUMN

## Pythonバージョン3のインストールについて

現在Pythonはバージョン2とバージョン3が広く使用されていますが、macOS Montereyでは、バージョン2が廃止され、バージョン3のみが用意されています。Pythonバージョン3は、**Xcode**のコマンドラインツールに含まれます。コマンドラインツールがインストールされていない場合、python3コマンドを初めて実行すると次のようなダイアログボックスが表示されるので「インストール」ボタンをクリックしてインストールします。

コマンドラインツールのインストール

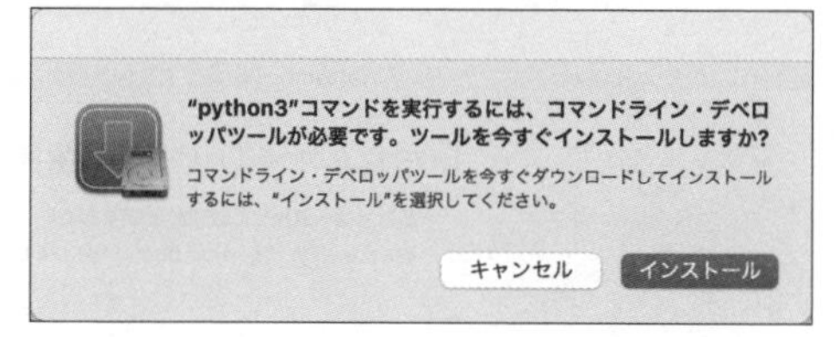


## 1-2-5 カレンダー、計算、辞書など ちょっと役立つ機能も充実

さて、みなさんは1年後の今日は何曜日かなと調べたくなったときにどうしますか? Webで検索する、あるいは「カレンダー」アプリを使うなどの方法がありますが、コマンドラインでは次のようにタイプするだけでOKです。

```
% date -v+1y [return]
2023年 5月 2日 火曜日 11時53分35秒 JST
```

簡単な計算もできます。たとえば、西暦2022年から令和の年を求める計算をするには次のようにタイプします。

```
% echo $((2022 - 2018)) [return]
4
```

**open**コマンドを使うと、コマンドラインとmacOSのGUIアプリを連携させることもできます。たとえば、ターミナルで作業中に「**辞書**」アプリで単語「一蓮托生」を調べるには次のようにします。

```
% open dict://"一蓮托生" return
```

すると辞書アプリに検索結果が表示されます。「辞書」アプリはあらかじめ起動していなくてもかまいません。openコマンドを実行すれば自動的に起動します。

**辞書アプリが起動して検索結果が表示される**

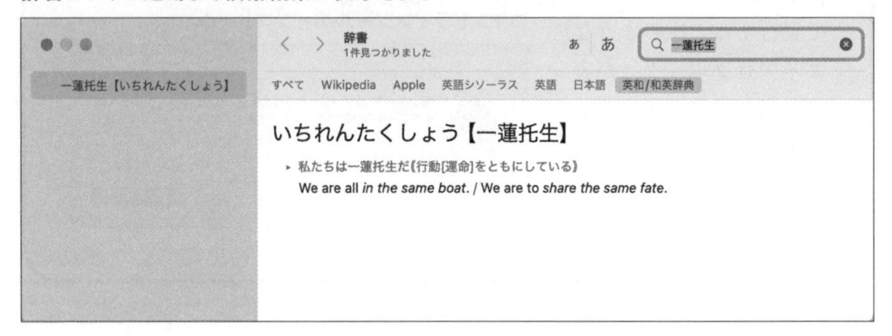


# 1-3 macOSにおけるユーザの種類について

続いて、ターミナルでコマンドを実行する際に不可欠な、macOSおよびUNIXにおけるユーザの分類と権限について簡単に説明しておきましょう。

## 1-3-1 macOSの管理者について

macOSのユーザは「**管理者**」と「**管理者以外のユーザ**」に大別されます。「システム環境設定」→「**ユーザとグループ**」にユーザの一覧が表示されます。

管理者はシステムの設定を変える権限を持っているユーザです。システムのインストール時に登録したユーザが管理者になります。その後、ユーザを追加して管理者とすることもできます。

新規のユーザを追加するには（左隅の鍵のアイコンで）ロックを解除して左下の+ボタンをクリックします。「システム環境設定」→「ユーザとグループ」で「**このコンピュータの管理を許可**」をチェックしたユーザが管理者となります。

**管理者は「このコンピュータの管理を許可」がチェックされている**

なお、「**ゲストユーザ**」はシステムにログインするためのユーザではありません。ネットワーク経由のファイル共有を行う場合に、ゲストにアクセスを許可したフォルダに接続するためのユーザです。

## 1-3-2 アカウント名とフルネームについて

macOSのユーザ名には、半角英数文字のみの「**アカウント名**」と、日本語も使用可能な「**フルネーム**」の2種類があります。それらのユーザ名は「システム環境設定」→「ユーザとグループ」でユーザ名を右クリックして「**詳細オプション**」を選択すると表示されるダイアログで確認できます。

**アカウント名とフルネームの設定**

詳細オプション

ユーザ: "山田太郎"

警告: これらの設定を変更すると、このアカウントが壊れて、ユーザがログインできなくなることがあります。設定の変更を有効にするにはコンピュータを再起動する必要があります。

ユーザID: 503
グループ: staff
アカウント名: taro
フルネーム: 山田太郎
ログインシェル: /bin/zsh
ホームディレクトリ: /Users/taro　選択...

なお、システム内部で主に使用されるユーザ名は、「システム環境」→「ユーザとグループ」の「**アカウント名**」のほうです。

## 1-3-3 スーパーユーザと一般ユーザ

一般的なUNIXでは、ユーザは「**スーパーユーザ**」と「**一般ユーザ**」に大別されます。スーパーユーザはまさに“スーパー”なユーザで、歴史的な経緯からユーザ名は「**root**」に決まっています。

ただし、「システム環境設定」→「ユーザとグループ」にはスーパーユーザ（root）が表示されません。実は、macOSでは直接スーパーユーザで作業することは推奨されていないので「ユーザとグループ」には表示されないのです。

スーパーユーザ（root）は、伝統的なUNIXシステムにおいて神にも等しい存在であらゆる操作が可能です。操作を間違えれば、システムが立ち上がらなくなってしまう危険もあります。そのため、macOSなど最近のUNIXシステムでは、デフォルトでrootでログインしたり、あるいはターミナル上で一時的にrootに移行したりして作業を行うことができないように設定されています。

それでは、サーバの起動やシステムファイルの変更など、スーパーユーザの権限が必要な作業を行う場合はどうするのでしょう？　その場合は、管理者として登録されているユーザが「**sudo**」というコマンドを使用して、一時的にスーパーユーザの権限を取得して管理コマンドを実行します（sudoコマンドについてはP.238「9-1 スーパーユーザ権限で実行するsudoコマンド」で説明します）。

**管理者はsudoコマンドを通じてシステムを管理する**

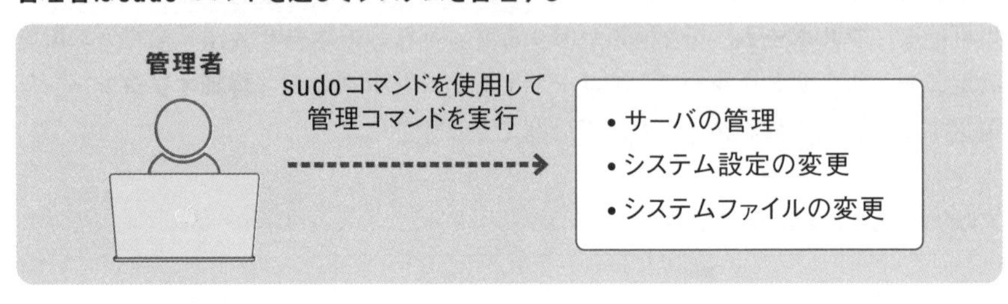


たとえば、Webサーバ「Apache」の再起動は「apachectl restart」コマンドを使用しますが、実行にはスーパーユーザの権限が必要です。そのため、コマンドの前に「sudo」を記述して次のように実行します。

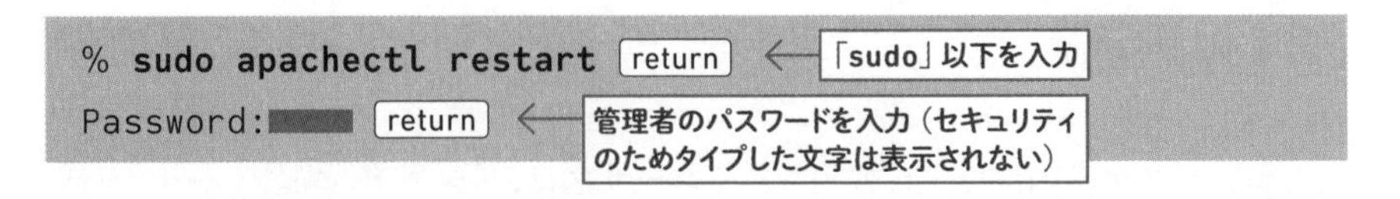

MEMO

**sudoコマンドは管理者のみ実行できる**

**sudoコマンドは誰でも実行できるというわけではなく、管理者として登録されているユーザだけが実行できます。また、実行時には自分のパスワードの入力が必要です。**

## 1-3-4 SIPによりスーパーユーザも制限

前述のように、macOSは、デフォルトでユーザがスーパーユーザ（root）に移行できないように設定されています。しかし、管理者はsudoコマンドを使えば、システムに対してあらゆる操作を行うことができます。結局、誤ってシステムに重大なダメージを与えてしまう危険性は除去できません。

そのため、OS X v10.11 El Capitan以降ではセキュリティがさらに強化され、たとえスーパーユーザであっても、システムの重要なディレクトリ以下の書き換えができないようになっています。この仕組みを「**SIP**（System Integrity Protection：システム整合性保護）」と呼びます。また、rootユーザが存在しないという意味合いで「rootlessモード」とも呼ばれます。

たとえば、次のようなディレクトリ以下はsudoコマンドを使用しても変更できません（ファイルの中身を表示することは可能です）。

sudoコマンドを使用しても変更できないディレクトリ

- /System
- /bin
- /sbin
- /usr
- /var

また、macOSにあらかじめインストールされているアプリも変更できません。

# 第2章 ターミナルでコマンドを実行する

**さて、この章からが本番です。実際に「ターミナル」アプリを立ち上げてシンプルなコマンドを実行していきながらコマンドラインの操作方法について説明していきます。**

**ポイントはこれ！**

- **コマンドに渡す値を「引数」(ひきすう) という**
- **ユーザとカーネルの橋渡しをするシェル**
- **macOSの標準シェルはzsh**
- **パスの指定方法には絶対パスと相対パスがある**
- **ターミナルの設定はプロファイルとして管理される**

## 2-1 ターミナルを起動してコマンドを入力してみよう

コマンドラインの操作には「**ターミナル**」アプリを使用します。これは、実際の端末（ターミナル）をコンピュータ上のウインドウとして再現したもので、一般に「ターミナルエミュレータ」(端末エミュレータ）と呼ばれる種類のアプリです。

### 2-1-1 ターミナルとは

UNIX黎明期のコンピュータは、コンピュータ本体を複数のユーザで共有するという使い方が主流でした。コンピュータ本体に、文字しか表示できない端末である「**キャラクタターミナル**」(キャラクタ端末）をRS232Cといった初期のコンピュータ通信規格のケーブルで接続していました。

**「ターミナル」という用語は昔の名残**

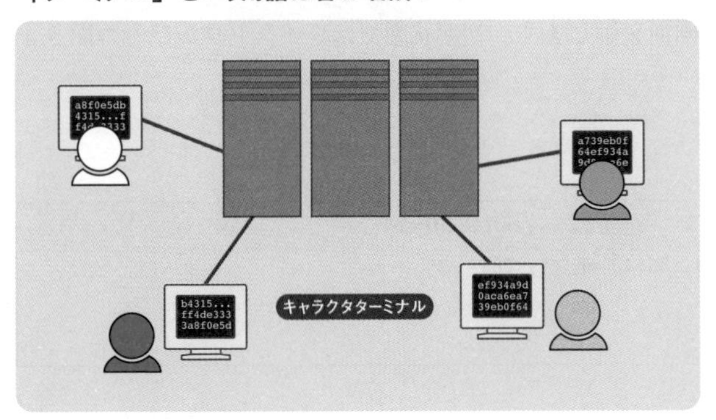


このキャラクタターミナルをデスクトップ上のGUIアプリとして再現したのが「**ターミナルエミュレータ**」と呼ばれるアプリケーションです。macOSにはその名もずばり「**ターミナル**」という名前のターミナルエミュレータが搭載されています。「ターミナル」(ターミナル.app）は、「アプリケーション」→「ユーティリティ」フォルダに保存されています。

**「ターミナル」のアイコン**

MEMO

**「ターミナル」アプリをDockに追加しておこう**

**本書では基本的に「ターミナル」アプリを使用してコマンドを入力していきます。Dockに入れてワンクリックで起動できるようにしておくと便利でしょう。ターミナルを起動するとDockにアイコンが表示されるので、アイコン上で右クリックしてメニューを表示し、「オプション」→「Dockに追加」を選択します。**

### ●コマンドプロンプトはコマンド入力OKのしるし

次にターミナルの起動画面を示します。初期状態ではウインドウがひとつ開きます。

**ターミナルの起動画面**

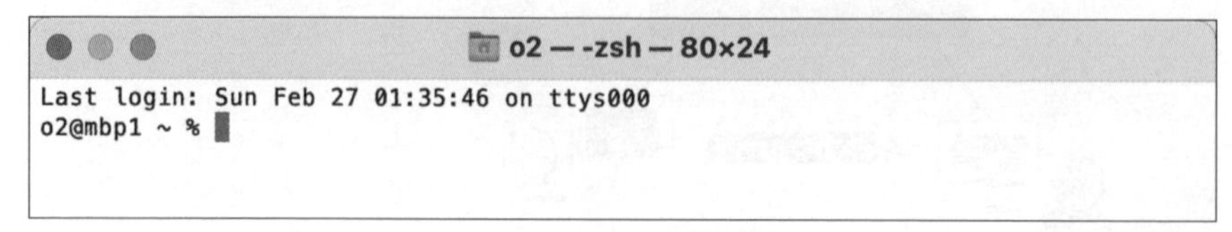


ターミナルのウインドウを開くと、現在のユーザでシステムにログインした状態になります。ターミナルの先頭行には、最後にログインした日時が表示されます。その次に「**コマンドプロンプト**」(以下単に「**プロンプト**」) が表示されます。

**コマンドプロンプト**

プロンプトは、現在システムがコマンドを受け付ける状態であることを表しています。ユーザはプロンプトの後にあれこれタイプしていくことになります。

## 2-1-2　簡単なコマンドを実行してみよう

続いて、実際にターミナルを起動して、プロンプトに続いて簡単なコマンドを実行してみましょう。

### ●プロンプトに続いてコマンドをタイプする

CUIコマンドを実行するには、プロンプトに続けてコマンドをタイプして return を押します。試しに「**uname**」とタイプして return を押してみましょう。unameはオペレーティングシステムの情報を表示するコマンドです。

```
o2@mbp1 ~ % uname return   ←「uname」とタイプしてreturnを押す
Darwin   ←実行結果
o2@mbp1 ~ %   ←再びプロンプトが表示される
```

実行結果としてmacOSのUNIXシステム部分の名称である「Darwin」が表示されましたね。コマンドの実行が完了すると再びプロンプトが表示され、次のコマンドを受け付ける状態になります。

続けて「**cal**」とタイプしてreturnを押してみましょう。calは今月のカレンダーを表示するコマンドです。

```
o2@mbp1 ~ % cal return
      2月 2022
日 月 火 水 木 金 土
       1  2  3  4  5
 6  7  8  9 10 11 12
13 14 15 16 17 18 19
20 21 22 23 24 25 26
27 28
```

さらに、現在の日時を表示する**date**コマンドを実行してみましょう。

```
o2@mbp1 ~ % date return
2022年 2月28日 月曜日 16時57分51秒 JST
```

COLUMN

## 実行結果が英語で表示される場合の対処方法

**date**コマンドを実行すると次のように結果が英語で表示される場合があります。

```
o2@mbp1 ~ % date return
Wed Sep 21 10:31:23 JST 2016
```

その場合、言語地域環境を表す「**ロケール**」という値が設定されていない可能性があります。「ターミナル」メニューの「**環境設定**」ダイアログで、「プロファイル」→「Basic」→「詳細」を開きます。「言語環境」→「テキストエンコーディング」を「**Unicode(UTF-8)**」に設定し、「**起動時にロケール環境変数を設定**」にチェックを付けてください。

**ロケールの設定**

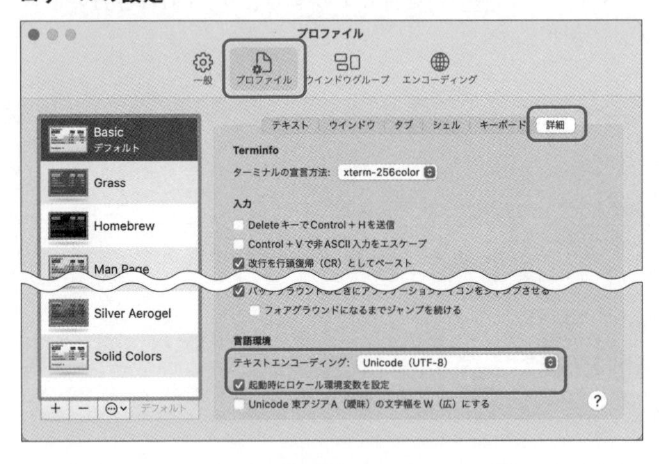


## ●プロンプトの表示形式について

macOSでは、プロンプトの表示形式は初期状態で次のように設定されています。

**プロンプトの書式**

```
ユーザ名@ホスト名 カレントディレクトリ %
```

ホスト名は、コンピュータを識別する名前のことです。「システム環境設定」→「共有」の「コンピュータ名」で設定できます。

ホスト名の後の「**カレントディレクトリ**」とは現在自分がいるディレクトリです。デフォルトではチルダ「~」が表示されています。このチルダ「~」は、自分の「**ホームディレクトリ**」を表す特殊な記号です。

**「ホームディレクトリ」を表すチルダ「~」**

```
o2@mbp1 ~ %
```

「~」はホームディレクトリを表す

ホームディレクトリ（Finderでは「ホーム」フォルダ）とは、ユーザごとに使用され、ユーザが自由に使用可能なディレクトリです。macOSの場合、ホームディレクトリは「**/Users/ユーザ名**」となります。たとえば、ユーザ名が「o2」の場合、ホームディレクトリは「/Users/o2」となります。

MEMO

**「ディレクトリ」と「フォルダ」**

**「ディレクトリ」と「フォルダ」は同じ意味です。多くの場合、GUI環境では「フォルダ」、ターミナルのようなCUI環境では「ディレクトリ」と呼ばれます。したがって、ホームディレクトリはFinder上の「ホーム」フォルダと同じです。**

プロンプトに表示される内容は、カレントディレクトリやお使いのシステム環境などによって異なるので、本書ではこれ以降、細部は省略して、一般ユーザのプロンプトを単に「**%**」と表記します。

**本書のプロンプトの表記**

```
o2@mbp1 ~ %
```

```
%
```

本書ではプロンプトを「%」のみに略記

MEMO

**スーパーユーザのプロンプト「#」**

**多くのシステムでは、スーパーユーザのプロンプトは、一般ユーザと区別するために「#」が使用されます。ただし、macOSの場合には、スーパーユーザでログインすることはできません。**

● **exitコマンドでログアウトする**

ターミナルからログアウトするには、**exit**コマンドを実行します。

```
% exit [return]
logout
```

あるいは、[control]+[D]を押してもログアウトします。また、exitコマンド（[control]+[D]）を実行せずに、ターミナルのウインドウを閉じたり、[⌘]+[Q]でターミナル自体を終了したりしても自動的にログアウトされます。

# 2-2 引数とオプションの取り扱いについて

ほとんどのコマンドには、何らかの値を渡すことができます。そのような値のことを「**引数**」（ひきすう）といいます。ここでは引数の指定方法について説明します。

## 2-2-1 コマンドに引数を指定する

引数を指定してコマンドを実行する場合の書式は次のようになります。

**引数の指定**

```
コマンド 引数1 引数2 ...
```

コマンドと引数、および引数間の区切りとして半角スペースを入れます。

どのような引数を受け取るのか、受け取る引数の数などはコマンドによって異なります。たとえば、前述のカレンダーを表示する**cal**コマンドの場合、次の形式で引数を渡すことにより、指定した年月のカレンダーを表示できます。

**calコマンドの書式**

```
cal 月 年
```

「年」は西暦4桁で指定します。たとえば、2022年10月のカレンダーを表示するには次のようにします。

```
% cal 10 2022 return
      10月 2022
日 月 火 水 木 金 土
                   1
 2  3  4  5  6  7  8
 9 10 11 12 13 14 15
16 17 18 19 20 21 22
23 24 25 26 27 28 29
30 31
```

**MEMO**

**複数の引数の書き方に注意**

**コマンドと引数、引数同士の区切りにカンマ「,」は使えないので注意してください。また、スペースはひとつだけではなく複数入れてもかまいません。**

なお、calコマンドの場合、引数をひとつだけ指定すると西暦の年を指定したものとみなされ、その年のカレンダーがすべて表示されます。次に2023年のカレンダーを表示する例を示します。

```
% cal 2023 return
                             2023
        1月                    2月                    3月
日 月 火 水 木 金 土  日 月 火 水 木 金 土  日 月 火 水 木 金 土
 1  2  3  4  5  6  7            1  2  3  4            1  2  3  4
 8  9 10 11 12 13 14   5  6  7  8  9 10 11   5  6  7  8  9 10 11
15 16 17 18 19 20 21  12 13 14 15 16 17 18  12 13 14 15 16 17 18
22 23 24 25 26 27 28  19 20 21 22 23 24 25  19 20 21 22 23 24 25
29 30 31              26 27 28              26 27 28 29 30 31

～以降は2023年12月まで表示される～
```

## 2-2-2 コマンドの動作を指定するオプション

引数の中で、コマンドの動作を変更する指令のようなものを「**オプション**」と呼びます。オプションの指定方法はコマンドによってさまざまですが、UNIXの世界で伝統的なのが、ハイフン「-」に続いてアルファベット1文字でひとつのオプションを指定する形式です。

P.24で紹介したunameコマンドはOSの情報を表示するコマンドです。

コマンド **uname**
説　明 **OSの情報を表示する**

書　式 **uname** [オプション]　※[ ]は省略可能であることを示す。

unameに「-m」オプションを指定して実行するとプロセッサのハードウェア名を表示します。M1 macなどAppleシリコンのシステムで実行した場合には「**arm64**」、Intel macで実行した場合には「**x86_64**」と表示されます。

```
% uname -m [return]   ← Appleシリコンのmacで実行した場合
arm64
```

```
% uname -m [return]   ← Intel macで実行した場合
x86_64
```

**MEMO**

### コマンドのオプション

**ここで指定したオプション「-m」は「Machine」の頭文字です。「-アルファベット1文字」形式のオプションの多くは、オプションの機能を表す単語の頭文字が使用されます。**

### ●オプションに値を指定する

オプションによっては、その後に何らかの値を必要とするものがあります。たとえば、前述のcalコマンドは、引数をひとつ指定した場合には西暦の年とみなされますが、「**-m 月**」の形式でオプションを指定すると、指定した月の今年のカレンダーが表示されます。たとえば今年の3月のカレンダーを表示するには「**-m 3**」オプションを指定します。

```
% cal -m 3 return   ← 今年の3月のカレンダーを表示
       3月 2022
日 月 火 水 木 金 土
       1  2  3  4  5
 6  7  8  9 10 11 12
13 14 15 16 17 18 19
20 21 22 23 24 25 26
27 28 29 30 31
```

## ●オプションを複数指定する

同時に複数のオプションを指定できるコマンドもあります。1文字形式のオプションを複数指定する場合には「-文字 -文字」のように個別に指定します。たとえば、**uname**コマンドに「**-m**」と、ネットワークのホスト名（macOSの場合は「mbp1.local」のようなBonjour名）を表示する「**-n**」オプションを指定して実行するには次のようにします。

```
% uname -m -n return
mbp1.local arm64
```

あるいは「**-mn**」のようにハイフン「-」の後にオプションの文字を並べて指定することもできます。

```
% uname -mn return
mbp1.local arm64
```

## ●単語形式のオプション

英文字1文字形式のオプションはタイプが楽な反面、意味がわかりにくいといったデメリットがあります。そのため、「**--**」(ハイフンふたつ）に続いて英単語で指定するオプション形式をサポートしているコマンドもあります。たとえば、ファイルをZip形式で圧縮するコマンドにgzipコマンドがあります。gzipは、「**--version**」オプションを指定すると、文字通りバージョンを表示します。

```
% gzip --version return
Apple gzip 264.1.1
```

なお、「--version」オプションと同じ動作の1文字形式のオプション「**-V**」も用意されているのでどちらを使ってもかまいません。

```
% gzip -V [return]
Apple gzip 264.1.1
```

# 2-3 コマンドを解釈するシェル

コマンドラインを管理するのが「**シェル**」と呼ばれるプログラムです。ここではシェルの概要と、macOSの標準シェルである「**zsh**」について説明しましょう。

## 2-3-1 シェルの役割

ユーザがターミナルのウインドウを開くと「**シェル**」というプログラムが動き出し、プロンプトを表示します。プロンプトに続いてユーザがタイプしたコマンドは、シェルによって解釈され、システムの中心部分である「**カーネル**」に伝えられます。カーネルはコマンドを実行し終えると、そのことをシェルに伝えます。そして、シェルは再び、プロンプトを表示するというわけです。

**シェルとカーネル**

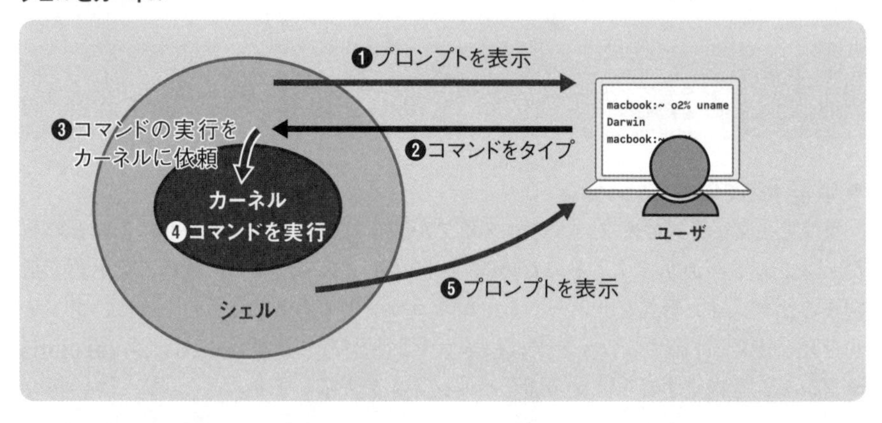


このことからわかるように、シェルはユーザとカーネルの間のクッションのような役割をするものと考えることができます。

MEMO

**シェル**

**シェルは一般に「コマンドインタプリタ」などと呼ばれる種類のプログラムです。Windowsのユーザは、「コマンドプロンプト」や「PowerShell」と同じような役割のプログラムと考えるとよいでしょう。**

COLUMN

## さまざまなシェル

UNIX黎明期のシェルはインタラクティブな機能が貧弱でお世辞にも使いやすいものとはいえませんでしたが、現在ではコマンドラインの編集機能や、名前の補完機能、履歴機能といった便利な機能がたくさん備えられています。

シェルは**Bシェル系**と**Cシェル系**という分け方がされることもあります。Bシェル系はUNIXシェルの元祖ともいえる**sh**から派生したシェル、Cシェル系はBSD UNIXに付属していた**csh**の流れをくむシェルです。次の表に主なシェルを示します。macOSではこの表のシェルが利用可能です。

**シェルの種類**

| シェル | 説明 |
|---|---|
| sh | shは最も古くからあるシェル。開発者のStephen R. Bourne氏にちなんでBourneシェル、あるいは「Bシェル」と呼ばれる。対話機能が弱いため、現在ではログインシェルとして使用されることはほとんどないが、ほぼすべてのUNIX系システムに標準で用意されているため、シェルスクリプト（シェルを使用したプログラム）の標準記述言語として広く使用されている |
| bash | shの上位互換シェル。shの作者であるBourne氏に敬意を表し、「生まれ変わったBourneシェル」という意味で、bash（Bourne Again SHell）と名付けられた。shに比べて対話機能は劇的に改善されている。たいていのLinuxディストリビューションで標準シェルとして採用されている。Macの場合OS X Jaguar（10.2）からMojaveまでの標準シェル |

（次ページへ続く）

（前ページからの続き）シェルの種類

| シェル | 説明 |
|---|---|
| csh | カリフォルニア大学バークレー校で開発されたシェル。「Cシェル」と呼ばれ、Bourneシェルに比べて対話機能に優れていた。Cシェルの名前の由来はif文やwhile文などの制御構造がC言語の文法をもとにしていることによる |
| tcsh | cshの機能拡張版。ファイル名補完機能やコマンドライン編集機能が強化され、Cシェル系のシェルとしては広く普及している。macOSも最初期バージョンではtcshが標準シェルだった |
| zsh | Bシェル系とCシェル系の利点をあわせ持ったシェルで、現在最も高機能なシェルのひとつ。macOS Catalina以降の標準シェル |

## ● macOSの標準シェルはzsh

上記COLUMN「さまざまなシェル」で説明したように、現在さまざまなシェルが開発されていて使い勝手や機能もさまざまです。システムにログインしたときに起動するシェルを「**ログインシェル**」と呼びます。Macでは、Mac OS X 10.1 Pumaまでは「**tcsh**」、それ以降のmacOS Mojave 10.14までは「**bash**（バッシュ）」、そしてmacOS Catalina以降は「**zsh**」（ジィーシェルもしくはゼットシェル）が標準のログインシェルとして採用されています。現在どのようなシェルが使用されているかは次のようにして確認できます。

```
% echo $SHELL [return]
/bin/zsh      ← zshが使用されている
```

結果の「**/bin/zsh**」はzshの保存先です。シェルといってもシステム的には単なるプログラムファイルにすぎません。zshの場合、「/bin/zsh」として保存されているプログラムファイルなわけです。

ここで使用した**echo**コマンドは引数として渡された文字列を画面に表示するコマンドです。

コマンド **echo**
説　明 **文字列を画面に表示する**

書　式 **echo** ［オプション］ 文字列

詳しくはP.215「8-3 シェル環境を設定する環境変数」で説明しますが、**$SHELL**はシェルのパスが保存されている「環境変数」と呼ばれる変数です。

## 2-3-2 使用するシェルを変更する

使用するシェルによって、コマンドラインの操作性はガラリと変わります。macOS Catalina以前からのユーザであれば、それまでの標準シェルであるbashを好む方も少なくないでしょう。ここでは、シェルの変更方法について説明しましょう。

### ●ログインシェルを変更する

ログインシェルを、macOS標準のzshから別のシェルに変更することができます。それには**chsh**コマンドを使用します。

| | |
|---|---|
| コマンド | **chsh** |
| 説　明 | **ログインシェルを変更する** |
| 書　式 | **chsh -s** シェルのパス |

たとえば**bash**の本体は、「**/bin/bash**」として保存されています。ログインシェルをbashに変更するには次のようにします。

```
% chsh -s /bin/bash [return]
Changing shell for o2.
Password for o2:████ [return]   ←パスワードを入力
```

以上で新たに**ターミナル**のウィンドウを開くと、bashがログインシェルとして起動します。

**ログインシェルbashでターミナルのウィンドウが開く**

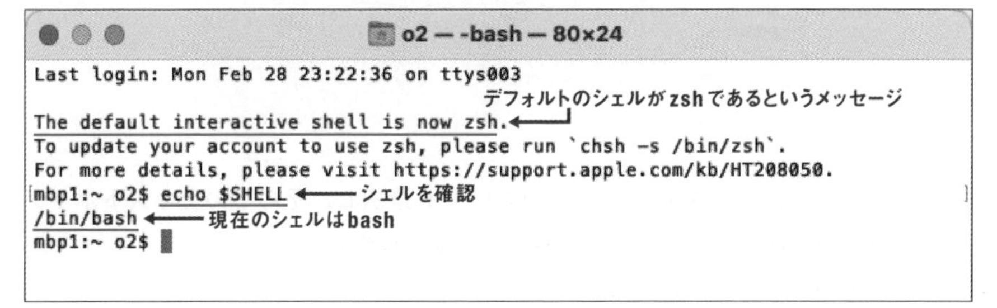

> **MEMO**
> **bashのプロンプトは「$」**
> **zshの場合、プロンプトの最後は「%」ですが、bashの場合「$」になります。**

zshに戻すには、再びchshコマンドを使用して次のようにします。

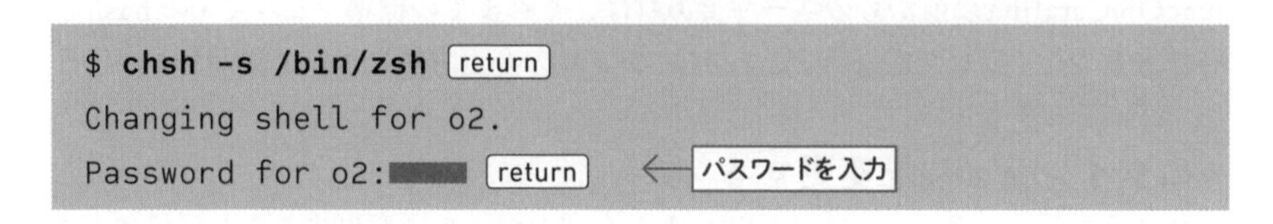


## ●ターミナルで使用するシェルを変更する

ターミナルの環境設定を使用すると、現在のログインシェルに関わらずターミナルのウィンドウを開いたときに起動するシェルを変更することもできます。

**①「ターミナル」メニューから「環境設定」を選択し、「環境設定」ダイアログの「一般」パネルを表示します。**

「**開くシェル**」で「**デフォルトのログインシェル**」が選択されている場合には、chshで設定したシェル（デフォルトではzsh）がログインシェルとして使用されます。

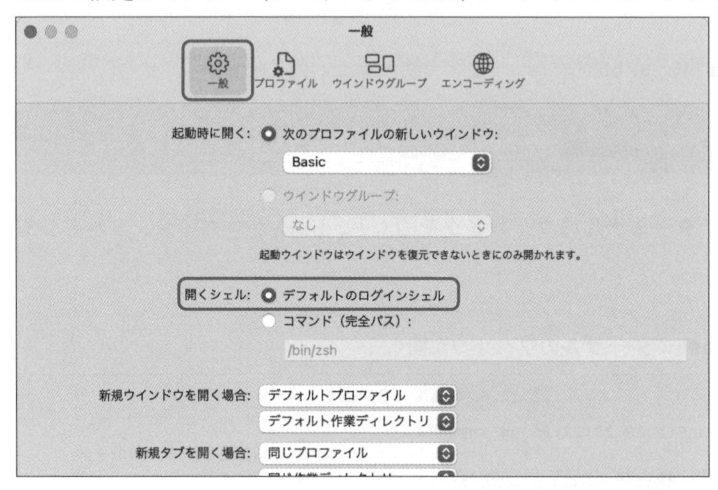


**②「開くシェル」で「コマンド（完全パス）」を選択し、その下のテキストボックスにシェルが保存されている場所のパスを指定します。**

たとえばbashの場合には「/bin/bash」となります。

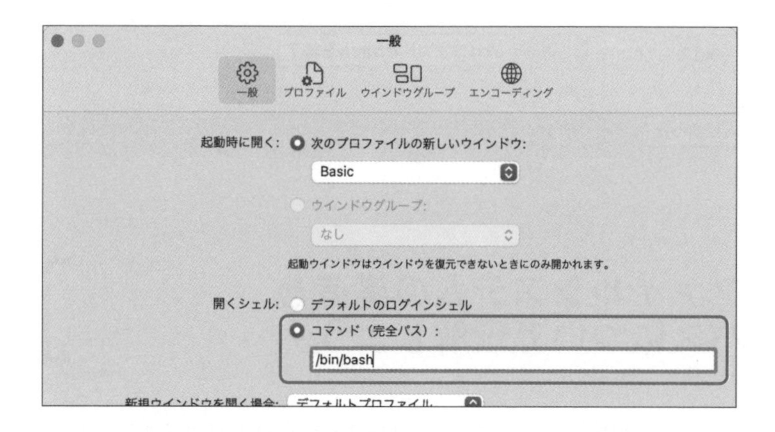


③以上で、新たにターミナルのウインドウを開くと指定したシェルが起動してプロンプトが表示されます。

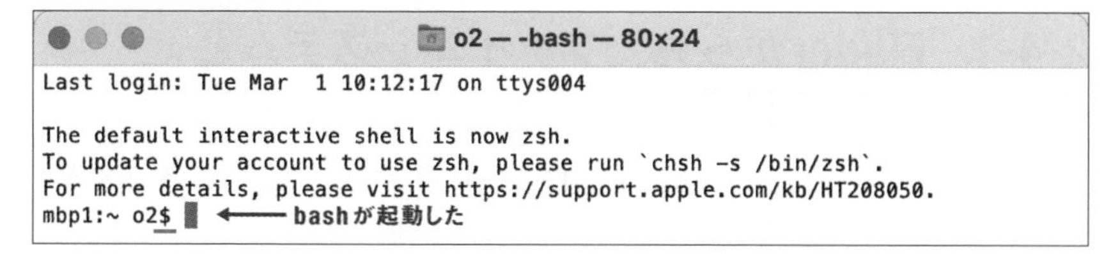


## ●一時的にシェルを変更する

ターミナルを開いた後に、一時的にシェルを変更することもできます。それにはシェルをコマンドとして実行すればよいのです。たとえばzshがログインシェルとして実行されているときに「**bash** return」とすると、zshの上でbashが起動します。「**exit** return」とすれば元のzshに戻ります。

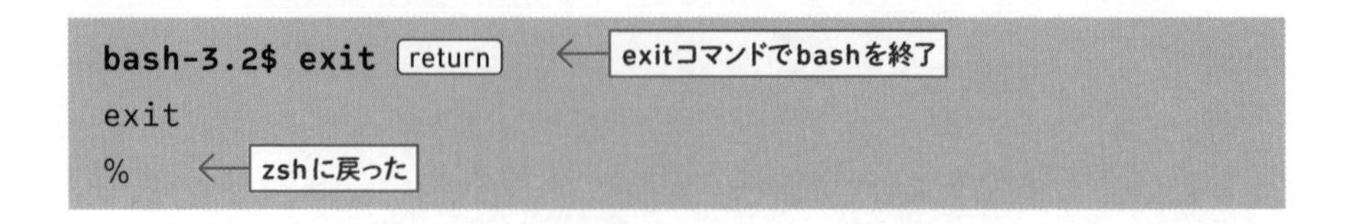


# 2-4 ファイルシステムの構造とパスについて理解しよう

コマンドの入力方法が理解できたところで、UNIXから見たファイルシステムの概要と、ファイルやディレクトリまでの道筋であるパスについて説明しましょう。

## 2-4-1 Finderから見たファイルシステムと実際の構造

macOSの実際のファイルシステムと、Finderを通して見えるファイルシステムの構造は異なります。その違いを理解しておくことが重要です。

### ● Finderから見たファイルシステム

Finderでは、「**移動**」メニューから「**コンピュータ**」を選択すると表示される「コンピュータ」がトップの階層になります。「コンピュータ」には起動ディスクや外部ディスク、「ネットワーク」が同じ階層に表示されます。

**Finderから見たファイルシステム**

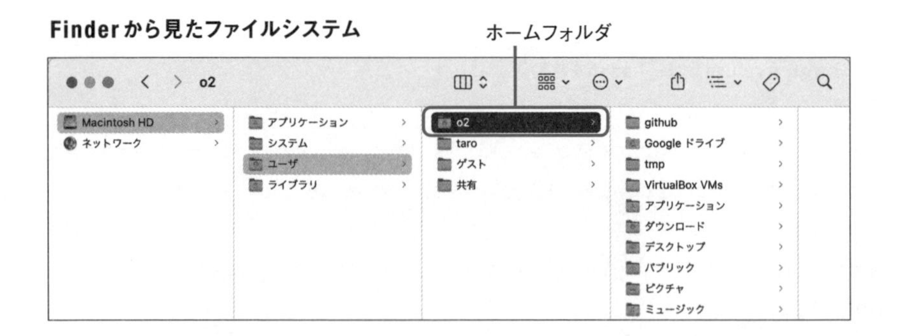


起動ディスクの下の「ユーザ」→＜ユーザ名＞フォルダが、ユーザの「**ホーム**」**フォルダ**（**ホームディレクトリ**）になります。

## ●実際のファイルシステムの構造はツリー構造

macOSの実際のファイルシステムの構造は、「/」(ルート) ディレクトリを頂点とする階層構造になっています。これは伝統的なUNIXシステムのファイルシステムの構造そのものです。「**ルート** (root)」とは木の根っこのような意味ですが、ちょうど木を逆さにしたように見えることから「**ツリー構造**」などと呼ばれます。木の枝の分岐点部分がディレクトリ、それぞれの葉っぱ部分がファイルに相当します。

**ツリー構造**

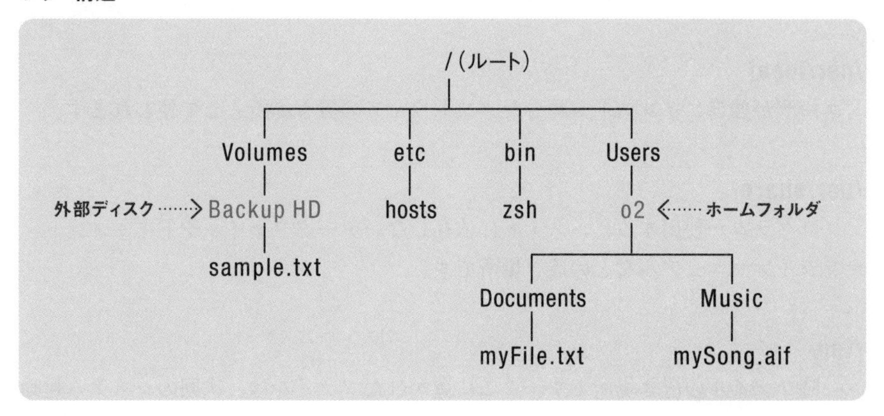


## ●UNIXシステムに伝統的に搭載されている主なディレクトリ

UNIXシステムに伝統的に搭載されている主なディレクトリの役割を簡単にまとめておきます。

### /sbin、/usr/sbin

システム管理用コマンドの置き場所です。

### /bin、/usr/bin

基本コマンドの置き場所です。

### /dev

プログラムから各種デバイスを扱うための「スペシャルファイル」(あるいは「デバイスファイル」) と呼ばれる特別なファイルが置かれています。

### /etc

個々のシステムに固有のさまざまな設定ファイルの置き場所です。たとえば/etc

の下のapache2ディレクトリには、Webサーバ「Apache」の設定ファイルが保存されています。実際には、**/private/etc**のシンボリックリンクです（P.109「4-3 lnコマンドでリンクを操作する」参照）。macOSのエイリアス（ファイルやフォルダを別名で扱う機能。Windowsのショートカットに相当する）と似ていますが仕組みは異なります。

### /usr/lib

ライブラリファイルの置き場所です。

### /usr/local

ユーザが独自にインストールしたソフトウェアの置き場所として使われます。

### /usr/share

プログラムが使用する、システムに依存しないデータファイルやドキュメント、オンラインマニュアルなどの置き場所です。

### /tmp

一時ファイルの置き場所です。ここに置かれたファイルは、次回のシステム起動時に削除されます。実際には/private/tmpのシンボリックリンクです。

### /var

「var」は「variable」(可変）の略です。キャッシュデータ、ログファイル（/var/log）など、日常的に変更されるファイルの置き場所です。実際には/private/varのシンボリックリンクです。

## ● macOS独自の主なディレクトリ

次に、macOS独自の主なディレクトリの概要を示します。

### /Users (「ユーザ」フォルダ)

ユーザのホームディレクトリの保存場所です。たとえば、ユーザ「o2」のホームディレクトリは「/Users/o2」となります。

### /System/Library (「システム」→「ライブラリ」フォルダ)

macOS独自の機能拡張などのライブラリファイルの保存場所です。この後で取り上げる/Libraryより重要度の高いファイルが保存されています。

### /Library（「ライブラリ」フォルダ）

macOS独自の機能拡張などのライブラリファイルの保存場所です。主にアプリケーション独自の機能拡張などが保存されています。

### /Applications（「アプリケーション」フォルダ）

macOS用GUIアプリケーションの保存場所です。

### /Volumes

外部ディスク、USBメモリなどの記憶装置はファイルシステムに接続することで利用可能になります。これを「**マウント**」と言います。記憶装置を接続すると自動的に/Volumes以下にディレクトリが作成されマウントされます。

たとえば外部ディスクが「Ext」として認識された場合には「/Volumes/Ext」にマウントされます。

### /System/Volumes

ひとつの記憶装置は複数の領域に分割できます。それぞれの領域を「**パーティション**」と言います。/System/Volumesは、起動ディスクの複数のパーティションのマウントポイントです。たとえば「Data」はユーザ領域、「VM」は仮想メモリ領域です。「Update」はシステムのアップデート用の領域です。

なお、最上位の階層のディレクトリの中で、Finderに表示されるのは「**システム**」「**ライブラリ**」「**ユーザ**」「**アプリケーション**」（システムによっては「AppleInternal」も表示）だけです。それ以外のディレクトリはユーザが安易に変更できないようにFinderでは隠されています。

**Finderでは最上位の階層のディレクトリは一部しか表示されない**

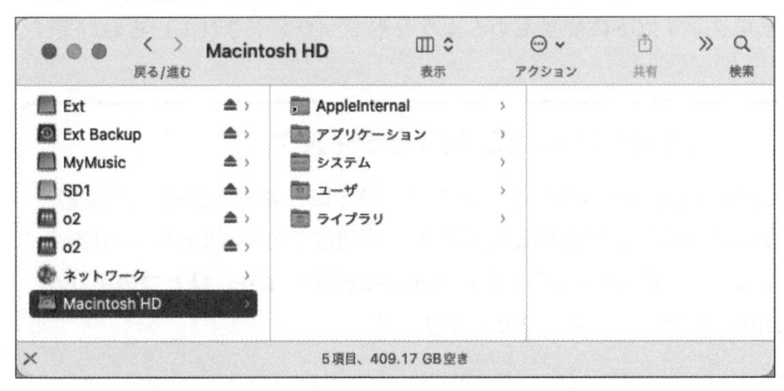

## ●パーティションのマウント先について

起動ディスクとして使用され、ファイルシステムの階層構造の頂点となるパーティションのことを「**ルートパーティション**」と呼びます。それ以外のパーティションは、ルートパーティション内のディレクトリにマウントすることで利用可能になります。macOSでは、外部ディスクのパーティションやUSBメモリ、CD/DVDメディアなどは、「**/Volumes/ボリューム名**」にマウントされます。

次の例では「Macintosh HD」が起動ディスクです。「Backup HD」が外部ディスク、「USB M1」がUSBメモリのパーティションで、/Volumes/ボリューム名の下にマウントされています。

**パーティションのマウント**

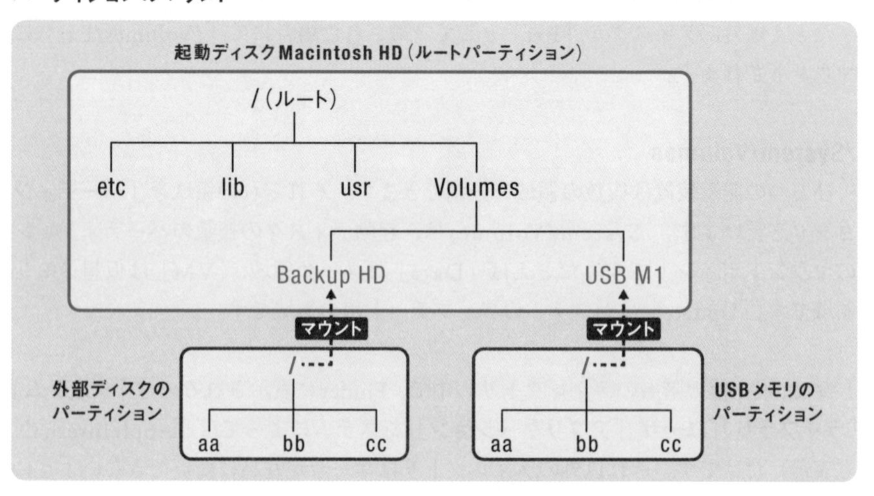


Finderではすべてのパーティションが同じ階層にあるように見えますが、システム的にはルートパーティションが頂点にあり、そのほかのパーティションは/Volumesディレクトリ以下に接ぎ木するような形でマウントされているわけです。

MEMO

### Catalina以降の起動ディスク

**macOS Catalina以降では起動ディスクは、読み取り専用の領域（初期設定では「Macintosh HD」）、書き換え可能なユーザ領域である「Data」に分割されています。これらは両者を接続するFirmlinks機能により、ひとつのボリューム「Macintosh HD」としてアクセスできます。**

COLUMN

## Finderで表示されていないディレクトリにアクセスするには

Finder上では、デフォルトでは「/」直下の/binや/etcといったシステム用ディレクトリは非表示になっていますが、次のようにすると、それらのディレクトリに読み出し専用でアクセスすることができます。

たとえば、Finderで/etcディレクトリ以下を表示するには、「移動」メニューの「**フォルダへ移動**」(shift + ⌘ + G) を選択し、表示されるダイアログで「/etc」を入力して return キーを押します。

**「フォルダへ移動」で/etcに移動**

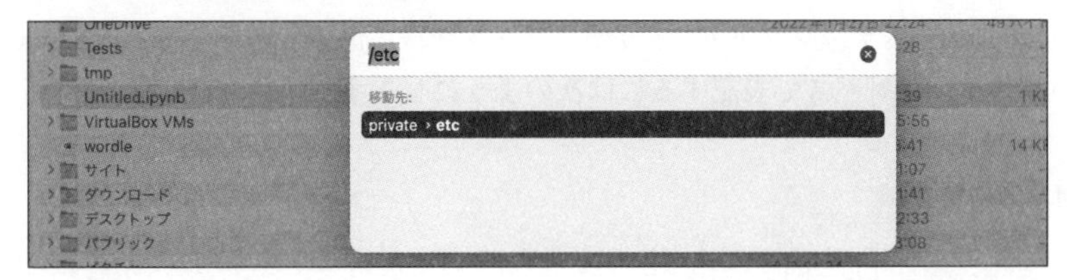


すると、/etcディレクトリの一覧が表示されます。ただし、/etcディレクトリ以下のシステムファイルは一般ユーザに書き換えが許可されていないため、編集して上書き保存することはできません（エディタなどで開くことはできます）。

**Finderで/etcディレクトリの一覧が表示される**

## 2-4-2 絶対パスと相対パスの違いを理解しよう

ディレクトリやファイルを指定するための道筋のことを「**パス**」と呼びます。パスの表記方法は「**絶対パス**」と「**相対パス**」に大別されます。

### ●絶対パス

macOSやLinuxのようなUNIX系のOSでは、絶対パスはルート「/」を起点にファイルシステムのツリー構造を順にたどっていく指定方式です。この場合、まず先頭にルートディレクトリを表す「/」を記述し、その後ろにディレクトリを「/」で区切って指定します。起点のルートも、ディレクトリの区切りもどちらもスラッシュ「/」を使う点に注意してください。

絶対パスでは、目的のディレクトリやファイルは必ず一意に指定できます。たとえば、ユーザ「o2」のホームディレクトリ（Finderでは「ホーム」フォルダ）の下のDocumentsディレクトリ（「書類」フォルダ）に保存されているsample.txtまでのパスを、絶対パスで表記するには次のようにします。

**絶対パスの表記**

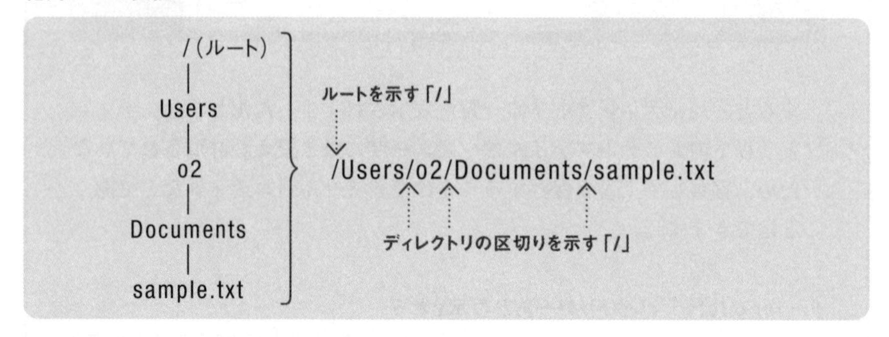


MEMO

**Windowsのパス表記**

**Windowsの場合、ファイルシステムの頂点はCドライブ（C:）やDドライブ（D:）といったドライブになります。**

**また、「C:¥Users¥o2¥Documents¥sample.txt」といったようにディレクトリの区切り記号は「¥」になります。**

### ●相対パス

相対パスは「**カレントディレクトリ**」、つまり現在自分がいるディレクトリを起点に、相対的にパスを指定する方法です。たとえば、ターミナルのウインドウを開いた時点ではホームディレクトリがカレントディレクトリになります。その下のDocumentsディレクトリにあるsample.txtは、相対パスでは次のように指定します。

**相対パスの表記**

## 2-5 ディレクトリやファイルの基本操作を覚えよう

パスの指定方法がわかると、ディレクトリを行き来したり、ディレクトリやファイルをコピー／移動したりといった操作が簡単にできるようになります。続いて、引数にパスを指定したディレクトリやファイルの基本コマンドについて説明します。

### 2-5-1 lsコマンドでファイルやディレクトリの一覧を表示する

まず、ディレクトリを操作するコマンドをいくつか紹介していきましょう。以下は、指定したディレクトリの一覧を表示する**ls**コマンドです。

コマンド **ls**

説　明 **ディレクトリの一覧を表示する**

書　式 **ls** [オプション] [パス]

### ●カレントディレクトリ下の一覧を表示する

lsコマンドを引数なしで実行するとカレントディレクトリ下の一覧が表示されます。ターミナルのウインドウを開いてログインが完了した時点ではカレントディレクトリはホームディレクトリになります。その状態で単に「ls」と実行すると、ホームディレクリ下のディレクトリやファイルの一覧が表示されます。

```
% ls return
Desktop      Downloads    Movies       Pictures     readme.txt
Documents    Library      Music        Public
```

### ●Finderでは基本的なディレクトリ名が日本語で表示される

Finderでは「**書類**」や「**ミュージック**」といったように日本語で表示されているフォルダ名は、ターミナルでは「**Documents**」や「**Music**」といったように英語で表示されます。これは、Finderでは「環境設定」の「**言語と地域**」に応じて英語のディレクトリ名がローカライズされているからです（「P.069「COLUMN ローカライズされたディレクトリ名をFinder上で英語表示にするには」参照）。

**ホームディレクトリのディレクトリ名とフォルダ名の対応**

| ディレクトリ名 | Finderでの表示 |
|---|---|
| Desktop | デスクトップ |
| Documents | 書類 |
| Downloads | ダウンロード |
| Library | ライブラリ |
| Movies | ムービー |
| Music | ミュージック |
| Pictures | ピクチャ |
| Public | パブリック |
| Sites※ | サイト |

※「サイト」フォルダはシステムによっては初期状態で存在しません。

なお、初期状態では「**ライブラリ**」フォルダ、つまり**~/Library**ディレクトリはFinderに表示されません。ただし、option を押しながら「移動」メニューを選択するとメニュー項目に「ライブラリ」が表示されます。これを選択すれば「ライブラリ」フォルダを開くことができます。

optionキーを押しながら「移動」メニューを選択

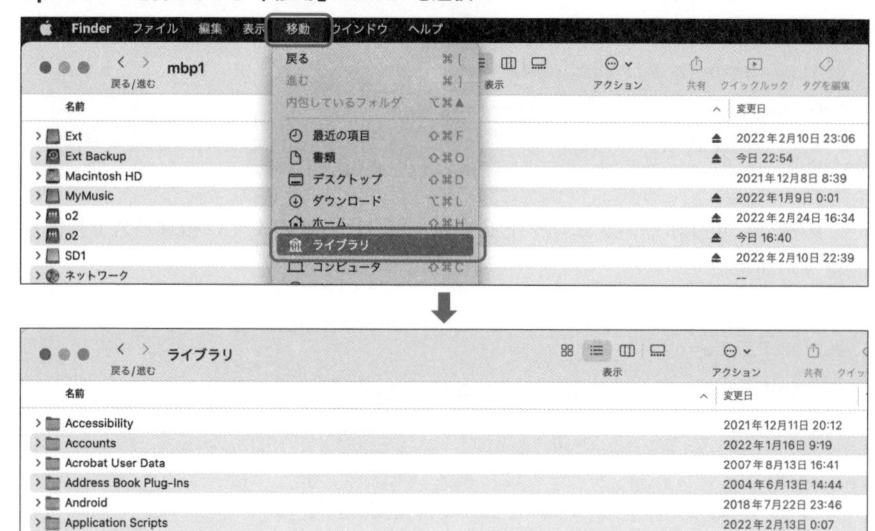


## ●指定したディレクトリの一覧を表示する

指定したディレクトリの一覧を表示するには、lsコマンドの引数にパスを指定します。

```
ls ディレクトリのパス
```

パスは絶対パスで指定しても、相対パスで指定してもかまいません。まずは絶対パスで指定してみましょう。

たとえば、ルート「/」の一覧を表示するには次のようにします。

```
% ls / return
Applications            etc
Library                 home
Network                 installer.failurerequests
System                  net
User Information        opt
Users                   private
Volumes                 sbin
～以下略～
```

ユーザ「o2」のPicturesディレクトリの一覧を表示するには次のようにします。

```
% ls /Users/o2/Pictures/ return
Personal                    ga1.png
Photo Booth ライブラリ       iPhoto Library.photolibrary
```

この例は、現在ホームディレクトリにいる場合は、次のように相対パスで指定したほうが簡単です。

```
% ls Pictures/ return
Personal                    ga1.png
Photo Booth ライブラリ       iPhoto Library.photolibrary
```

### ●ファイルとディレクトリを区別して表示する

lsコマンドに「**-F**」オプションを指定して実行すると、ディレクトリの最後に「/」が表示されるので、ファイルかディレクトリかがわかりやすくなります。

```
% ls -F Pictures/ return
Personal/                    ga1.png
Photo Booth ライブラリ/       iPhoto Library.photolibrary/
```

### ●隠しファイルを表示する

UNIX系OSでは、ファイル名の先頭がピリオド「.」で始まるファイルやディレクトリは「**ドットファイル**」あるいは「**隠しファイル**」と呼ばれ、デフォルトでは表示されません。隠しファイルも表示するにはlsコマンドに「**-a**」オプションを指定して実行します。次にホームディレクトリ下を表示した例を示します。

```
% ls -a return
.                      .zsh_history         Movies
..                     .zshenv              Music
.CFUserTextEncoding    Desktop              Pictures
.lesshst               Documents            Public
.viminfo               Downloads            readme.txt
.zcompdump             Library
```

ホームディレクトリ下にも多くのドットファイルが存在することがわかります。これらはコマンドの初期設定ファイルなど、通常は非表示にしておきたいファイルおよびディレクトリです。

一覧の先頭にある「.」と「..」は、通常のファイルではありません。詳しくはP.071「3-1 よく使うディレクトリを表す記号」で説明しますが、「.」はカレントディレクトリ、「..」はひとつ上のディレクトリを表す記号です。

「-a」オプションの代わりに「**-A**」オプションを指定すると、「.」と「..」は一覧に表示されなくなります。

```
% ls -A return
.CFUserTextEncoding    .zshenv      Movies
.lesshst               Desktop      Music
.viminfo               Documents    Pictures
.zcompdump             Downloads    Public
.zsh_history           Library      readme.txt
```

## ●「-l」オプションで詳細情報を表示する

lsコマンドに「**-l**」オプションを指定して実行すると、一覧にファイルやディレクトリの更新日時やサイズ、所有者、所有グループなどの詳細情報が表示されます。

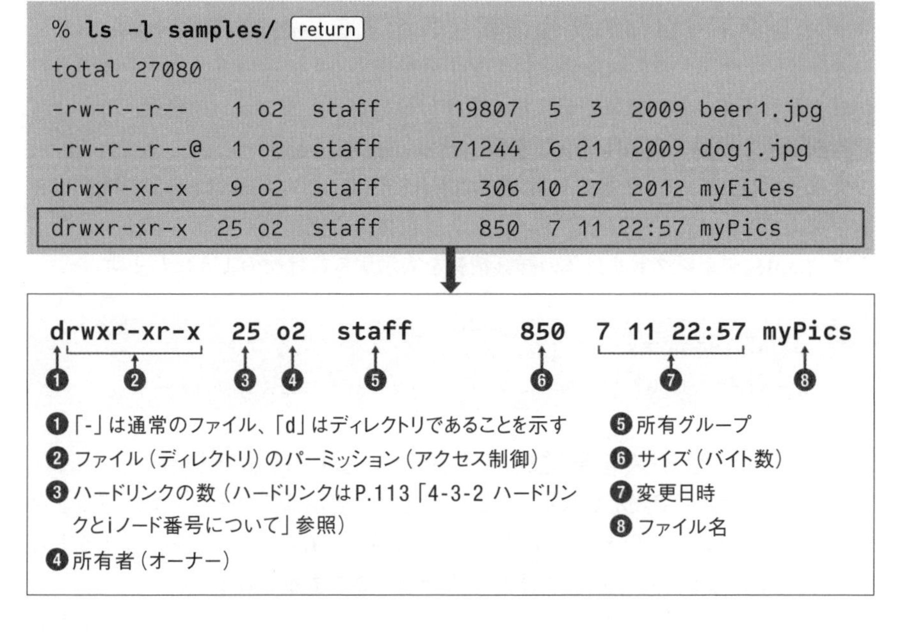

最初のフィールドには、ファイルの種類を示す記号の後に9桁の「**パーミッション**」と呼ばれるアクセス権限が表示されます（パーミッションに関してはP.241「9-2 アクセス制御を設定するパーミッション」参照）。最後に「**@**」が付いているのはFinder情報などの**拡張属性**（P.123「4-5 ファイルの拡張属性を操作する」参照）が与えられていることを示しています。

ファイルだけでなくディレクトリにもサイズが表示されている点に注目してください。UNIXでは、ディレクトリも特殊なファイルとして扱うからです。ディレクトリは、その下のファイルの一覧表が格納されたファイルのようなイメージでとらえるとよいでしょう。ディレクトリのサイズは、その一覧表の大きさを示します。そのディレクトリの下のファイルの合計サイズではない点に注意してください。

MEMO

**ファイル変更日時の表示形式**

**lsコマンドに「-l（エル）」オプションを指定した場合のファイルの変更日時の表示形式は2種類あります。過去6ヶ月以内に変更されたファイルは「月 日 時:分」の形式、それ以前に変更されたファイルは「月 日 年」の形式で表示されます。「-T」オプションを加えて「-lT」とすると、すべて「月 日 時:分:秒 年」の形式で表示されます。**

## ●ディレクトリ自体の詳細情報を表示する「-dl（エル）」オプション

「ls -l」コマンドの引数にディレクトリを指定すると、その下のファイルの一覧が表示されます。それでは、ディレクトリ自体のパーミッションや変更日時といった詳細情報を表示するにはどうしたらよいでしょう？

実は、引数にディレクトリを指定した場合、「**-l**」オプションに「**-d**」オプションを加えて「**-dl**」とすると、ディレクトリ自体の詳細情報が表示されます。たとえばsamplesディレクトリ自体の詳細情報を表示するには次のようにします。

```
% ls -dl samples [return]
drwxr-xr-x  8 o2  staff   272B  7 11 22:58 samples
```

## ●ファイルのサイズを単位付きで表示する「-h」オプション

「ls -l」コマンドで表示されるファイルサイズの表示はデフォルトではバイト単位ですがサイズが大きいとわかりづらいでしょう。「**-h**」オプションを加えるとK（キロバイト）、M（メガバイト）といった単位付きで表示されます。

```
% ls -lh samples return
total 27080
-rw-r--r--    1 o2  staff    19K  5  3  2009 beer1.jpg
-rw-r--r--@   1 o2  staff    70K  6 21  2009 dog1.jpg
drwxr-xr-x    9 o2  staff   306B 10 27  2012 myFiles
drwxr-xr-x   25 o2  staff   850B  7 11 22:57 myPics
-rw-r--r--@   1 o2  staff    13M  5 23 14:18 しゅっぱつのうた.pdf
```

なお、「ls -l」コマンドの引数にディレクトリではなくファイルを指定すると、そのファイルの詳細情報が表示されます。

```
% ls -lh samples/beer1.jpg return
-rw-r--r--  1 o2  staff   19K  5  3  2009 samples/beer1.jpg
```

## ●覚えておきたいlsコマンドのオプション

lsコマンドにはさまざまなオプションが用意されていますが、その中から覚えておきたいオプションを確認しておきましょう。

**lsコマンドのオプション**

| オプション | 説明 |
|---|---|
| -a | 隠しファイルを含め、すべてのファイルを表示する |
| -A | 「.」「..」以外のすべてのファイルを表示する |
| -d | ディレクトリそのものの情報を表示する |
| -F | ディレクトリの場合には「/」、シンボリックリンクの場合には「@」、実行可能ファイルの場合には「*」を表示する |
| -G | ファイルやディレクトリを色分けして表示する |
| -h | サイズの単位を表示する(「-l(エル)」オプションを同時に指定する必要がある) |
| -l(エル) | 詳細情報を表示する |
| -r | 逆順に表示する |
| -S | サイズの大きい順にソートして表示する |
| -t | 修正時刻順にソートして表示する |
| -s | サイズを表示する(単位はブロック数) |
| -k | 「-s」オプションと同時に指定するとサイズをkバイトで表示する |

COLUMN

## コマンドラインで複数行を入力するには

コマンドを複数行で入力することもできます。たとえば、lsコマンドは複数のディレクトリを引数にすることができます。Documentsディレクトリと Picturesディレクトリの一覧を表示するには、通常、次のように入力します。

```
% ls Documents Pictures return
```

コマンド全体が長くなるので引数を改行で区切って入力したい、といった場合には、改行したい位置で「\ return」をタイプします。すると、プロンプトが「**>**」に変わります。これを「**セカンダリプロンプト**」と呼びます。セカンダリプロンプトに続いて残りのコマンドを入力し、最後に return を押すと実行されます。

```
% ls Documents \ return
> Pictures return
Documents:
Acrobat User Data        Software
Dictionary               Soundtrack Pro Documents
〜略〜
```

## 2-5-2　カレントディレクトリを移動するcdコマンド

ターミナルのウインドウを開いた時点では、ホームディレクトリ（/User/ユーザ名）がカレントディレクトリですが、必要に応じてカレントディレクトリを移動することができます。それには**cd**コマンドを使用します。

コマンド　**cd**
説　明　**カレントディレクトリを移動する**

書　式　**cd** 移動先のディレクトリ

たとえば、カレントディレクトリの下のDocumentsディレクトリに移動するには次のようにします。

```
% cd Documents [return]
```

## ●ファイルのパスはFinderからドラッグ&ドロップで入力できる

Finderのフォルダやファイルをターミナルのウインドウにドラッグ&ドロップすると、そのパスをコマンドラインに入力できます。これを利用してフォルダをcdコマンドの引数に入力し、カレントディレクトリを移動する例を示します。

**①「cd」の後に半角スペースをタイプして、Finderから目的のフォルダをドラッグ&ドロップします。**

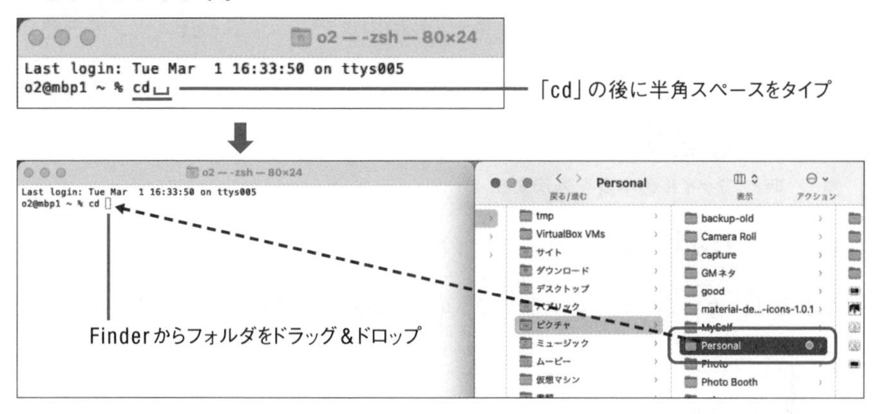


**②マウスボタンを放すとパスが入力されます。**

Finderからターミナルへフォルダやファイルをドラッグ&ドロップする機能は、ほかの引数にパスを指定するコマンドでも使えます。

たとえば、lsコマンドの引数にフォルダをドラッグ&ドロップすればディレクトリの一覧を表示できます。

## ●カレントディレクトリのパスを表示する

カレントディレクトリの絶対パスを表示するには**pwd**コマンドを使います。

コマンド **pwd**
説　明 **カレントディレクトリのパスを表示する**

書　式 **pwd**

次に実行例を示します。

```
% pwd return
/Users/o2/Documents
```

## 2-5-3　catコマンドでテキストファイルを表示する

続いて、ターミナル上でテキストファイルの中身を表示する**cat**コマンドを紹介しましょう。

コマンド **cat**
説　明 **ファイルの中身を表示する**

書　式 **cat [オプション] ファイルのパス**

たとえば、カレントディレクトリの下のsample.txtの内容を表示するには次のようにします。

```
% cat sample.txt return
アメリカ
イギリス
フランス
ドイツ
イタリア
デンマーク
```

catコマンドは単にファイルの中身を画面に書き出しているだけです。デフォルトではターミナルの文字エンコーディングはUTF-8に設定されているので、UTF-8以外のファイルを表示しようとすると文字化けします。また改行コードはLFである必要があります。

MEMO

### 文字コードの変換・他文字コードの表示

**文字エンコーディングがShiftJISやJIS、EUCのファイルは、nkfコマンドを使用して文字コードを変換したり（P.340参照）、lvコマンドを使用したりすれば表示できます（P.342参照）。どちらも参照ページの手順でインストールする必要があります。**

### ●行番号を表示する「-n」オプション

catコマンドに「**-n**」オプションを指定して実行すると、左側に行番号が表示されます。

```
% cat -n sample.txt return
     1	アメリカ
     2	イギリス
     3	フランス
     4	ドイツ
     5	イタリア
     6	デンマーク
```

COLUMN

## Finderのフォルダをカレントディレクトリにしてターミナルを開く

Finderの「**サービス**」機能を使用すると、Finder上の任意のフォルダをカレントディレクトリとして、ターミナルの新規ウインドウを開くことができます。そのためには、あらかじめ、「**システム環境設定**」ダイアログの「**キーボード**」→「**ショートカット**」→「**サービス**」で、「**フォルダに新規ターミナル**」と「**フォルダに新規ターミナルタブ**」をチェックしておきます。

「フォルダに新規ターミナル」「フォルダに新規ターミナルタブ」をチェック

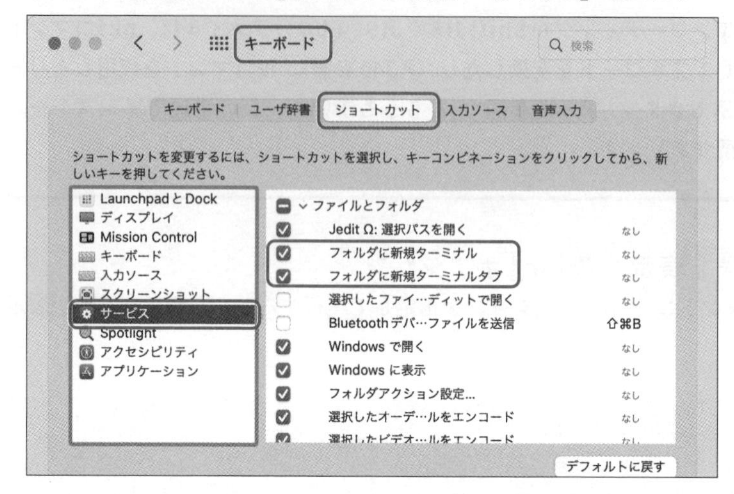


　以上で、フォルダを右クリックし、表示されるメニューから「**サービス**」→「**フォルダに新規ターミナル**」（もしくは単に「フォルダに新規ターミナル」）を選択すると、ターミナルのウインドウが開いてそのフォルダがカレントディレクトリとなります。

「フォルダに新規ターミナル」を選択

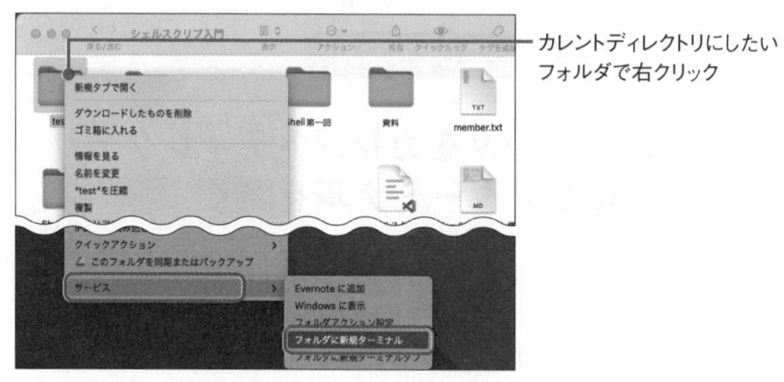


　なお、「**サービス**」→「**フォルダに新規ターミナルタブ**」（もしくは単に「フォルダに新規ターミナルタブ」）を選択すると、既存のウインドウに新たなタブが開きます。

## 2-5-4 特殊文字を含む引数を指定するには

UNIXではスペースや「&」といった記号をディレクトリやファイルの名前に使用できます。しかし、それらの記号の多くはシェルにとっては特別な意味を持つ**特殊文字**（**メタキャラクタ**）になっています。そのような特殊文字の入ったディレクトリ名やファイル名をそのまま指定すると、意図しない結果になる場合があります。

たとえば「Png Files」というスペースの入ったディレクトリの一覧を表示しようとして「Png Files」をそのまま指定してもうまくいきません。

```
% ls Png Files return
ls: Files: No such file or directory
ls: Png: No such file or director
```

コマンドラインでは、スペースは引数の区切りとみなされるので、「Png」「Files」というふたつの引数が渡されたと解釈されるからです。

それでは、特殊文字を含むファイル名やディレクトリ名を指定するにはどうしたらよいでしょう？　その方法について説明しましょう。

### ●クォーテーションで囲む

特殊文字を文字として扱うには、引数をダブルクォーテーション「"」、もしくはシングルクォーテーション「'」で囲みます。このことを「**文字列をクォーティングする**」といいます。

```
% ls "Png Files" return
dog1.jpg      fs1.png
```

この場合、ダブルクォーテーション「"」の代わりにシングルクォーテーション「'」で囲っても同じです。

ただし、ダブルクォーテーション「"」とシングルクォーテーション「'」ではクォーティングの強さが異なります。シングルクォーテーション「'」のほうが強力ですべての特殊文字が無効になります。それに対して、ダブルクォーテーション「"」ではシェルの変数が展開されます（P.214「シェル変数はクォーティングの強さに注意」参照）。

## ●特殊文字の前に逆スラッシュ「\」を記述する

別の方法として、特殊文字の前に逆スラッシュ「\」を記述する方法もあります。逆スラッシュ「\」は直後の1文字の特殊文字としての働きを無効にします。たとえば、スペースの前に「\」を入れると、区切り文字としてのスペースの働きが無効になるわけです。このことを「**特殊文字をエスケープする**」といいます。

```
% ls Png\ Files [return]
dog1.jpg      fs1.png
```

## ●いろいろな特殊文字

シェルの特殊文字はスペース以外にいろいろあります。クォーティングに使う「'」や「"」なども特殊文字です。たとえば、echoコマンドの引数に「What's up」を指定すると、「'」はクォーティングの始まりと判断されてしまいます。そのため、「echo What's up」まで入力して[return]を押すと、文字列が続くものと判断されセカンダリプロンプトとして「>」が表示されてしまいます。

```
% echo What's up [return]
> ← 文字列が続くものと判断され、セカンダリプロンプトが
    表示される（[control] + [C] で中断できる）
```

次のように「'」の前に「\」を記述してエスケープすれば大丈夫です。

```
% echo What\'s up [return]
What's up
```

あるいは、さらに全体を別のクォーテーション（この例では「"」）でクォーティングしてもかまいません。

```
% echo "What's up" [return]
What's up
```

COLUMN

## ファイル名の大文字／小文字について

macOS High Sierraより前のファイルシステムの標準フォーマットは**HFS Plus**（Mac OS拡張フォーマット）、それ以降は**APFS**（Apple File System）です。どちらも、ファイル名の大文字／小文字を区別する機能もありますが、デフォルトでは区別しない設定となっています。

ただし、ファイルやフォルダに名前を付けるときの大文字／小文字はそのまま維持されます。たとえば、「Samples」と付けると先頭文字「S」は大文字のまま、「samples」と付けると先頭文字「s」は小文字のまま設定されます。

しかし、同じフォルダ内のふたつのフォルダあるいはファイルの名前に「Samples」と「samples」という名前を付けようとすると同じ名前と判断され、下図①のようなエラーとなります。

ディスク管理ツールである「**ディスクユーティリティ**」（「アプリケーション」→「ユーティリティ」フォルダ）を使用して、ディスクの初期化や新たなパーティションを作成する際に、ファイル名の大文字／小文字を区別するかどうかの設定を行えます（下図②）。

APFSの場合には、フォーマットとして「**APFS（大文字／小文字を区別）**」もしくは「**APFS（大文字／小文字を区別、暗号化）**」を選択すると大文字／小文字を区別します。HFS Plus（Mac OS拡張フォーマット）の場合には「**Mac OS拡張（大文字／小文字を区別、ジャーナリング）**」を選択すると大文字／小文字を区別します。

**①フォルダ作成時は大文字／小文字は区別される**

**②ディスクユーティリティ**

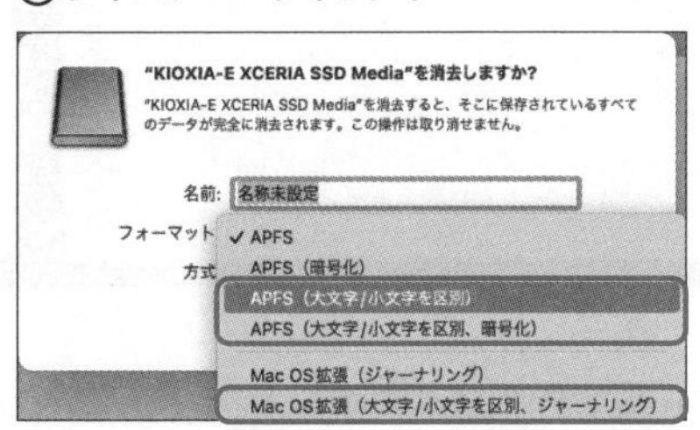

# 2-6 「ターミナル」アプリの基本機能を覚えよう

これまでは、UNIXとしてのmacOSの概要、基本コマンドの使い方、シェルの便利な機能などを説明してきました。この章の最後では、少しコマンド操作の話から離れて「ターミナル」アプリ自体の基本操作をまとめておきます。

## 2-6-1 複数のウインドウ／タブで作業する

ターミナルのウインドウ（およびタブ）は、同時に複数開いて個別に作業できます。たとえば、新規ウインドウを開くには、「**シェル**」メニューから「**新規ウインドウ**」→「**新規ウインドウ（プロファイル－＜プロファイル名＞）**」（⌘＋N）を選択します。個々のウインドウは、個別にログインした状態となるので、別々に処理を行えます。

新規ウインドウを開く

個別に操作できる

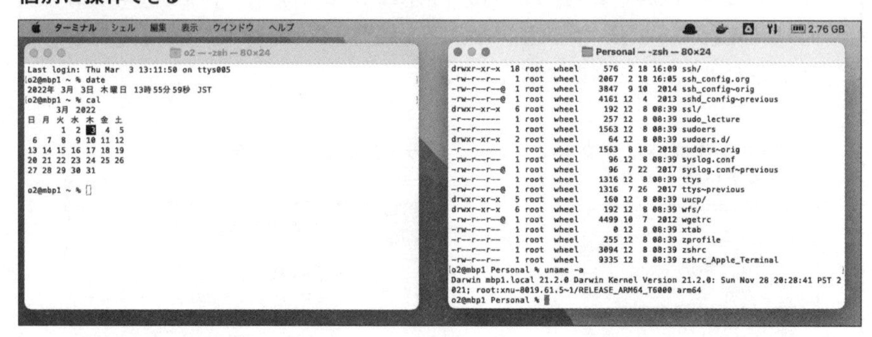


ターミナルでは、ウインドウ内の背景色や文字の色、テキストエンコーディングなどの設定を組み合わせて「**プロファイル**」として管理しています。「新規ウインドウ」サブメニューから「Basic」「Grass」「Novel」といったプロファイルが選択可能です。

**Oceanプロファイルを選択したターミナル**

```
Last login: Thu Mar  3 13:55:53 on ttys006
o2@mbp1 ~ % cal
      3月 2022
日 月 火 水 木 金 土
       1  2  3  4  5
 6  7  8  9 10 11 12
13 14 15 16 17 18 19
20 21 22 23 24 25 26
27 28 29 30 31

o2@mbp1 ~ %
```

## ●タブを開く

「シェル」メニューから「**新規タブ**」→「**新規タブ(プロファイル－<プロファイル名>)**」(⌘+T)を選択することで、別ウインドウの代わりに新規のタブを開けます。タブごとにプロファイルを変更することもできます。

**3つのタブを開いた**

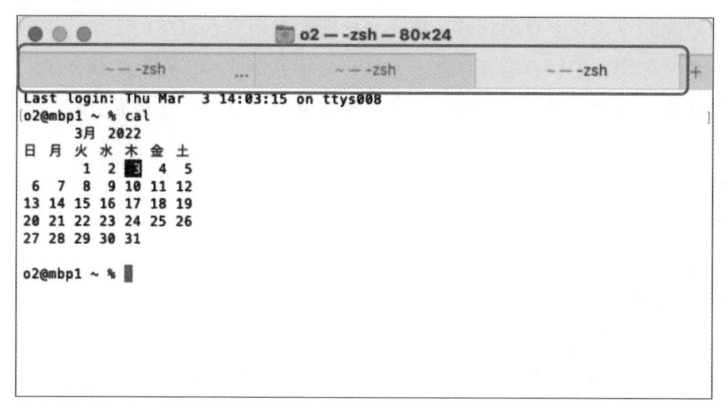


## ●ひとつのウインドウを分割する

「**表示**」メニューから「**分割パネル**」(⌘+D)を選択することにより、ターミナルのウインドウ／タブを上下に分割し、個別にスクロールできます。ただし、これはあくまでも同じシェルの実行画面を分割しているだけで、新規ウインドウやタブを開いた場合のように個別のシェルを実行しているわけではありません。分割比率は間のバーをドラッグすることにより自由に変更できます。

**ウインドウを分割**

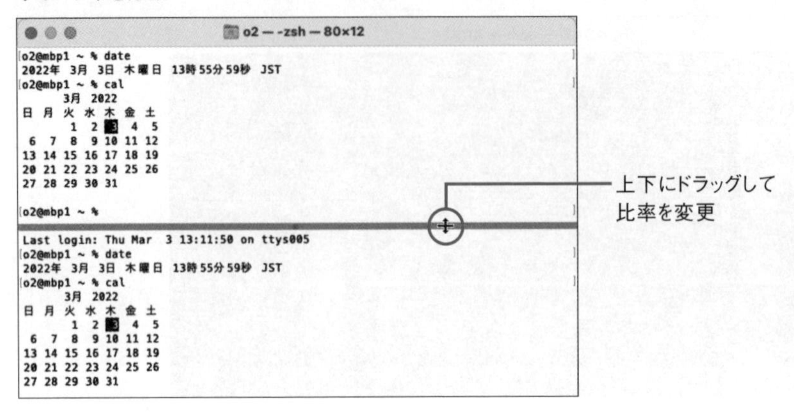


分割を解除するには「表示」メニューから「**分割パネルを閉じる**」（shift＋⌘＋D）を選択します。

## 2-6-2　ウインドウの復元機能について

macOSの標準アプリケーションと同じように、ターミナルを終了して、次に立ち上げたときに以前のウインドウの状態を復元する機能が用意されています。複数のウインドウ／タブを開いている場合には、それらの状態がすべて復元されます。ウインドウ復元機能が有効な場合、起動時に各ウインドウ／タブに「復元日時～」と表示されます。

**以前のウインドウの状態を復元**

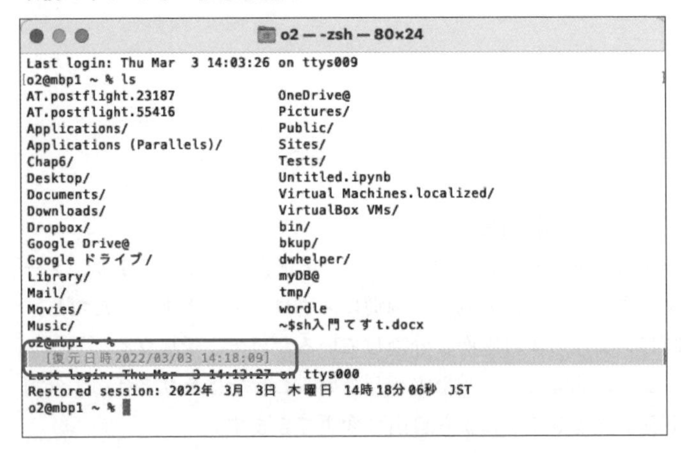

### ●ウインドウ復元機能を無効にするには

アプリケーションを再起動したときにウインドウの復元を行わないようにするには、macOSの「システム環境設定」を開き、「一般」の「**アプリケーションを終了するときにウインドウを閉じる**」にチェックを付けておきます。

**ウインドウ復元機能を無効にする**

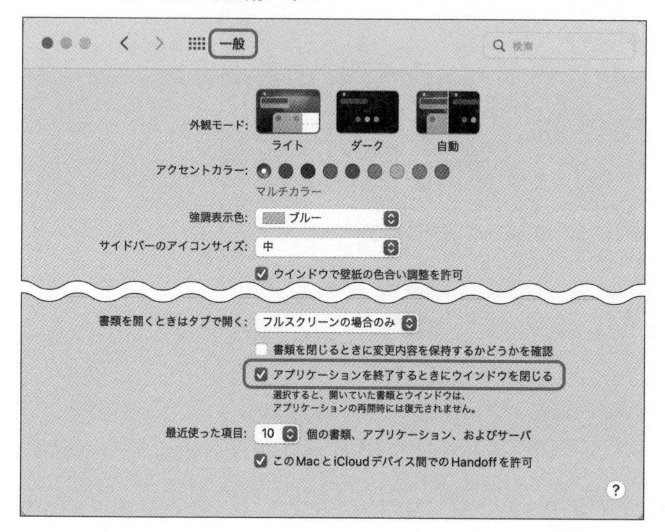


「システム環境設定」でシステム全体のウインドウ復元機能をオフにした場合でも、ターミナルの終了時にウインドウ復元機能を有効にできます。それにはターミナルの終了時に[⌘]+[Q]の代わりに[option]+[⌘]+[Q]を押します。

なお、システム全体のウインドウ復元機能をオンにしているときは、[option]+[⌘]+[Q]が逆に働いて、復元機能を無効にして終了します。

## 2-6-3　プロファイルを利用する

ターミナルでは、背景色やフォント、文字エンコーディング、初期ウインドウサイズなどの設定をまとめて「**プロファイル**」として管理しています。デフォルトでは、背景が白で文字色が黒の「Basic」というプロファイルが使用されます。「シェル」メニューの「新規ウインドウ」／「新規タブ」からプロファイルを選択することで、指定したプロファイルのウインドウ／タブを開くことができます。

「ターミナル」メニューから「環境設定」を選択し、「プロファイル」を表示してみましょう。さまざまなプロファイルが用意されています。

**ターミナルのプロファイル**

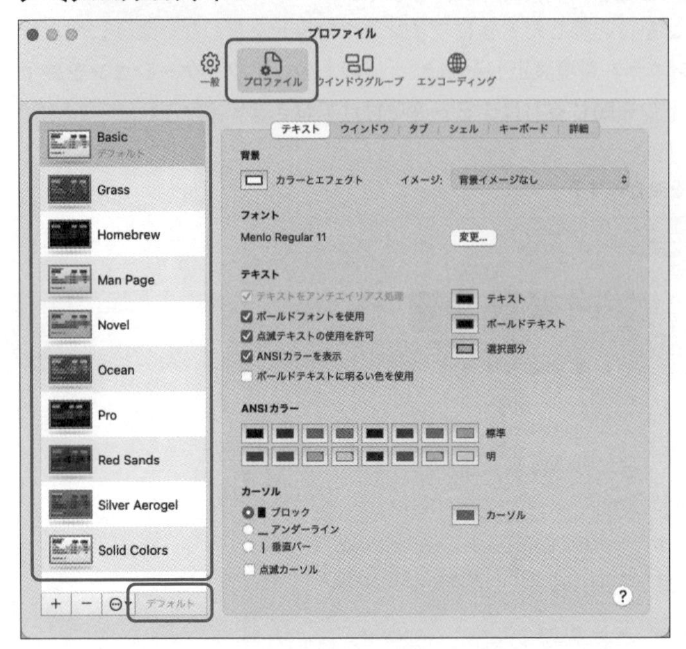


初期状態で「**Basic**」がデフォルトのプロファイルです（「シェル」メニューから「新規ウィンドウ」／「新規タブ」を選択すると表示されるプロファイル）。デフォルトを変更するには目的のプロファイルを選択して、下端の「**デフォルト**」ボタンをクリックします。

## ●テキストエンコーディングの設定

各プロファイルは、「テキスト」「ウインドウ」「タブ」「シェル」「キーボード」「詳細」の6つのパネルから構成されています。特に注意が必要なのは「**詳細**」の「**言語環境**」です。P.025「COLUMN 実行結果が英語で表示される場合の対処方法」でも触れましたが、通常は「**テキストエンコーディング**」を「**Unicode（UTF-8）**」に設定し、「**起動時にロケール環境変数を設定**」をチェックしておきます。

**「詳細」の「言語環境」の設定**

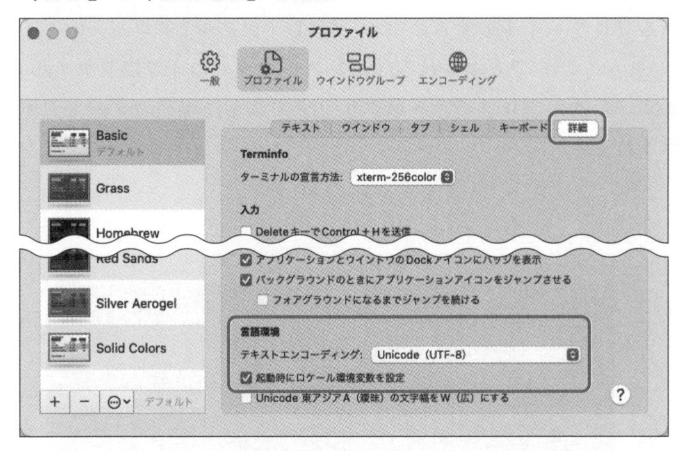


「起動時にロケール環境変数を設定」をチェックしておくと、「**LANG**」という言語環境を表す**環境変数**が自動設定されます（環境変数はP.215「8-3 シェル環境を設定する環境変数」参照）。日本語環境の場合には「**ja_JP.UTF-8**」に設定されます。このことは次のようにして確認できます。

```
% echo $LANG [return]
ja_JP.UTF-8
```

国際化に対応したコマンドには、**ロケール環境変数**（**LANG**）によって表示形式を切り替えるものがあります。たとえばLANGが「ja_JP.UTF-8」に設定されていると、日付時刻を表示するdateコマンドや、カレンダーを表示するcalコマンドの実行結果は日本語で表示されます。

MEMO

**UnicodeとUTF-8**

**Unicodeは英語や日本語をはじめ、世界中の文字をひとつの文字コード体系で表すことを目的にした規格です。Unicodeにはいくつかのエンコード方式がありますが、macOSやWindowsなど、多くのシステムの標準エンコード方式はUTF-8です。UTF-8は英数文字を1バイトで表現するため英語圏では効率的ですが、日本語には3バイト以上必要になるというデメリットもあります。**

### ●現在開いているウインドウのプロファイルを変更する

現在登録されているプロファイルのサムネール一覧は、「シェル」メニューの「**インスペクタを表示**」（⌘＋I）で表示される「インスペクタ」の「**プロファイル**」パネルで確認できます。目的のプロファイルをクリックすると、現在のターミナルのウインドウに適用されます。

**プロファイルを変更**

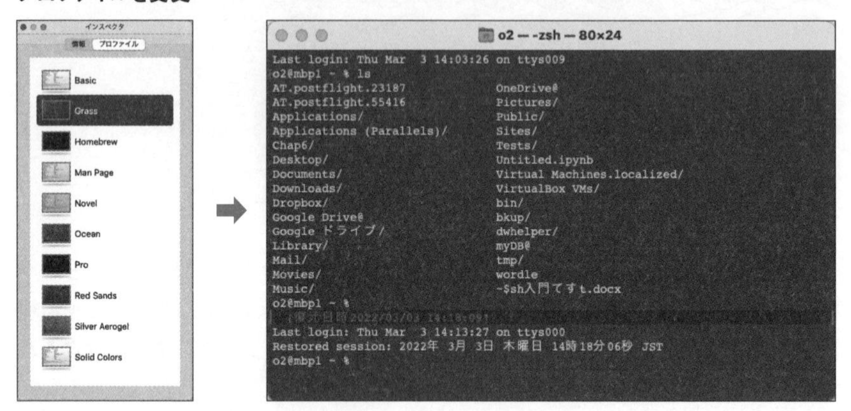


## 2-6-4　マーク機能を活用する

ターミナルで過去に実行したコマンドの結果を再確認したいといった場合に便利なのが「**マーク**」と「**ブックマーク**」です。両方とも働きは似ていますが、ブックマークは、マークに名前を設定できるようにしたものと考えるとよいでしょう。設定されているマーク／ブックマークの位置には簡単に移動できます。

### ●マークを自動設定するには

「編集」メニューの「マーク」→「**プロンプトの行を自動的にマーク**」にチェックを付けていると、ウインドウ内の各プロンプトの行が自動的にマークされます。また、復元日時などの行がブックマークに設定されます。左右端に「[」「]」が表示されるのが単純なマーク、「|」が表示されるのがブックマークです。

**ブックマークとマーク**

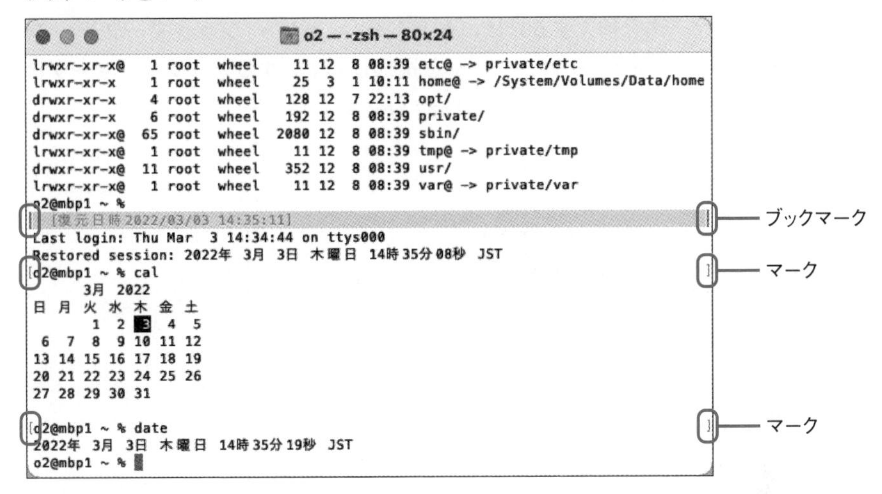


## ●マーク／ブックマーク位置に移動する

前後のマークに移動するには「**編集**」メニューの「**移動**」→「**前のマークへジャンプ**」(⌘+↑) と「**次のマークへジャンプ**」(⌘+↓)、前後のブックマークに移動するには同じ「移動」の「**前のブックマークへジャンプ**」(option+⌘+↑) と「**次のブックマークへジャンプ**」(option+⌘+↓) を選択します。

**前後のマークに移動**

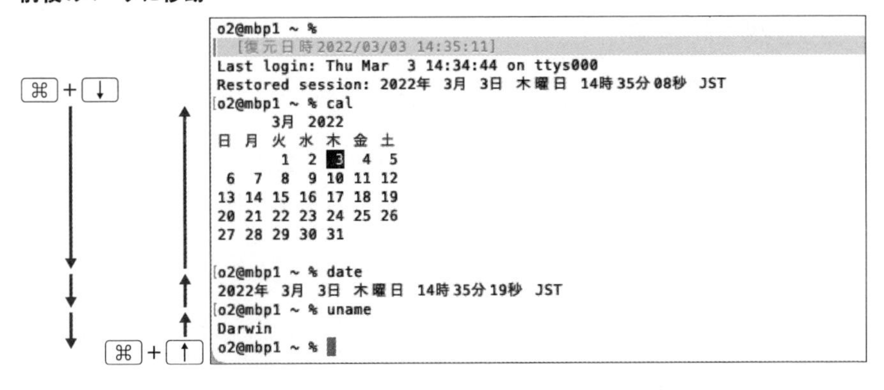


また、「編集」メニューの「ブックマーク」のサブメニューにはブックマークの一覧が表示されるので、そこからブックマークを選択することで直接指定したブックマークにジャンプすることもできます。

## ●ブックマークを挿入する

新たにブックマークを挿入するには、「編集」メニューから「**ブックマーク**」→「**ブックマークを挿入**」（shift + ⌘ + M）を選択します。すると「**ブックマーク日時〜**」といった名前のブックマークが設定されます。

**ブックマークを挿入**

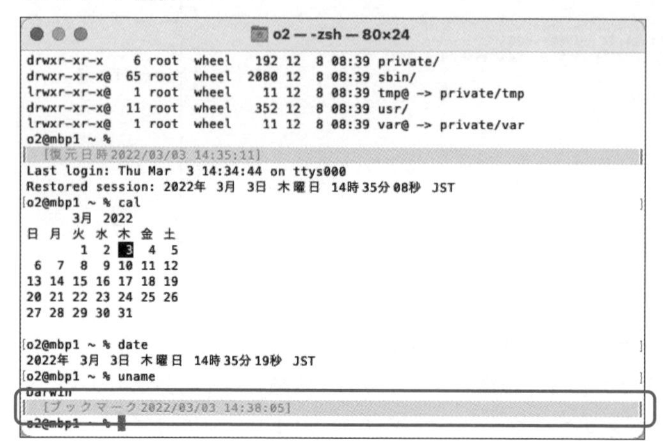


なお、「編集」メニューから「ブックマーク」→「**ブックマークに名前を付けて挿入**」を選択するとダイアログが表示され、ブックマークの名前を設定できます。

**ブックマークの名前を設定**

COLUMN

## ローカライズされたディレクトリ名をFinder上で英語表示にするには

ホームディレクトリの「Documents」「Music」といったディレクトリ名は、Finderでは「書類」や「ミュージック」といったように日本語表記のフォルダ名になります。これは、システムが英語のディレクトリ名を言語圏に応じたフォルダ名にローカライズして表示しているためです。

**ローカライズされたディレクトリ名**

仕組みは単純で、ローカライズ対象として登録されているディレクトリの直下に「**.localized**」という名前のファイルが存在すれば、ローカライズされます。

```
% ls -a ~/Music return
 .          ..          .localized   iTunes
```

「.localized」というファイルが存在しない場合には、フォルダ名は英語表記のままです。次のようにファイルを削除するrmコマンドで「.localized」を削除すると英語表示になります。

```
% rm ~/Music/.localized return
```

**英語表示**

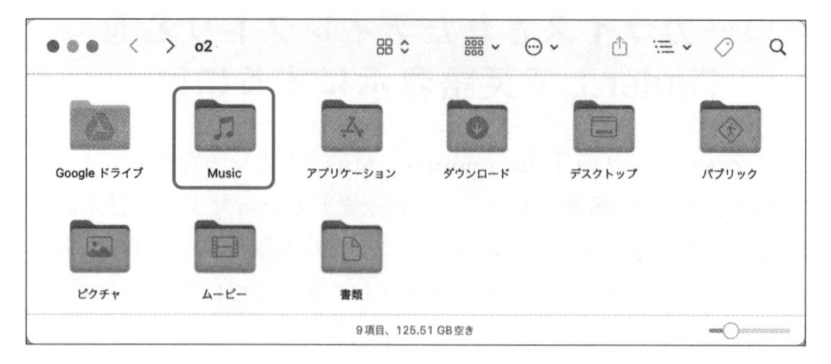


日本語表記に戻すには、次のようにして空の「.localized」ファイルを作成してください。

```
% touch ~/Music/.localized return
```

ここで使用したtouchコマンドはファイルの更新日時を現在の日時に変更するコマンドです。

コマンド **touch**
説　明 **ファイルの更新日時を更新する**

書　式 **touch** ファイルのパス

存在しないファイルを引数に指定して実行した場合には空のファイルが作成されます。

第3章

# シェルの基本操作を覚えよう

**CUIコマンドは、コマンドを正確にタイプしなければならないため、キータイプに慣れていない初心者には敬遠されがちですが、実はシェルにはそんな煩わしさを軽減するさまざまな入力補完機能が搭載されています。この章では初心者がぜひマスターしておきたいシェルの主な便利機能を紹介しましょう。**

ポイントはこれ！

- 「~」はホームディレクトリ、「..」はひとつ上のディレクトリ
- ファイル名やコマンド名はtabキーで補完できる
- control＋P／control＋Nキーでコマンド履歴を行ったり来たり
- control＋Rで過去に実行したコマンドを検索する
- 「*」は任意の文字列、「?」は任意の1文字とマッチする
- {文字列1,文字列2,文字列3,...}で文字列を展開する

## 3-1 よく使うディレクトリを表す記号

ファイルやディレクトリの操作では、ホームディレクトリやひとつ上のディレクトリなどに頻繁に行き来したり、その内容を閲覧したりします。そのため、頻繁に使用するディレクトリには、簡単に指定できる記号が用意されています。いずれも便利なのでぜひ覚えておきましょう。

**よく使うディレクトリを表す記号**

| 記号 | 説明 |
| --- | --- |
| ~ | ホームディレクトリ |
| ~- | 直前にいたディレクトリ |

| 記号 | 説明 |
| --- | --- |
| . | カレントディレクトリ |
| .. | ひとつ上のディレクトリ |

## 3-1-1 ホームディレクトリ「~」

チルダ「~」は、現在ログインしているユーザのホームディレクトリを表します。たとえば、任意のディレクトリにいるときに、ホームディレクトリに戻りたければcdコマンドの引数に「~」を指定して次のようにします。

```
% cd ~ return
% pwd return    ← pwdコマンドで確認
/Users/o2
```

MEMO

**「cd」のみでも同じ**

**実は引数なしでcdコマンドを実行するとホームディレクトリに移動できます。したがって前の例は単に次のようにしても同じです。**

```
% cd return
```

### ●「~」は引数のパスの一部として使用できる

「~」は単独で使うだけでなく、ほかのディレクトリやファイルと組み合わせることで引数のパスの一部として使用できます。たとえば、ホームディレクトリの下のPicturesディレクトリの一覧を表示するには次のようにします。

```
% ls ~/Pictures/ return
Personal                ga1.png
Photo Booth ライブラリ    iPhoto Library.photolibrary
dog1.jpg
```

MEMO

**cdコマンドを省略する**

**zshの設定ファイル「~/.zshrc」(P.232) に「setopt auto_cd」を記述しておくと、cdコマンドを使用せずに、単に「ディレクトリのパス return」としてもディレクトリを移動できます。**

## 3-1-2　直前にいたディレクトリ「~-」

「~-」(チルダ「~」とハイフン「-」をつなげる) は、「**ひとつ前のカレントディレクトリ**」を表します。ディレクトリを移動して作業を行った後、元のディレクトリに戻りたいといったケースに重宝します。

たとえば、次のようにすることでホームディレクトリ「~」の下のDocumentsディレクトリと、ホームディレクトリ「~」の下のPicturesディレクトリを行き来できます。

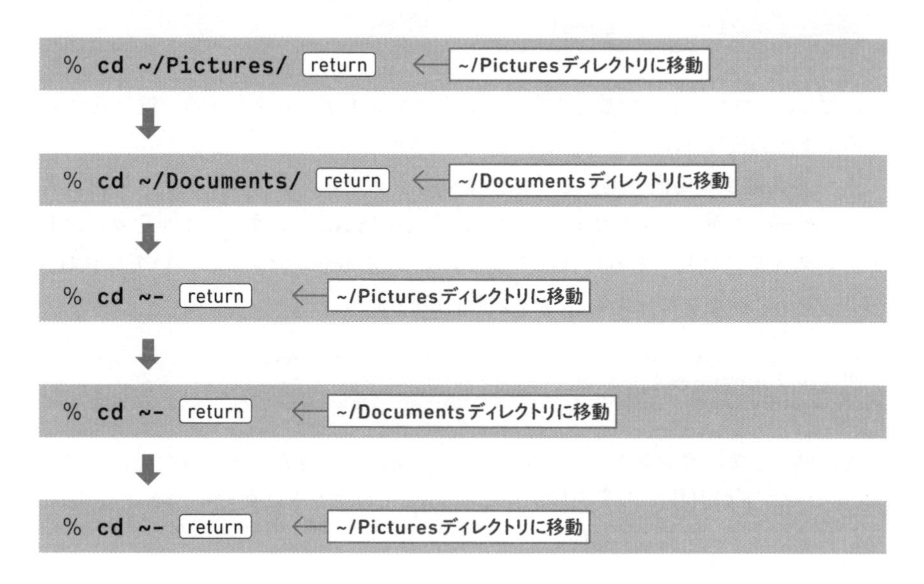


## 3-1-3　ひとつ上のディレクトリ「..」

「..」(ピリオド「.」をふたつつなげる) は、**ひとつ上のディレクトリ**を表します。たとえば、「~/Pictures/samples」ディレクトリにいるときに、「~/Pictures/Photo」ディレクトリに移動するには次のようにします。

```
% cd ../Photo return
```

また、ふたつ上のディレクトリに移動するには次のようにします。

```
% cd ../.. return
```

## 3-1-4 カレントディレクトリ「.」

「.」はカレントディレクトリを表す記号ですが、これはどのような場面に使うのでしょうか？　たとえば、カレントディレクトリの一覧を表示するのにlsコマンドの引数に「.」を指定して次のようにできます。

```
% ls . return ←カレントディレクトリの一覧を表示
2021/     Drop Box/   photo/       test.txt
2022/     PDF/      samples/
```

ただし、lsコマンドは引数を指定しないとカレントディレクトリの一覧を表示するので上記の例は「ls return」としても同じです。

「.」が活躍する場面の例としては、カレントディレクトリにファイルを同じ名前でコピーするケースがあります。たとえば/etc/hostsというファイルをカレントディレクトリにコピーするには次のようにします（cpコマンドについてはP.103「4-1-1 ファイルをコピーするcpコマンド」参照）。

```
% cp /etc/hosts . return
```

別の例として、カレントディレクトリをFinderで開きたいといった場合には、openコマンドの引数に「.」を指定します（openコマンドはP.126「4-6-1 openコマンドでファイルを開く」参照）。

```
% open . return
```

### ●「..」と「.」もファイルの一種

lsコマンドでは、隠しファイルを含めて表示する「-a」オプションを指定して実行すると、ひとつ上のディレクトリを表す「..」と、カレントディレクトリを表す「.」が一覧に表示されます（「-a」オプションはP.048「隠しファイルを表示する」参照）。これは「..」と「.」がファイルの一種だからです。

```
% ls -a return
.      .localized  Oekaki      main.swift
..     HelloIPhone Wget.pkg sample.txt
```

COLUMN

## ディレクトリをフォルダのように見せる「バンドル」について

ターミナルでのディレクトリとFinderでのフォルダは基本的に同じものですが、例外としてディレクトリがFinder上ではファイルのように見える「**バンドル**」(パッケージ) という仕組みがあります。

たとえば、macOSのアプリケーションはFinder上では拡張子が「**.app**」のファイルですが、実はこれはバンドルです。一例を挙げれば「アプリケーション」フォルダ内のWebブラウザ「Safari」は、Finderでは「Safari.app」というひとつのファイルのように見えますが実際はディレクトリ以下がまとめられたバンドルです。

**バンドルの例。アプリケーションはFinder上では拡張子「.app」のファイルに見える**

Safari.app

※拡張子はデフォルトでは表示されません。拡張子を表示するには「Finder」メニューから「環境設定」を選択し、「Finder環境設定」ダイアログの「詳細」で「すべてのファイル名拡張子を表示」にチェックを付けます。

バンドルは、システム的には単なるディレクトリなので、ターミナルではlsコマンドで内容を表示できます。

```
% ls /Applications/Safari.app return
Contents/
% ls /Applications/Safari.app/Contents return
Info.plist   PkgInfo     Resources/   _CodeSignature/
MacOS/       PlugIns/ XPCServices/   version.plist
```

Finderでバンドルの中身を表示するには、アイコン上で右クリックしてメニューから「**パッケージの内容を表示**」を選択します。

**右クリックしてメニューから「パッケージの内容を表示」を選択**

「Contents」の下の階層にversion.plist、info.plistといったXML形式のデータベースファイルがあります。また、アイコンや国際化されたメッセージなどのリソースを管理するResourcesディレクトリなど、さまざまなディレクトリやファイルも収録されています。「Contents」→「MacOS」→「Safari」が実際のプログラム本体です。

**パッケージの内容を表示**

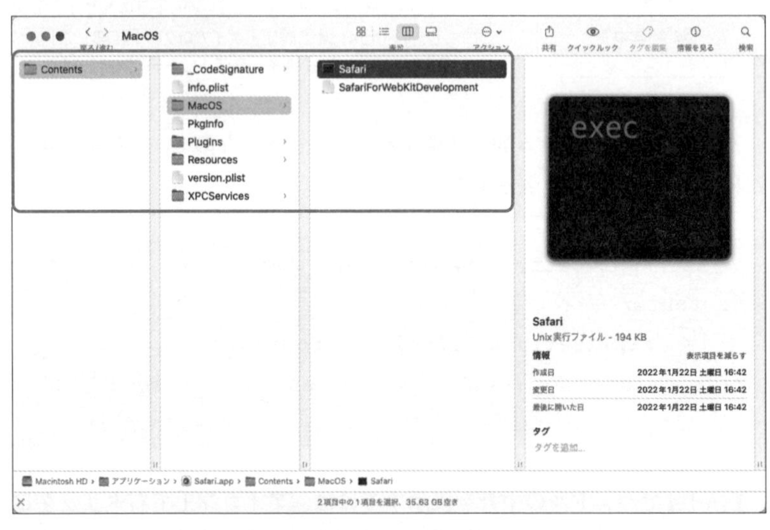

# 3-2 コマンドラインを編集する

コマンドライン内でタイプしたコマンドは、[return]を押す前であれば自由に編集可能です。そのためのキー操作についてまとめておきましょう。

## 3-2-1 基本的なキー操作を覚えよう

カーソルを1文字ずつ前後に移動するには[←]、[→]が使えます。またカーソルの前の文字を削除するには[delete]を押します。それ以外にも次のキー操作を覚えておくと便利です。

**コマンドライン編集のためのキー操作**

| キー操作 | 説明 |
|---|---|
| [control]+[F]※1、[→] | カーソルを1文字進める |
| [control]+[B]、[←] | カーソルを1文字戻す |
| [control]+[A] | カーソルを行の先頭へ移動する |
| [control]+[E] | カーソルを行の終わりへ移動する |
| [control]+[K] | カーソル位置から行の終わりまでを削除する |
| [control]+[U] | コマンドライン全体を削除 |
| [control]+[W] | カーソル位置から単語の先頭までを削除する |
| [delete] | カーソル位置の直前の文字を削除する |
| [control]+[D] | カーソル位置の文字を削除する |
| [esc] [F]※2 | カーソルを1単語先に進める |
| [esc] [B] | カーソルを1単語前に戻す |

※1 [control]+[F]は、[control]を押しながら[F]を押すことを表します。
※2 [esc] [F]は、[esc]を押して放してから[F]を押すことを表します。

## 3-2-2 [option]をメタキーとして使用する

UNIX用のキーボードでは、かつて**メタキー**（Metaキー）という装飾キーが用意されショートカットキーによる編集操作が可能でした。最近のパソコン用キーボードのほとんどはメタキーがありませんが、次のように設定することで[option]をメタキーの代わりに使用することができます。

**①「ターミナル」メニューから「環境設定」を選択し、「環境設定」ダイアログを表示します。**

**②「プロファイル」パネルの左側のリストから目的の「プロファイル」(デフォルトでは「Basic」)を選択し、「キーボード」パネルの「メタキーとしてOptionキーを使用」にチェックを付けます。**

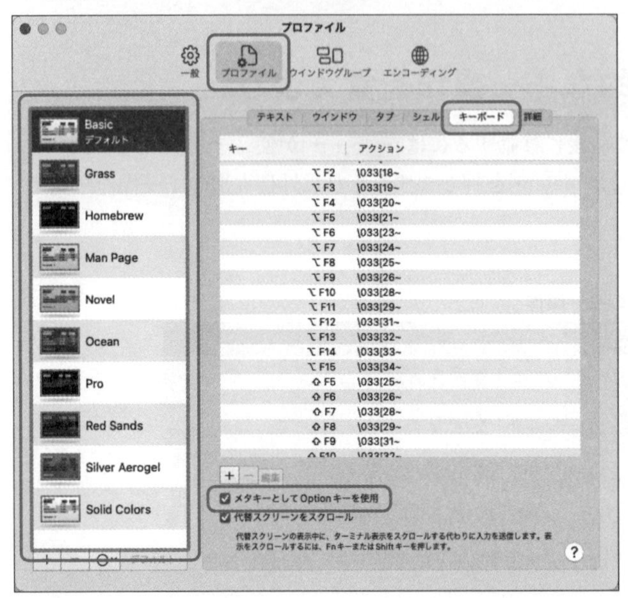


これで、次のキー操作が可能になります。

**メタキーを使用する場合のキー操作**

| キー操作 | 説明 |
|---|---|
| option + F | カーソルを1単語先に進める |
| option + B | カーソルを1単語前に戻す |

なお、ターミナルでは、ウインドウのフォントや背景色、起動時のロケール設定などを、個別のプロファイルとして管理しています。デフォルトでは「Basic」という名前のプロファイルが使用されます(P.063「2-6-3 プロファイルを利用する」参照)。

## 3-2-3 tabでファイル名を補完する

コマンドラインが敬遠される理由として、長いコマンドを正確にタイプしなければならない点を挙げる方も多いでしょう。実は、zshのような高機能シェルではコマンド入力をラクにするさまざまな機能が搭載されています。ここでは基本的な補完機能について説明しましょう。

### ● tabの入力補完機能

ファイル名やディレクトリ名の最初の数文字を入力してtabを押すと、残りを補完してくれます。「ls /System/Library/Spotlight/」というコマンドを入力する例で説明しましょう。

**①コマンドラインで「ls /S」までタイプしてtabを押すと、「/System/」まで補完されます。**

```
% ls /S tab
```

```
% ls /System/
```

**②続けて「L」とタイプしてtabを押すと、「/System/Library/」まで補完されます。**

```
% ls /System/L tab
```

```
% ls /System/Library/
```

**③「Spo」とタイプしてtabを押すと、「/System/Library/Spotlight/」まで補完されます。**

```
% ls /System/Library/Spo tab
```

```
% ls /System/Library/Spotlight/
```

ディレクトリ名を補完すると、「ls /System/」のように最後に「/」が付きます。補完後にさらにファイルやその下のディレクトリを加えやすくしているわけです。

●候補が複数ある場合

補完候補が複数ある場合には、tab を押しただけでは補完されません。前ページの手順③で「S」だけタイプして tab を押すと、コマンドラインの下に候補の一覧が表示されます。

```
% ls /System/Library/S tab   ← tab を押すと候補の一覧が表示される
SDKSettingsPlist/     ScriptingDefinitions/ Spotlight/
Sandbox/              Security/             StartupItems/
Screen Savers/        Services/             SyncServices/
ScreenReader/         Sounds/               SystemConfiguration/
ScriptingAdditions/   Speech/               SystemProfiler/
```

さらに、「p」をタイプして tab を押すと候補が絞り込まれます。

```
% ls /System/Library/Sp tab
Speech/        SpeechBase/   Spotlight/
```

MEMO

**bashの場合**

**bashの場合には tab を2回押すと候補の一覧が表示されます。**

一覧を確認して、「Spo」までタイプして tab を押すと、候補がひとつに絞り込まれてSpotlightまで補完されるというわけです。

なお、候補が複数ある場合には、tab を押すごとに候補が順に表示されます。

```
% ls /System/Library/Sp tab
Speech/        SpeechBase/   Spotlight/
```

⬇ もう一度 tab を押す

```
% ls /System/Library/Speech/
Speech/        SpeechBase/   Spotlight/
```

⬇ もう一度 tab を押す

```
% ls /System/Library/SpeechBase/
Speech/       SpeechBase/  Spotlight/
```

もう一度 tab を押す

```
% ls /System/Library/Spotlight/
Speech/       SpeechBase/  Spotlight/
```

### ●ほかのユーザのホームディレクトリの補完機能

ほかのユーザのホームディレクトリは「**~ユーザ名**」で指定できます。tab による補完機能はユーザ名に対しても働きます。たとえば、ユーザ「taro」のホームディレクトリの一覧を表示したければ次のようにします。

```
% ls ~t tab
```

```
% ls ~taro/ return
```

### ●コマンド名も tab で補完できる

tabキーによる補完はコマンド名に対しても働きます。

```
% dat tab
```

```
% date
```

「date」コマンドが補完される

ファイル名の補完と同じように候補が複数ある場合には tab を押すと一覧が表示されます。コマンド名の綴りがうろ覚えだったり、名前が長くて入力が面倒といった場合にも便利です。

また、tab を押すごとにコマンドラインに補完候補が表示されていきます。

```
% da tab
dappprof   dapptrace  dash       date
```

もう一度 tab を押す

```
% dappprof [tab]
dappprof   dapptrace  dash        date
```

⬇ もう一度[tab]を押す

```
% dapptrace
dappprof   dapptrace  dash        date
```

⬇ もう一度[tab]を押す

```
% dash
dappprof   dapptrace  dash        date
```

⬇ もう一度[tab]を押す

```
% date
dappprof   dapptrace  dash        date
```

MEMO

**compinit関数**

**zshでは、「8-4-2 zshの補完機能を拡張する」で説明するcompinit関数（P.227）を使用するとより便利な補完機能が利用できます。**

# 3-3 過去に実行したコマンドを呼び出す

ユーザがコマンドラインで実行したコマンドは「**コマンド履歴**」として保存され、キー操作で簡単に呼び出して実行することができます。

## 3-3-1 コマンド履歴を活用する

[control]+[P]（もしくは[↑]）を押すごとに、コマンド履歴をひとつずつさかのぼって表示されます。行きすぎてしまった場合には、[control]+[N]（もしくは[↓]）でひとつずつ戻ります。

**コマンド履歴の移動**

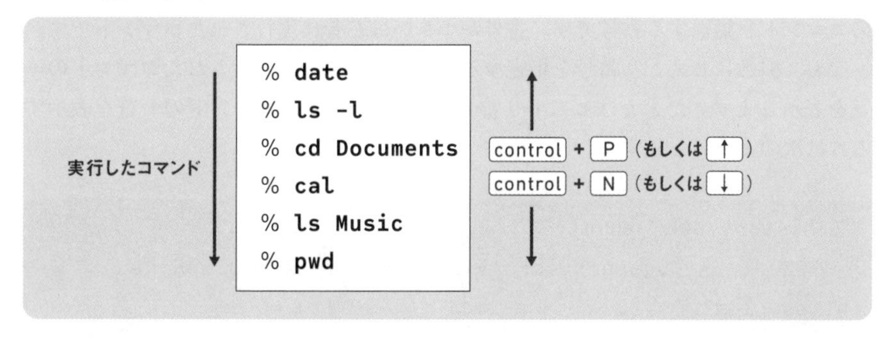


呼び出したコマンドはそのまま return を押して実行することも、シェルの編集機能を使用して引数やオプションを編集してから実行することも可能です。

## ●過去に実行したコマンドを一覧表示する

コマンド履歴の一覧はhistoryコマンドで確認することができます。

コマンド **history**

説　明 **過去に実行したコマンドの一覧を表示する**

書　式 **history** [ヒストリ番号]

zshの場合、デフォルトでは直近の16個のコマンドが表示されます。次に、実行例を示します。

```
% history return
 1000 pwd
 1001  history
 1002  date
 1003  history
 ～略～
 1011  echo "hello"
 1012  uname -r
 1013  cal 2022
 1014  ls /usr
 1015  cd
```

ヒストリ番号　コマンド

コマンド履歴一覧の左に表示されているのは「**ヒストリ番号**」と呼ばれる履歴内のコマンドを識別する番号です。番号が小さいほど昔に実行されたコマンドです。

なお、引数にヒストリ番号を指定することでそれ以降に実行されたコマンドの一覧を表示します。たとえばヒストリ番号が「300」以降のコマンドの一覧を表示するには次のようにします。

```
% history 300 return
  300  less /System/Library/LaunchDaemons/org.apache.
httpd.plist
  301  ls /System/Library/LaunchDaemons/ | grep -i ssh
  302  ls /System/Library/LaunchDaemons/ssh.plist
  303  ls /System/Library/LaunchDaemons/ssh.plist
  304  less /System/Library/LaunchDaemons/ssh.plist
  305  sudo launchd list
～略～
```

引数にマイナスの数値を指定すると、直近のコマンド一覧をその数だけ表示します。最近実行したコマンドを5個表示するには次のようにします。

```
% history -5 return
 1029  history
 1030  ls
 1031  pwd
 1032  uname -r
 1033  whoami
```

## ●ヒストリ番号を指定して過去に実行したコマンドを実行する

「**!ヒストリ番号** return」とすることで、指定したヒストリ番号のコマンドを実行することができます。たとえば、ヒストリ番号が「1032」のコマンドを実行するには次のようにします。

```
% !1032 return
uname -r     ←実行するコマンドが表示される
21.2.0       ←実行結果
```

「!! return」とすると、直前に実行したコマンドを再度実行することができます。

```
% !! return
pwd                ← 実行するコマンドが表示される
/Users/o2/Public   ← 実行結果
```

「**!文字列** return」とすると、その文字列で始まる直近に実行したコマンドを再実行できます。

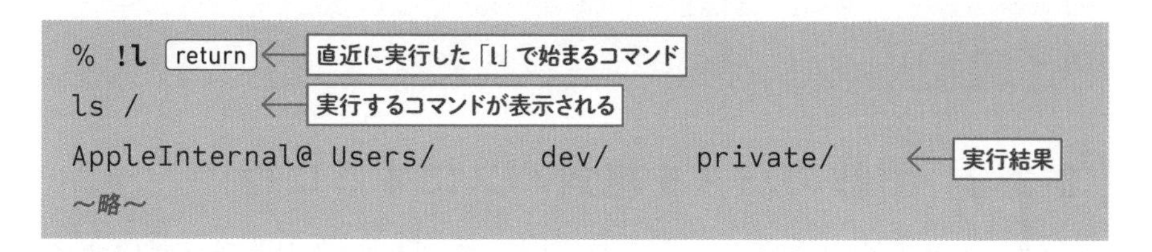


MEMO

**historyコマンド**

**zshではhistoryコマンドは「fc -l」のエイリアス（P.209「8-1-2 コマンドに別名を付けるエイリアス」）に設定されています。**

## 3-3-2　コマンドの引数だけを再利用する

コマンドラインで「**!ヒストリ番号***」と記述すると、指定したヒストリ番号の引数のみを利用できます。次に例を示します。

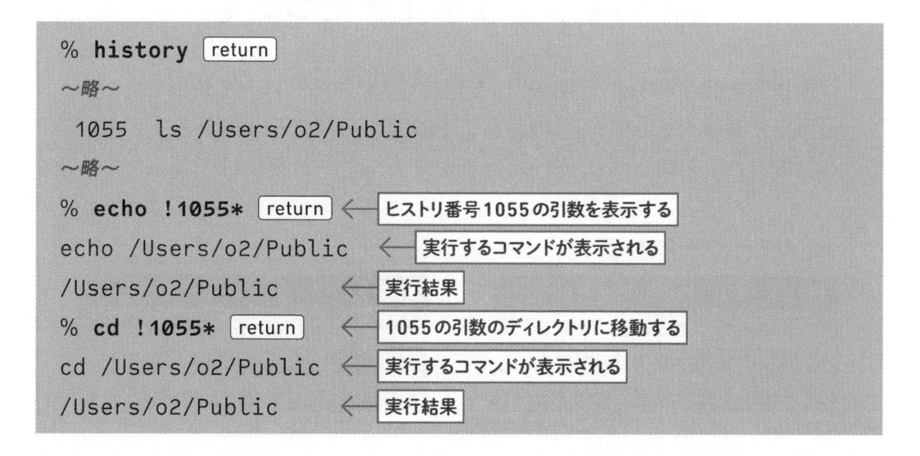

「!!*」と記述すると最後に実行したコマンドの引数を取り出せます。

```
% ls ~/Public return ← lsコマンドを実行
2021/    Drop Box/   photo/      test.txt
2022/    PDF/      samples/
% ls -l !!* return ← 直前に実行したコマンドの引数を再利用して「ls -l」を実行
ls -l ~/Public ← 実行するコマンドが表示される
total 8 ← これ以降が実行結果
drwxr-xr-x   2 o2  staff   64  9 18  2020 2021/
〜略〜
```

## 3-3-3 引数のパスを絶対パスにするには

「!ヒストリ番号*」の後ろに「**:a**」を記述して、「**!ヒストリ番号*:a**」(もしくは**!!*:a**) とすると、引数のパスを絶対パスに変換します。

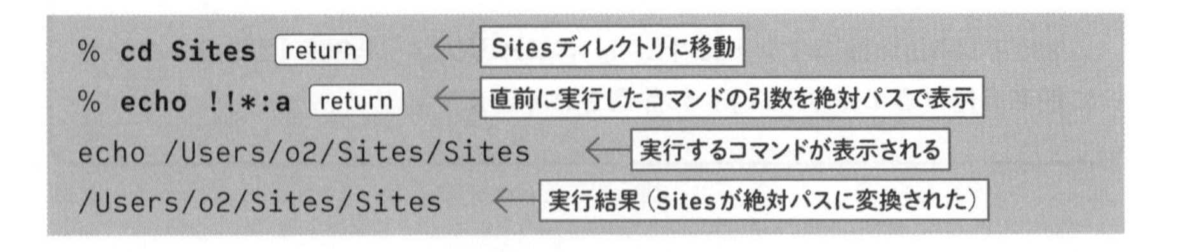


COLUMN

### zshのモディファイアについて

前述のP.086「3-3-3引数のパスを絶対パスにするには」で使用した、「!ヒストリ番号*:a」の「:a」のような「**:文字**」の指定を「**モディファイア(modifier)**」といいます。

**zshのモディファイアの例**

| モディファイア | 説明 |
|---|---|
| :a | 絶対パスに変換する |
| :l | 小文字に変換する |
| :u | 大文字に変換する |

| モディファイア | 説明 |
|---|---|
| :t | ファイル名を取り出す |
| :h | ディレクトリを取り出す |
| :r | 拡張子を取り除く |

次にモディファイアの使用例を示します。

```
% history return
～略～
 1068  ls /Users/o2/Pictures/test.png ← ヒストリ番号1068
～略～
```

**例1）大文字に変換**

```
% echo !1068*:u return
echo /USERS/O2/PICTURES/TEST.PNG
/USERS/O2/PICTURES/TEST.PNG ← 実行結果
```

**例2）ファイル名部分を取り出す**

```
% echo !1068*:t return
echo test.png
test.png ← 実行結果
```

**例3）ディレクトリ部分を取り出す**

```
% echo !1068*:h return
echo /Users/o2/Pictures
/Users/o2/Pictures ← 実行結果
```

モディファイアはコマンド履歴だけではなく、さまざまな場面で活躍します。次に、コマンドラインで入力したパス「Pictures/test.png」を絶対パスに変換する例を示します。このとき、モディファイアがパスの一部として解釈されないように「()」で囲みます。

```
% echo Pictures/test.png(:a) return
/Users/o2/Pictures/test.png
```

また、「Pictures/test.png」から拡張子を取り除いて表示するには次のようにします。

```
% echo Pictures/test.png(:r) return
Pictures/test
```

## 3-3-4 過去に実行したコマンドを検索する

コマンド履歴内のコマンドを検索して実行することもできます。たとえば、過去に次のようなコマンドを実行していたとしましょう。

**コマンド履歴**

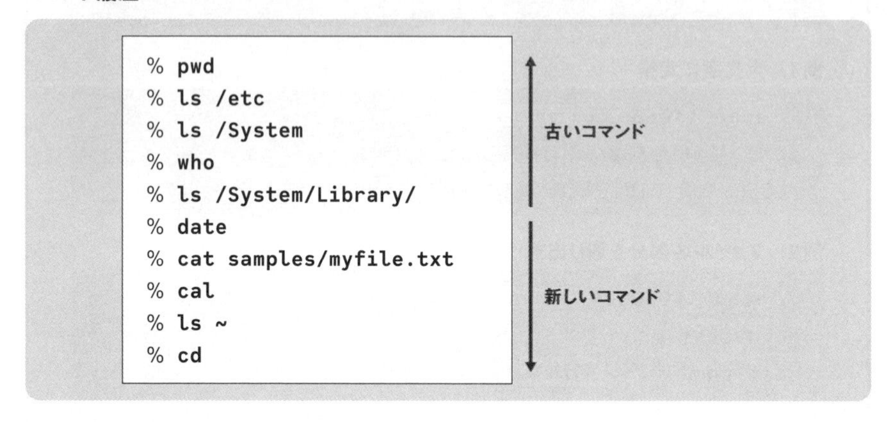


上記のようなコマンド履歴の中から「ls」を含むコマンドを検索するには、まず、control+Rを押します。すると「**インクリメンタルサーチ**」というモードになり、コマンドプロンプトの位置に次のように表示されます。

```
% control + R
bck-i-search: _
```

次に「ls」とタイプします。するとヒストリの中を新しいほうから古いほうに向かって「ls」を含むコマンドが検索され、最初に見つかったコマンドが表示されます。

```
% ls ~
bck-i-search: ls_      ←「ls」までタイプ
```

続けて文字をタイプしていくことでコマンドを絞り込むことができます。

```
% ls /System/Library
bck-i-search: ls /S_      ←「ls /S」までタイプ
```

さらに[control]＋[R]を押すと、同じ文字列を含む次に古いコマンドが検索されます。

```
% ls /System
bck-i-search: ls /S_
```

呼び出したコマンドを編集するには、[esc]を2度押します。するとインクリメンタルサーチモードを抜けて、通常のコマンドラインに戻ります。

COLUMN

## [control]＋[S]でコマンド履歴を逆方向に検索するには

インクリメンタルサーチモードで、コマンド履歴を過去に向かって検索するには[control]＋[R]を使いました。逆に新しいほうへ検索するには[control]＋[S]が利用できます。ただし、デフォルトでは[control]＋[S]は端末の**ロック**（stop）に割り当てられています。

このことは「**stty -a** [return]」を実行すると確認できます。

```
% stty -a [return]
～略～
    stop = ^S; susp = ^Z; time = 0; werase = ^W;
```

^S（[control]＋[S]）がstopに割り当てられている

これを解除して、新しいほうに検索を可能にするにはzshの設定ファイル「~/.zshrc」（P.232「ユーザごとの環境設定ファイルの例（~/.zshrc）」）に次のように記述しておきます（bashの場合には~/.bashrcに記述します）。

```
stty -ixon
```

# 3-4 ワイルドカードでファイルを一括指定

「**ワイルドカード**」と呼ばれる特殊文字を使うと、ファイルやディレクトリの指定をより柔軟に行えます。ワイルドカードとはトランプのジョーカーに由来しますが、任意の文字、もしくは文字列とマッチする記号です。たとえば、拡張子が「.txt」のファイルは、「*.txt」として指定することができます。このようにワイルドカードなどを使って、ファイル名をマッチさせせることを「**グロブ**」(glob) といいます。

## 3-4-1 ワイルドカードでの記号

次の表に、zshやbashに用意されている主なワイルドカードを示します。

**ワイルドカード**

| ワイルドカード | 説明 |
|---|---|
| * | 任意の文字列とマッチする |
| ? | 任意の1文字とマッチする |
| [文字の並び] | かっこ内で指定した文字の並びの中の任意の1文字とマッチする |

### ●任意の文字列とマッチする「*」

アスタリスク「*」はファイル名/ディレクトリ名の0文字以上の文字列とマッチします。カレントディレクトリ下で、拡張子が「.txt」のファイルを、lsコマンドで一覧表示するには次のようにします。

```
% ls *.txt return
MC6-3.txt  MC6-4.txt  myFile1.txt  myFile2.txt  sample.txt
```

また、~/Picturesディレクトリ(「~」はホームディレクトリを表す)下で、拡張子が「.png」のファイルをlsコマンドで一覧表示するには次のようにします。

```
% ls ~/Pictures/*.png return
/Users/o2/Pictures/guitar.png /Users/o2/Pictures/sample.png
```

zshの場合、マッチするファイルが見つからない場合には「no matches found: ~」と表示されます。

```
% ls *.md return
zsh: no matches found: *.md
```

MEMO

**ディレクトリとファイル**

**UNIXではディレクトリもファイルの一種として扱います。その下のファイルの一覧が記述されたファイルのようなイメージです。本書でも単にファイルといった場合にはディレクトリも含みます。**

## 3-4-2 任意の1文字とマッチする「?」

「**?**」はファイル名の任意の1文字とマッチします。次の例では、カレントディレクトリから拡張子を除いたファイル名の長さが5文字で、拡張子が「.png」ファイルを「ls -l」コマンドで一覧表示しています。

```
% ls -l ?????.png return
-rw-r--r--@ 1 o2  staff  2762160 11 23  2014 cloud.png
-rw-r--r--@ 1 o2  staff  2461001 11 23  2014 organ.png
-rw-r--r--@ 1 o2  staff  2687478 11 23  2014 tower.png
```

「*」と「?」を組み合わせて使うこともできます。次の例ではカレントディレクトリ以下で、拡張子が3文字のファイルを一覧表示しています。

```
% ls *.??? return
cat.png     dog.png     guitar.png   organ.png
cloud.png   flower.png  myImage.jpg  tower.png
```

## 3-4-3 ワイルドカードはファイル名の先頭のピリオド「.」にはマッチしない

「**?**」や「*」はファイル名の先頭のピリオド「.」にはマッチしない点に注意してください。たとえば、ホームディレクトリで「ls *」としても「.zshrc」のようなドットファイルは表示されません。ドットファイルのみの一覧を表示したければ、lsコマンドの引数を「.*」のように指定します。ただ、ドットファイルだけでなくドットディレクトリもある場合、その下の一覧が表示されてしまいます。

```
% ls .* return
.CFUserTextEncoding  .viminfo        .zsh_history
.lesshst             .zcompdump      .zshenv

.secret:  ←「.secret」の一覧も表示される
news.txt sample.txt
```

ディレクトリの下の一覧が不要の場合、ディレクトリはディレクトリそのものを表示する「**-d**」オプションを指定するとよいでしょう。

```
% ls -d .* return
.CFUserTextEncoding  .viminfo      .zshenv
.lesshst             .zcompdump
.secret              .zsh_history
```

## 3-4-4 かっこ内の任意の1文字とマッチする「[文字の並び]」

「**[文字の並び]**」は、「[]」の内部で指定した文字の中のいずれかの1文字とマッチします。たとえば、「[abc]」は「a」か「b」か「c」にマッチします。これを使用して、カレントディレクトリ以下でファイル名の先頭が「C」「c」「d」のどれかで、拡張子が「.png」のファイルの一覧を表示するには次のようにします。

```
% ls [Ccd]*.png return
Cat.png      cloud.png    dog.png
```

### ●「-」(ハイフン)による文字範囲の指定

角括弧「[]」の内部で、「**文字A-文字B**」のように「-」(ハイフン)を使用すると、その左右の文字の範囲内の任意の文字を表せます。つまり、「[0123456789]」は「[0-9]」としても同じです。「-」の右側の文字は左側の文字より文字コードの値が大きい必要があります。したがって「[0-9]」を「[9-0]」とすることはできません。

たとえば、カレントディレクトリから、拡張子を除いたファイル名が数字で終わり、かつ、拡張子が3文字のファイルの一覧を表示するには次のようにします。

```
% ls *[0-9].??? return
guitar3.png  organ9.png   tower1.png
```

アルファベットは「[a-zA-Z]」のように表記できます。先頭がアルファベットで始まり、拡張子がpngのファイルの一覧を表示するには次のようにします。

```
% ls [a-zA-Z]*.png return
Cat.png    dog.png     guitar.png   organ.png   tower1.png
cloud.png  flower.png  guitar3.png  organ9.png
```

### ●否定を表す「^」

角括弧「[]」の先頭に否定を表す「^」を記述すると、「その後ろの文字の並び」以外の文字とマッチするようになります。たとえば「**[^0-9]**」は数値以外の文字とマッチします。ファイル名の先頭がアルファベット小文字以外で始まるファイルの一覧を表示するには次のようにします。

```
% ls [^a-z]* return
1organ.png  Cat.png     Hole.png
```

## 3-4-5 ファイルの属性で絞り込む

zshでは、ワイルドカードによるファイル指定の後に「**(指定値)**」とすると、ファイルの属性で絞り込むことができます。

**ファイルの属性**

| 指定値 | 説明 |
|---|---|
| / | ディレクトリ |
| @ | シンボリックリンク(P.110参照) |
| . | 通常ファイル |

たとえば、名前が数字で始まるファイル/ディレクトリを表示するには次のようにします。

```
% ls -d [0-9]* return
2022/    2sample/   3-readme.txt   3news.md
```

これをディレクトリに絞り込むには次のようにします。

```
% ls -d [0-9]*(/) return
2022/    2sample/
```

ファイルで絞り込むには次のようにします。

```
% ls -d [0-9]*(.) return
3-readme.txt    3news.md
```

なお、値の前に「^」を記述すると、否定を表します。ディレクトリ以外に絞り込むには次のようにします。

```
% ls -d [0-9]*(^/) return
3-readme.txt   3news.md
```

COLUMN

## ワイルドカードがどのように展開されるかを実行前に確認する

zshでは、ワイルドカードを使用してファイルを指定したとき、return を押す前に tab を押すと、コマンドライン内にワイルドカードを展開してくれます。たとえば、ファイルを削除するrmコマンドのような危険度の高い処理をする場合に、事前に確認できるわけです。元に戻すには control + X U を押します（control を押しながら X を押し、離してから U を押す)。

```
% ls *.png tab
```

⬇

```
% ls meta1.png test.png 宣誓書2.png control+X U
```

⬇

```
% ls *.png
```

なお、tabの代わりにcontrol＋X Gを押すと、1行下にどのように展開されるかが表示されます。

```
% ls *.png control+X G
meta1.png     test.png      宣誓書2.png
```

## 3-4-6 ブレース展開で文字列を展開する

ワイルドカードに似たシェルの機能に「**ブレース展開**」があります。これは次のように、「{ }」内で文字列をカンマ「,」で区切って指定すると、シェルがそれらの文字列をそのまま展開するというものです。

**ブレース展開**

{文字列1,文字列2,文字列3,...} ➡ 文字列1 文字列2 文字列3 ...

たとえば、カレントディレクトリ以下で拡張子が「.jpg」「.png」「.pdf」のいずれかのファイルの一覧を表示するには次のようにします。

```
% ls *.{jpg,png,pdf} return
beer1.jpg        flower.png
dog1.jpg         しゅっぱつのうた.pdf
fish4.png
```

これは、次のように個別に指定したのと同じです。

```
% ls *.jpg *.png *.pdf return
beer1.jpg        flower.png
dog1.jpg         しゅっぱつのうた.pdf
fish4.png
```

なお、{文字列1,文字列2,...}の各文字列の前後にスペースは入れられないので注意してください。スペースがあると引数の区切りとみなされてしまうからです。

## ●ワイルドカードとブレース展開の相違

ワイルドカードとブレース展開の動作の相違について説明しましょう。前述のワイルドカードは、シェルがその記号にマッチするファイルやディレクトリを探して引数として展開します。

ワイルドカード

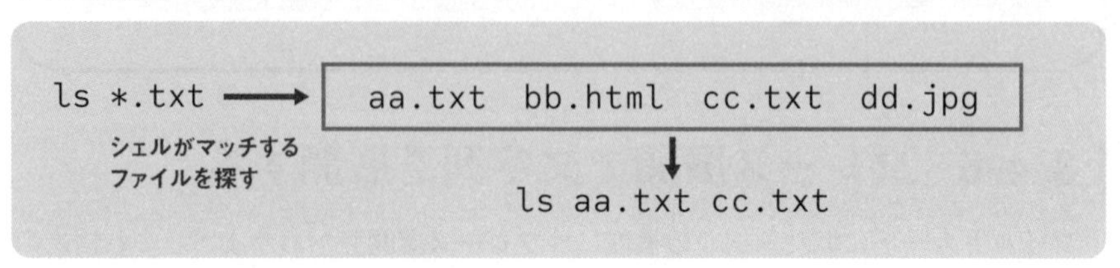


この場合、マッチするファイルがなければワイルドカードは展開されません。このことは、引数を表示するechoコマンドを使うと確認できます。たとえばカレントディレクトリに拡張子が「.html」のファイルがない状態で、「echo *.html」を実行すると、「*」にマッチするファイルが見つからず「zsh: no matches found:~」と表示されます。

```
% echo *.html return
zsh: no matches found: *.html
```

マッチするファイルがないためエラーが表示される

カレントディレクトリに拡張子「.png」のファイルがある場合には、「echo *.png」を実行すると「*」が展開されます。

```
% echo *.png return
KK.png Photo1.png fish5.png
```

「*」が展開される

それに対して、ブレース展開はマッチするファイルがあるどうかにかかわらず、「{ }」内の文字列をシェルがそのまま展開するので、echoコマンドでは次のようになります。

```
% echo {Mac,Windows} return
Mac Windows
```

文字列をそのまま展開

# 3-5 manコマンドでマニュアルを表示する

コマンドラインで実行可能なコマンドのほとんどには、FreeBSDなどから移植されたオンラインマニュアルが用意されています。マニュアルの表示には**man**コマンドを使用します。

## 3-5-1 manコマンドの基本的な実行方法

次にmanコマンドの書式を示します。

コマンド **man**

説　明 **マニュアルを表示する**

書　式 **man** [オプション] コマンド

calコマンドのマニュアルを表示するには次のようにします。

```
% man cal return
```

**コマンドのマニュアル**

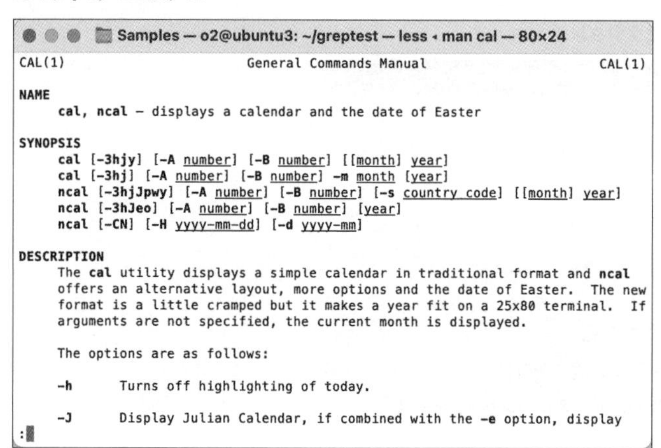


manコマンドは標準のページャ（内容を1画面ずつ表示するもの）であるlessコマンドを使用してマニュアルを表示しています。したがって、space で次のページ、B で前のページに移動できます。終了するには Q を押します。

**●マニュアルの構成について**

次に、オンラインマニュアルの中身の基本的な構成を示します。

**オンラインマニュアルの基本的な構成**

| 項目名 | 説明 |
|---|---|
| NAME | コマンドの名前 、機能の概要 |
| SYNOPSIS | 書式 |
| DESCRIPTION | オプションなど、コマンドの詳しい説明 |
| ENVIRONMENT | 関連する環境変数（P.215「8-3 シェル環境を設定する環境変数」参照） |
| FILES | 関連するファイル |
| SEE ALSO | 関連するコマンドのオンラインマニュアル |
| BUGS | 既知のバグ |
| HISTORY | 履歴 |

## 3-5-2 オンラインマニュアルは セクションに分割されている

オンラインマニュアルは、9つの**セクション**に分割されています。「CAL(1)」のように実行結果の先頭行の「( )」内に表示される番号は、セクションの番号を示しています。次の表に、各セクションの種類を示します。

**オンラインマニュアルのセクション**

| セクション番号 | 説明 |
|---|---|
| 1 | 一般コマンド |
| 2 | システムコール |
| 3 | ライブラリ関数 |
| 4 | 入出力デバイス |
| 5 | ファイル形式 |
| 6 | ゲーム |
| 7 | 雑多な情報 |
| 8 | システム管理コマンド |
| 9 | システムカーネルインターフェース |

同じ名前の別のコマンドが、複数のセクションに存在する場合があります。デフォルトでは若いセクションのページが表示されますが、次のようにセクション番号を明示的に指定することで、目的のセクションのページを表示することができます。

**マニュアルのセクション番号を指定**

```
man セクション番号 コマンド名
```

たとえば「mkdir」は、セクション1にディレクトリを作成するコマンドがあります。また、セクション2にディレクトリを作成するC言語のmkdir関数があります。単に「man mkdir return」とするとセクション1にあるmkdirコマンドのマニュアルが表示されます。

セクション2（システムコール）にあるmkdir関数のマニュアルを表示したければ、次のようにします。

```
% man 2 mkdir return
```

**セクション2のmkdir関数のマニュアルが表示される**

```
Samples — o2@ubuntu3: ~/greptest — less ◂ man 2 mkdir — 80×24
MKDIR(2)                    System Calls Manual                    MKDIR(2)

NAME
     mkdir, mkdirat – make a directory file

SYNOPSIS
     #include <sys/stat.h>

     int
     mkdir(const char *path, mode_t mode);

     int
     mkdirat(int fd, const char *path, mode_t mode);

DESCRIPTION
     The directory path is created with the access permissions specified by mode
     and restricted by the umask(2) of the calling process. See chmod(2) for the
     possible permission bit masks for mode.

     The directory's owner ID is set to the process's effective user ID.  The
     directory's group ID is set to that of the parent directory in which it is
     created.

:
```

MEMO

## 入力中のコマンドのマニュアルを表示するには

**zshでは、コマンドラインを入力中にesc H（escを押して放してからHを押す）で入力中のコマンドのマニュアルが表示されます。**

```
% ls -l / esc H
```

← lsコマンドのマニュアルが表示される

## 3-5-3 キーワードでコマンドを検索する

コマンド名がわからなくなった場合には、**apropos**コマンドを使用すると、指定したキーワードでコマンドを検索できます。

コマンド **apropos**
説明 **コマンドを検索する**

書式 **apropos** キーワード

たとえば、「calendar」をキーワードに検索を行うには、次のようにします。結果は「コマンド名(セクション)」と簡単な説明が表示されます（結果はインストールされているコマンドによって異なります）。

```
% apropos calendar return
CalendarAgent(8)            - calendar data process
cal(1), ncal(1)             - displays a calendar and the
date of Easter
calendar(1)                 - reminder service
iwidgets_calendar(n), iwidgets::calendar(n) - Create and
manipulate a monthly calendar
widget_calendar(n)          - widget::calendar Megawidget
CalendarAgent(8)            - calendar data process
Date::Calc(3pm)             - Gregorian calendar date
calculations
Date::Calendar(3pm)         - Calendar objects for different
holiday schemes
Date::Calendar::Profiles(3pm) - Some sample profiles for
Date::Calendar and Date::Calendar::Year
Date::Calendar::Year(3pm) - Implements embedded "year"
objects for Date::Calendar
cal(1), ncal(1)             - displays a calendar and the
date of Easter
calendar(1)                 - reminder service
iwidgets_calendar(n), iwidgets::calendar(n) - Create and
```

```
manipulate a monthly calendar
timespec_get(3)           - get current calendar time
widget_calendar(n)        - widget::calendar Megawidget
```

COLUMN

## 代替スクリーンの利用

ターミナルには、通常の実行結果が表示される画面のほかに、もうひとつ別の画面である「**代替スクリーン**」が用意されています。lessコマンドやmanコマンドはテキストの表示に代替スクリーンを利用しています。

代替スクリーンを表示するには「表示」メニューから「代替スクリーンを表示」(control + shift + page down) を選択します。元の画面に戻るには「代替スクリーンを非表示」(control + shift + page up) を選択します。たとえば、「man ls」を実行してlsコマンドのマニュアルを表示中に、コマンドラインの表示を確認したい場合には「代替スクリーンを非表示」を選択します。「代替スクリーンを表示」を選択するとマニュアル画面に戻ります。

### 代替スクリーンの表示／非表示

**代替スクリーンを表示 (lsコマンドのマニュアルを表示)**

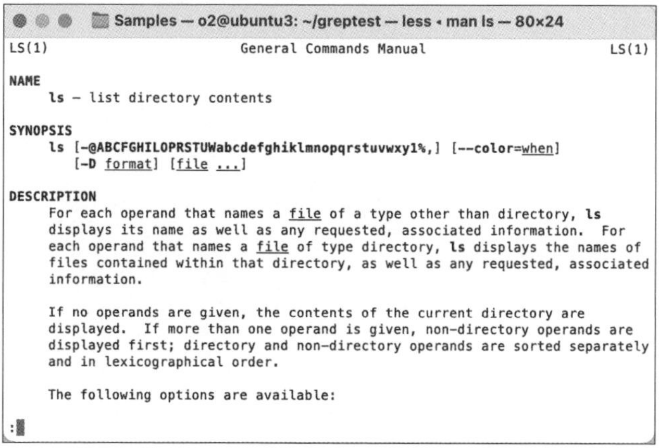

```
Samples — o2@ubuntu3: ~/greptest — less ◂ man ls — 80×24
LS(1)                     General Commands Manual                    LS(1)

NAME
     ls – list directory contents

SYNOPSIS
     ls [-@ABCFGHILOPRSTUWabcdefghiklmnopqrstuvwxy1%,] [--color=when]
        [-D format] [file ...]

DESCRIPTION
     For each operand that names a file of a type other than directory, ls
     displays its name as well as any requested, associated information.  For
     each operand that names a file of type directory, ls displays the names of
     files contained within that directory, as well as any requested, associated
     information.

     If no operands are given, the contents of the current directory are
     displayed.  If more than one operand is given, non-directory operands are
     displayed first; directory and non-directory operands are sorted separately
     and in lexicographical order.

     The following options are available:

:
```

コマンドラインの表示に戻りたい場合は
「代替スクリーンを非表示」を選択

再度マニュアル画面を表示したい場合は
「代替スクリーンを表示」を選択

コマンドラインに戻る

Samples — o2@ubuntu3: ~/greptest — less ◂ man ls — 80×24

```
ected, mux-device:1465
Dec 11 16:55:13 mbp1 AMPDeviceDiscoveryAgent[646]: Entered:__thr_AMMuxedDeviceDi
sconnected, mux-device:1465
^C
o2@mbp1 Samples % man cal
o2@mbp1 Samples % man cal
o2@mbp1 Samples % man 2 mkdir
o2@mbp1 Samples % man 2 mkdir
o2@mbp1 Samples % apropos calender
calender: nothing appropriate
o2@mbp1 Samples % man ls
o2@mbp1 Samples % cal
      12月 2021
日 月 火 水 木 金 土
          1  2  3  4
 5  6  7  8  9 10 11
12 13 14 15 16 17 18
19 20 21 22 23 24 25
26 27 28 29 30 31

o2@mbp1 Samples % date
2021年 12月11日 土曜日 17時03分47秒 JST
o2@mbp1 Samples % man ls
```

manコマンドを終了した後で、もう一度マニュアルの最後の画面を確認したい場合には「代替スクリーンを表示」を選択すればよいわけです。

第4章

# ファイル／ディレクトリの操作、アプリの起動、テキストファイルの表示 .etc

**本章では、ファイルやディレクトリのコピー／移動／削除、ディレクトリの作成、リンクの作成、ファイルの圧縮／展開など、基本的なコマンド操作を説明します。また、macOSの独自機能である拡張属性のほか、GUIアプリの起動、テキストファイルの表示についても解説します。**

ポイントはこれ！

- ファイルをコピーするcpコマンド／移動するmvコマンド
- リンクにはシンボリックとハードがある
- ディレクトリを作成するmkdirコマンド／削除するrmdirコマンド
- 拡張属性を管理するxattrコマンド
- テキストファイルをページごとに表示するlessコマンド
- ファイルを圧縮するgzipコマンド、bzip2コマンド、tarコマンド

## 4-1　ファイルのコピーと移動

まずは、ファイルやディレクトリのコピーや移動といった、コマンドラインで日常的に行う処理について説明します。

### 4-1-1　ファイルをコピーするcpコマンド

ファイルやディレクトリのコピーは**cp**コマンドで行います。cpコマンドとシェルのワイルドカードを組み合わせると柔軟なコピーが可能になります。

コマンド **cp**
説　明 **ファイルをコピーする**

書　式 **cp [オプション] コピー元のファイルのパス コピー先のファイルのパス**

引数の順番に注意してください。最初に元のファイルのパスを指定し、次にコピー先のファイルのパスを指定します。

cpコマンドのディレクトリを丸ごとコピーすることもできますが、まずはファイル単位のコピーについて説明しましょう。たとえば、Desktopディレクトリのphoto1.pngを、PicturesディレクトリにmyPhoto.pngという名前でコピーするには、次のようにします。

```
% cp Desktop/photo1.png Pictures/myPhoto.png return
```

同じファイル名でコピーする場合は、コピー先にはディレクトリ名を指定するだけでかまいません。次の例は、Desktopディレクトリのhappy.mp3を、Musicディレクトリに同じ名前でコピーしています。

```
% cp Desktop/happy.mp3 Music/ return
```

### ●カレントディレクトリに同じ名前でコピーする

カレントディレクトリに同じ名前でコピーするには、コピー先にカレントディレクトリを表すシェルの特殊文字「.」(ピリオド) を指定します。

~/Picturesディレクトリのface.jpgを、カレントディレクトリに同じ名前でコピーするには次のようにします。

```
% cp ~/Pictures/face.jpg . return
```

### ●ワイルドカードでまとめてコピーする

コピー元のファイルを「*」や「?」といったワイルドカードを組み合わせて指定することで、複数のファイルをまとめてコピーできます。たとえば、Desktopディレクトリの下の拡張子「.png」のファイルをすべて、Picturesディレクトリにコピーするには次のようにします。

```
% cp Desktop/*.png Pictures/ return
```

このとき、コピー状況を確認したければ「**-v**」オプションを指定します。これでコピーされるファイルが一覧表示されていきます。

```
% cp -v Desktop/*.png Pictures/ return
Desktop/dog.png -> Pictures/dog.png
Desktop/photo1.png -> Pictures/photo1.png
～略～
```

コピーされるファイルが表示される

## ●「-r」オプションでディレクトリを丸ごとコピーする

ディレクトリの階層構造を保ったまま、丸ごと別のディレクトリにコピーするには「**-r**」オプションを使います。「r」は「recursive」の略で、ディレクトリを再帰的にコピーすることを表します。次の例は、カレントディレクトリのsamplesディレクトリの中身をすべてbackupディレクトリにコピーします。

```
% cp -r samples backup return
```

このときbackupディレクトリが存在しているかどうかで動作が異なるので注意してください。存在していなければbackupディレクトリが作成され、その下にsamplesディレクトリの中身がコピーされます。一方、backupディレクトリがすでに存在している場合は、backupディレクトリの下にsamplesディレクトリがディレクトリごとコピーされます。

MEMO

### 属性を変えずにコピーする

**cpコマンドでファイルやディレクトリをコピーすると、修正日時や開く制限などの属性が変化します。たとえば修正日時はコピーした時点のものになります。属性を変えずに丸ごとコピーするには、「-r」オプションの代わりに「-a」オプションを指定してコピーしてください。**

## ●「-i」オプションで上書きするかどうかを確認する

cpコマンドのデフォルトの動作では、コピー先のファイルが存在していた場合は警告なしで上書きします。上書きするかどうかを確認するには「**-i**」オプションを指定します。

```
% cp -ir samples backup return
overwrite backup/samples/beer1.jpg? (y/n [n]) n return    ←「n」で上書きしない
not overwritten
overwrite backup/samples/dog1.jpg? (y/n [n]) y return    ←「y」で上書き
```

## 4-1-2 mvコマンドでファイルを移動する

ファイルやディレクトリの移動には**mv**コマンドを使用します。

コマンド **mv**
説　明 **ファイルを移動する**

書　式 **mv [オプション] 元のファイルのパス 新たなファイルのパス**

引数の順番はcpコマンドと同じです。たとえば、カレントディレクトリの下のphoto.pngを、Picturesディレクトリの下にmyPhoto.pngという名前で移動するには次のようにします。

```
% mv photo.png Pictures/myPhoto.png return
```

同じ名前で移動する場合、移動先のパスには、ディレクトリを指定するだけでかまいません。photo.pngをPicturesディレクトリの下に同じ名前で移動するには次のようにします。

```
% mv photo.png Pictures/ return    ←Picturesディレクトリの下に同じ名前で移動
```

なお、mvコマンドは、ディレクトリに対しても使用できます。

また、名前を変えて同じディレクトリ内に移動することもできます。これは結果的に名前を変更したことになります。たとえば、newsディレクトリの名前をoldNewsに変更するには次のようにします。

```
% mv news oldNews return
```

# 4-2 ディレクトリを作成する／削除する

続いて、ディレクトリを作成する方法と、ディレクトリやファイルを削除する方法について説明します。

## 4-2-1 mkdirコマンドでディレクトリを作成する

新しいディレクトリを作成するには**mkdir**コマンドを使います。

コマンド **mkdir**
説　明 **ディレクトリを作成する**

書　式 **mkdir** [オプション] [ディレクトリのパス]

たとえば、ホームディレクトリ「~」の下にnewDirディレクトリを作成するには次のようにします。

```
% mkdir ~/newDir return
```

### ●「-p」オプションで深いディレクトリを一気に作成する

mkdirコマンドをオプションなしで使う場合、途中のディレクトリはあらかじめ存在している必要があります。たとえば、「mkdir ~/newDir/222/sample」というコマンドを実行するには、その時点で「~/newDir/222」ディレクトリまで存在していないとエラーになります。

```
% mkdir ~/newDir/222/sample return
mkdir: /Users/o2/newDir/222: No such file or director
```

途中のディレクトリがないとエラー

しかし、「**-p**」オプションを指定して実行すれば、途中のディレクトリも一気に作成することができます。

深いディレクトリを一気に作成できる

```
% mkdir -p  ~/newDir/222/sample return
```

## 4-2-2 ディレクトリを削除する

ディレクトリを削除するには、**rmdir**コマンドを使います。

コマンド **rmdir**
説　明 **ディレクトリを削除する**

書　式 **rmdir** [オプション] ディレクトリのパス

たとえば、~/newDirを削除するには次のようにします。

```
% rmdir ~/newDir return
```

ただし、rmdirコマンドは引数で指定したディレクトリにファイルやディレクトリがあると削除できません。空でないディレクトリを削除するには、次に説明するrmコマンドを使います。

### ● rmコマンドでファイルを削除する

**rm**コマンドは、引数で指定したファイルを削除するコマンドです。

コマンド **rm**
説　明 **ファイルを削除する**

書　式 **rm** [オプション] 削除するファイルのパス

次にsample.txtを削除する例を示します。

```
% rm sample.txt return
```

MEMO
**rmコマンドは元に戻せない**

**デスクトップ上でファイルを「ゴミ箱」に入れて削除するのと異なり、rmコマンドでいったん削除したらファイルを元に戻すことはできないので、十分注意して実行しましょう。**

### ●「-i」オプションでファイルを確認しながら削除する

「**-i**」オプションを指定してrmコマンドを実行すると、ファイルを削除してよいかをその都度確認します。次にワイルドカード「*」を使用して、カレントディレクトリ以下の拡張子「.png」のファイルを確認しながら削除する例を示します。

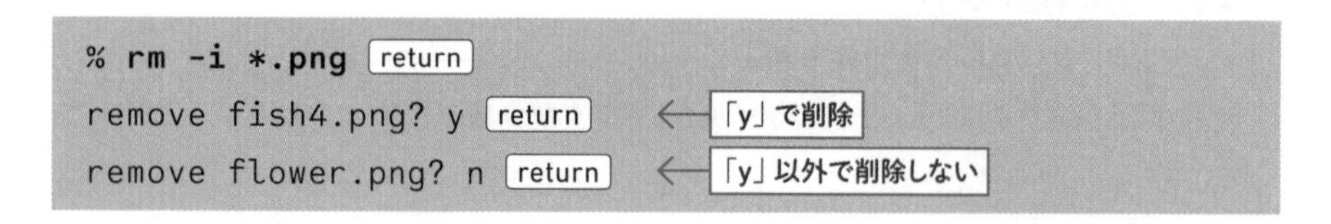


### ●「-r」オプションを指定してディレクトリを丸ごと削除する

指定したディレクトリ以下をすべて削除するには、「**-r**」オプションを指定します。次に、tmpディレクトリ以下を丸ごと削除する例を示します。

```
% rm -r tmp return
```

アクセス権限で「書き込み」が許可されていないファイルがある場合には、削除してよいかを尋ねてきます。

```
% rm -r oldsamples/ return                                    「y」で削除
override r--r--r--  o2/staff for oldsamples/dog1.jpg? y return
```

このとき、合わせて「**-f**」オプションを指定すると、「書き込み」が許可されていない場合でも確認を行わずに削除します。

```
% rm -fr oldsamples/ return
```

基本的に削除後にファイルを復旧することはできないので、「-rm fr」の実行はくれぐれも注意してください。

## 4-3 lnコマンドでリンクを操作する

macOSにおける「エイリアス」と同じような、ファイルやディレクトリに別名を付ける仕組みを「**リンク**」と呼びます。UNIXのリンクには「**ハードリンク**」

と「**シンボリックリンク**」(ソフトリンク) の2種類があります。シンボリックリンクはハードリンクに比べて、次のような利点があるため、多くの場合シンボリックリンクが使用されます。

- リンク先がわかりやすい
- ディレクトリへのリンクも作成できる
- 異なるディスクボリューム上のファイルへのリンクが作成できる

## 4-3-1 「ln -s」コマンドで シンボリックリンクを作成する

シンボリックリンク、ハードリンクの作成にはlnコマンドを使用します。

コマンド **ln**

説　明 **リンクを作成する**

書　式 **ln** [オプション] 元のファイルのパス リンクファイルのパス

シンボリックリンクを作成するには、「-s」オプションを指定してlnコマンドを実行します。このとき引数の順番に注意してください。cpコマンドと同じように、元のファイルを最初に指定します。

次にカレントディレクトリのdog1.jpgのシンボリックリンクを「dog1-sl.png」という名前で作成する例を示します。

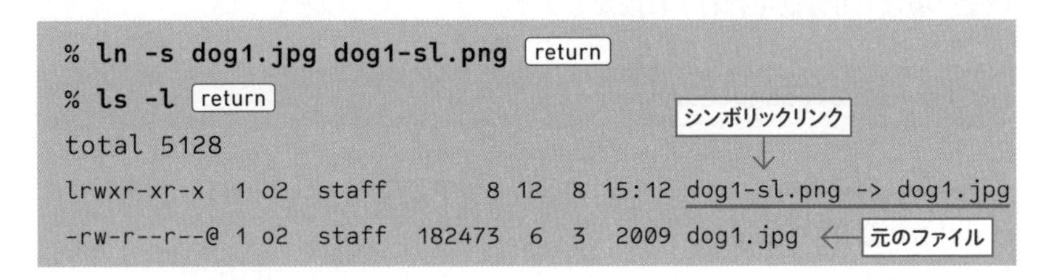

```
% ln -s dog1.jpg dog1-sl.png [return]
% ls -l [return]
total 5128
lrwxr-xr-x  1 o2  staff        8 12  8 15:12 dog1-sl.png -> dog1.jpg
-rw-r--r--@ 1 o2  staff   182473  6  3  2009 dog1.jpg
```



このように「ls -l」を実行すると、リンクファイルには「-> リンク元のファイルのパス」が表示されます。また、Finder上ではエイリアスとして表示されます。ただし、元のファイルのアイコンは表示されません。

**シンボリックリンクはFinder上ではエイリアスとして表示される**

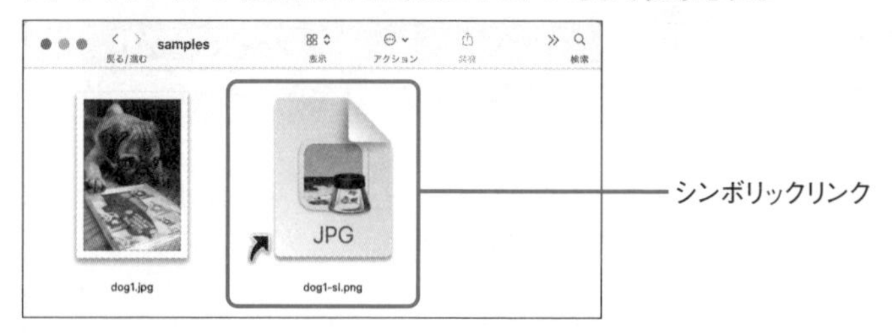


## ●ディレクトリに対してシンボリックリンクを作成する

シンボリックリンクはディレクトリに対して作成することもできます。たとえば、「Documents/Personal/MyDataBase」という深いディレクトリへのシンボリックリンクをmyDBとして作成しておくと簡単にアクセスできます。

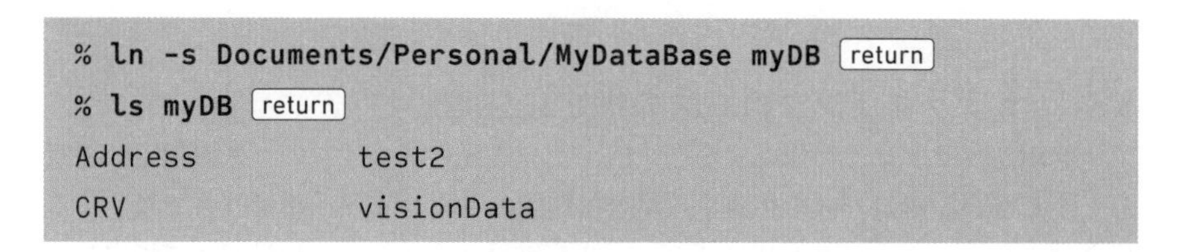

```
% ln -s Documents/Personal/MyDataBase myDB return
% ls myDB return
Address          test2
CRV              visionData
```

**COLUMN**

### 存在しないファイルのシンボリックリンクは作成できる?

「ln -s」コマンドの最初の引数に存在しないファイルを指定して「ln -s」コマンドを実行するとどうなるでしょう? その場合もシンボリックリンクが作成されます。シンボリックリンクは単に元のファイルのパスを格納しているだけだからです。ただし、シンボリックリンクにアクセスすることはできません。

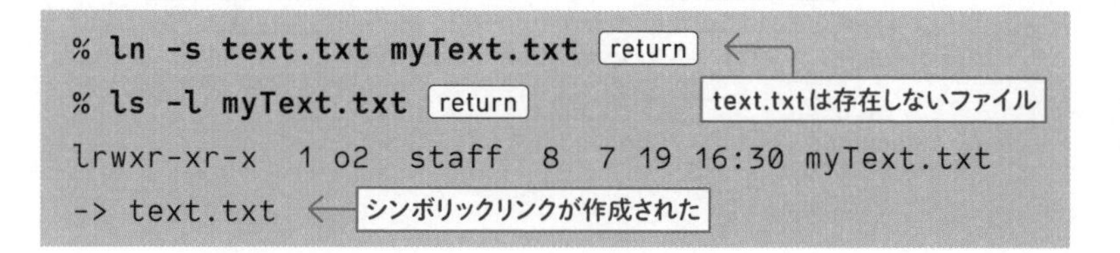

```
% ln -s text.txt myText.txt return    ← text.txtは存在しないファイル
% ls -l myText.txt return
lrwxr-xr-x  1 o2  staff  8  7 19 16:30 myText.txt
-> text.txt ← シンボリックリンクが作成された
```

```
% cat myText.txt [return]
cat: myText.txt: No such file or directory    ← アクセスできない
```

上記の例の場合、後から元のファイル「text.txt」を用意すれば、シンボリックリンクにアクセスできるようになります。

```
% cp somefile.txt text.txt [return] ← リンク先のtext.txtを用意する
% cat myText.txt [return]
Hello World    ← 元のファイルの内容が表示される
```

## ●シンボリックリンクのパスの指定に注意

シンボリックリンクを作成するときは、リンク元のファイルのパスの指定に注意してください。絶対パスで指定する場合は問題ありませんが、相対パスで指定する場合はカレントディレクトリではなく、リンクファイルからの相対パスで指定します。たとえば、ホームディレクトリにいるときに、~/Music/jPopディレクトリのシンボリックリンクを~/Documents/jPop-musicとして作成したいケースを考えます。

シンボリックリンクを相対パスで指定する例

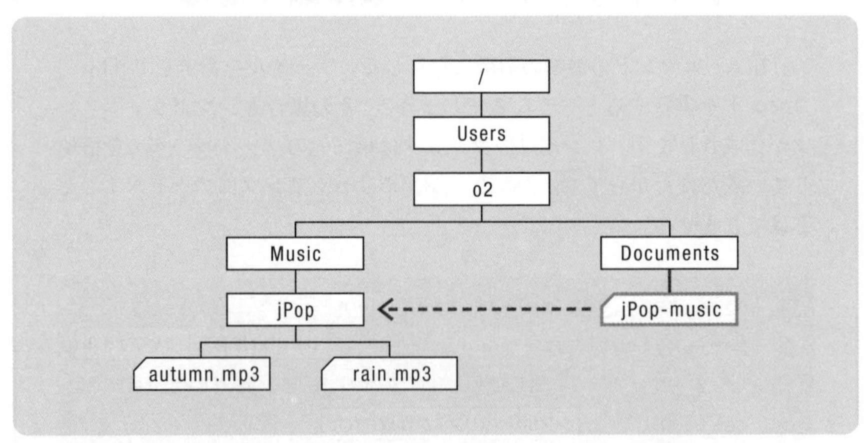

この場合、「Music/jPop」のように、カレントディレクトリからの相対パスでリンク元のパスを指定してもうまくいきません。

```
% ln -s Music/jPop Documents/jPop-music return
% ls -l Documents/jPop-music return ←シンボリックリンクを確認
lrwxr-xr-x  1 o2  staff  10  7 19 16:40 Documents/jPop-
music -> Music/jPop
% ls Documents/jPop-music return
Documents/jPop-music ←ディレクトリの中身が表示されない!
```

リンクファイルDocuments/jPop-musicから見た、リンク元のMusic/jPopへの相対パスは「../Music/jPop-music」になるからです。そのため、シンボリックリンクを削除した上で次のようにする必要があります。

```
% rm Documents/jPop-music return ←シンボリックリンクを削除
% ln -s ../Music/jPop Documents/jPop-music return ←シンボリックリンクを作成
% ls -l Documents/jPop-music return ←シンボリックリンクを確認
lrwxr-xr-x  1 o2  staff  13  7 19 16:44 Documents/jPop-
music -> ../Music/jPop
% ls Documents/jPop-music return
autumn.mp3  rain.mp3 ←正しく表示される
```

なお、絶対パスで指定すればこの問題はおきません。上記の例ではリンク元の前にホームディレクトリ「~」を指定して次のようにします。

```
% ln -s ~/Music/jPop Documents/jPop-music return
```

ただし、リンク元の上位のディレクトリごと別の場所に移動すると、リンクが機能しなくなる可能性があるので注意してください。

## 4-3-2 ハードリンクとiノード番号について

もうひとつのリンク機能である**ハードリンク**についても簡単に説明しておきましょう。ハードリンクは、異なる名前で同じファイルの実体を指し示す機能です。そのためリンク元、リンク先といった区別はありません。

### ハードリンク

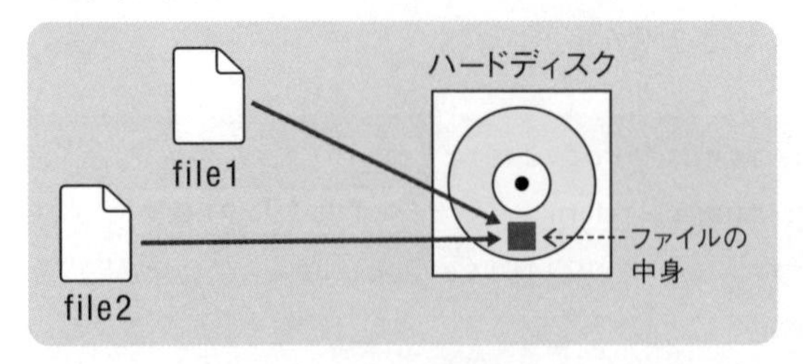


ハードリンクを作成するにはオプションを付けずにlnコマンドを実行します。次に、cloud.jpgのハードリンクを「cloud-hlink.jpg」、シンボリックリンクを「cloud-slink.jpg」という名前で作成する例を示します。

```
% ln cloud.jpg cloud-hlink.jpg return      ← ハードリンク
% ln -s cloud.jpg cloud-slink.jpg return   ← シンボリックリンク
```

UNIX系のファイルシステムではそれぞれのファイルを「**iノード番号**」という重複のない番号で管理します。ハードリンクの場合には実体が同じですから、同じiノード番号になるはずです。iノード番号はlsコマンドに「**-i**」オプションを付けて実行すると表示されます。

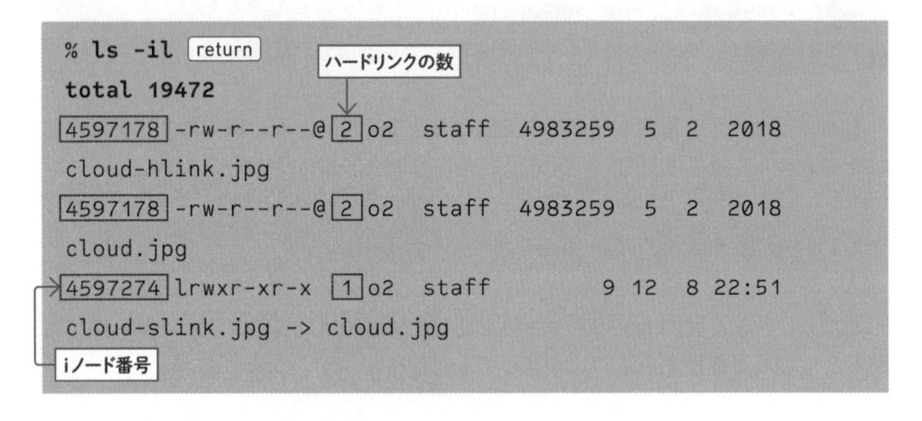

```
% ls -il return
total 19472
4597178 -rw-r--r--@ 2 o2  staff  4983259  5  2  2018
cloud-hlink.jpg
4597178 -rw-r--r--@ 2 o2  staff  4983259  5  2  2018
cloud.jpg
4597274 lrwxr-xr-x  1 o2  staff        9 12  8 22:51
cloud-slink.jpg -> cloud.jpg
```


この実行結果では「cloud.jpg」と「cloud-hlink.jpg」がハードリンクのため、同じiノード番号になっていることに注目してください。それに対してcloud-slink.jpgはシンボリックリンクのため、iノード番号が異なります。

また、「cloud.jpg」と「cloud-hlink.jpg」の表示結果のうち、3番目のフィールドは「2」になっていますが、これはハードリンクの数を示しています。ハードリンクを増やしていくとひとつずつ増えていきます。ファイルを削除していくとハードリンクの数が減っていき、「0」になった時点でディスクから完全に削除されるわけです。

シンボリックリンクのほうがサイズが小さいのは、シンボリックリンクは単にリンク元のパスを格納しているだけだからです。

なお、macOSなど多くのUNIX系OSでは、ディレクトリのハードリンクはユーザが設定することはできません。不適切に設定するとディレクトリの無限ループなどと呼ばれるおかしな状態になるからです。

## ●「.」と「..」はハードリンク

カレントディレクトリを表す「.」と、ひとつ上のディレクトリを表す「..」を覚えているでしょうか（P.071「3-1 よく使うディレクトリを表す記号」参照）。実は、これらはシステム的にはハードリンクです。lsコマンドにすべてのファイルを表示する「-a」オプションと、iノード番号を表示する「-i」オプションを指定して実行すると確認できます。

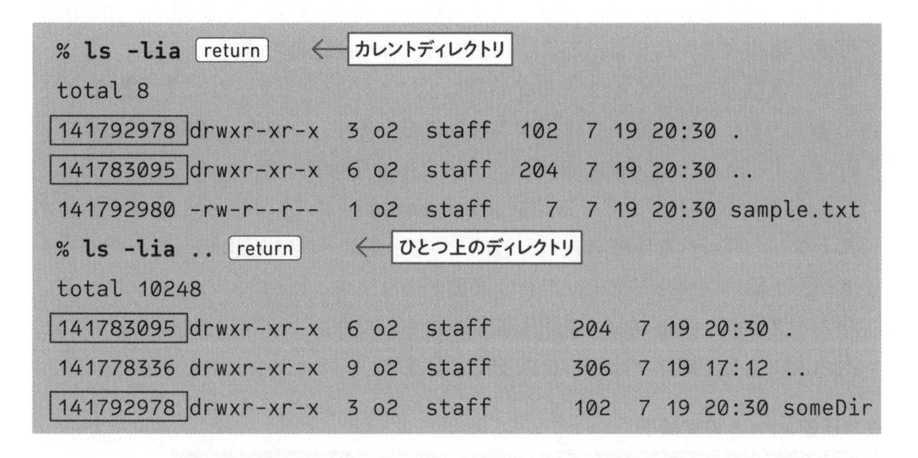


「.」と「..」はハードリンク

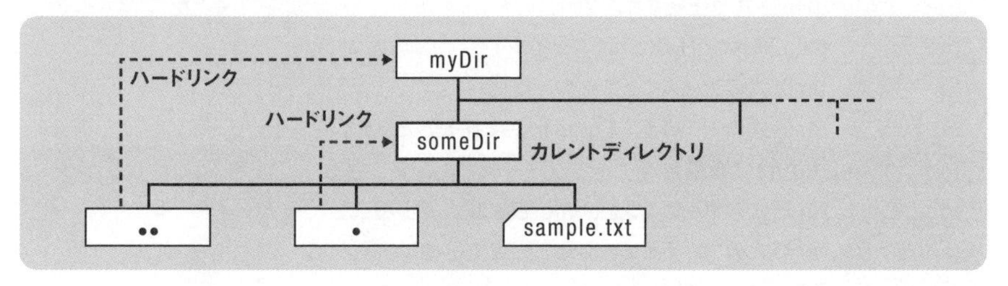

ところで、lnコマンドはシンボリックリンクのほうが使用頻度が高いのに、オプションなしで作成できるのはハードリンクで、シンボリックリンクの作成には「-s」オプションが必要となる点を不思議に思うかもしれません。実は、シンボリックリンクのほうがハードリンクよりも新たに搭載された機能なのです。

# 4-4　ファイルの圧縮と展開

この節では、コマンドラインで圧縮ファイルを作成／展開する方法について説明しましょう。Finder上でも圧縮／展開は行えますが、コマンドラインではさまざまな圧縮フォーマットが利用可能です。

## 4-4-1　さまざまな圧縮ファイル形式

ファイルの圧縮形式には、圧縮ファイルを元に戻せない非可逆圧縮と、元に戻せる可逆圧縮に大別されます。ここで説明するのは可逆圧縮です。

なお、複数のファイルをまとめて管理したファイルを「**アーカイブ（書庫）**」と言います。また、アーカイブは圧縮されることが多く、これを「**圧縮アーカイブ**」と呼びます。macOS標準の圧縮形式であるZipも圧縮アーカイブです。

UNIX系のソフトウェアでは拡張子が「**.tar.gz**」あるいは「**.tgz**」の「**tarボール**」などと呼ばれる圧縮形式が一般的です。tarボールの展開はFinderでも行えますが、圧縮はコマンドラインで行う必要があります。tarボールはtarコマンドでアーカイブされ、gzipコマンドで圧縮されたものです。

次の表に主な圧縮ファイルの拡張子を示します。

**主な圧縮ファイルの拡張子**

| 拡張子 | 説明 |
|---|---|
| .gz | gzip形式で圧縮されたファイル |
| .bz2 | bzip2形式で圧縮されたファイル |
| .tar | tar形式のアーカイブファイル |
| .tar.gz | tar形式のアーカイブをgzip形式で圧縮したファイル |
| .tgz | .tar.gzの短縮形 |
| .tar.Z | tar形式のアーカイブをcompress形式で圧縮したファイル |
| .tar.bz2 | tar形式のアーカイブをbzip2形式で圧縮したファイル |
| .zip | ZIP形式の圧縮アーカイブ |

**MEMO**

**FinderでZip圧縮**

**Finderで Zip形式の圧縮アーカイブを作成するにはフォルダを右クリックし表示されるメニューから「〜を圧縮」を選択します。**

コマンドラインで実行可能なさまざまな圧縮コマンドの中から、ここではgzipコマンドとbzip2コマンドを紹介しましょう。なお、これらのコマンドで圧縮できるのは個々のファイルのみです。ディレクトリ以下をまとめて圧縮することはできません。

## 4-4-2 gzip形式の圧縮ファイルを作成／展開する

まず、UNIX系OSの世界で広く普及している圧縮コマンドである**gzip**コマンドについて説明しましょう。

コマンド **gzip**

説　明 **gzip形式で圧縮する**

書　式 **gzip** [オプション] ファイルのパス

次に、カレントディレクトリの「mySong.aif」を圧縮する例を示します。なお、圧縮率を表示したい場合には「-v」オプションを指定します。

```
% ls -lh [return]
total 71120                                              元のファイル
-rw-r--r--  1 o2  staff   35M  3  7  2015 mySong.aif ←
% gzip -v mySong.aif [return] ←圧縮
mySong.aif:     12.4% -- replaced with mySong.aif.gz
% ls -lh [return]
total 62272                                              圧縮ファイル
-rw-r--r--  1 o2  staff   30M  3  7  2015 mySong.aif.gz←
```

デフォルトでは、圧縮が終わると「〜.gz」が作成されて、元のファイルが削除されます。元のファイルもそのまま残したい場合には、gzipコマンドに「-k」オプションを指定して実行します。

gzip形式の圧縮ファイルを展開（解凍）するには、**gunzip**コマンドを使用します。

コマンド **gunzip**

説　明 **gzip形式の圧縮ファイルを展開する**

書　式 **gunzip** 圧縮ファイルのパス

次に、「mySong.aif.gz」を展開する例を示します。圧縮ファイルは展開後に削除されます。

```
% gunzip mySong.aif.gz [return]
```

## 4-4-3 bzip2形式の圧縮ファイルを作成／展開する

次に紹介する**bzip2**コマンドは、より圧縮率の高い圧縮コマンドです。

コマンド **bzip2**

説　明 **bzip2形式の圧縮ファイルを作成する**

書　式 **bzip2** [オプション] 圧縮するファイルのパス

次に前述のgzipコマンドの例と同じファイル「mySong.aif」を、bzip2コマンドで圧縮する例を示します。圧縮後のサイズを比べてみましょう。

```
% bzip2 -v mySong.aif [return]
  mySong.aif:  1.434:1,  5.580 bits/byte, 30.25% saved,
36409970 in, 25395026 out.
% ls -lh [return]
total 49600
-rw-r--r--  1 o2  staff    24M  3  7  2015 mySong.aif.bz2
```

結果を見るとわかるように、多くの場合gzipコマンドに比べてbzip2コマンドのほうが圧縮率が高くなります。ただし、圧縮時間は多くかかります。

bzip2形式の圧縮ファイルを展開するには**bunzip2**コマンドを使用します。

コマンド **bunzip2**

説　明 **bzip2形式の圧縮ファイルを展開する**

書　式 **bunzip2** [オプション] 圧縮ファイルのパス

次に「mySong.aif.bz2」を展開する例を示します。

```
% bunzip2 mySong.aif.bz2 return
```

なお、gzip、bzip2形式の圧縮ファイルはFinderでダブルクリックしても展開できます。とはいえ、ターミナルで作業中にFinderとターミナルを行き来するのは面倒なのでコマンドによる解凍方法も覚えておきましょう。

## 4-4-4 tarコマンドでアーカイブを作成／展開する

**tar**コマンドを使用して、アーカイブを作成／展開する方法について説明しましょう。まずは、圧縮なしのアーカイブを作成する場合の書式を示します。

コマンド **tar①**

説　明 **アーカイブを作成する**

書　式 **tar -cvf** アーカイブファイルのパス ファイルやディレクトリのパス

「**-c**」オプションは新しいアーカイブを作成するオプション、「**-v**」オプションは詳しい情報を表示するオプションです。「**-f アーカイブファイルのパス**」オプションでファイル名を指定します。

tarコマンドによる、アーカイブファイルの拡張子は慣習的に「**.tar**」にします。たとえば、myPicsディレクトリのアーカイブ「myPics.tar」を作成するには、次のようにします。

```
% tar -cvf myPics.tar myPics/ return
a myPics
a myPics/2012
a myPics/air.jpg
a myPics/.DS_Store
a myPics/dog1.jpg
```

```
a myPics/tmp.jpg
a myPics/cat1.jpg
～略～
```

MEMO

**「tar」の由来**

**tarコマンドは「Tape ARchive」の略です。元々は磁気テープドライブにバックアップを取る際に使用されていました。**

アーカイブの中身を確認したい場合には、tarコマンドを次の書式で実行します。

コマンド **tar②**

説　明 **アーカイブの中の一覧を表示する**

書　式 **tar -tvf** アーカイブファイルのパス

「**-t**」は中身の一覧を表示するオプションです。そのほかのオプションは前述したとおりです。「myPics.tar」のファイルの一覧を表示するには次のようにします。

```
% tar -tvf myPics.tar return
drwxr-xr-x  0 o2     staff       0  8 16  2016 myPics/
drwxr-xr-x  0 o2     staff       0  6 17  2016 myPics/2012/
-rw-r--r--  0 o2     staff   89215  8  6  2012 myPics/air.jpg
-rw-r--r--  0 o2     staff    6148  8 16  2016 myPics/.DS_Store
-rw-r--r--  0 o2     staff   24854  5  3  2009 myPics/dog1.jpg
～略～
```

アーカイブを展開する場合の書式は次のようになります。

コマンド **tar③**

説　明 **アーカイブを展開する**

書　式 **tar -xvf** アーカイブファイルのパス

「**-x**」は展開するオプションです。デフォルトではカレントディレクトリに展開されます。「myPics.tar」を展開する例を示します。

```
% tar -xvf myPics.tar [return]
x myPics/
x myPics/2012/
x myPics/air.jpg
x myPics/.DS_Store
～略～
```

指定したディレクトリに展開するには、「**-C 展開先のディレクトリ**」オプションを指定します。たとえば、oldPicsディレクトリに展開するには次のようにします。

```
% tar -xvf myPics.tar -C oldPics/ [return]
～略～
```

## ●tarコマンドでgzip形式の圧縮アーカイブを作成／展開する

最近のtarコマンドにはアーカイブファイルを圧縮する機能が用意されています。gzip形式の圧縮ファイルを作成するには「-cvf」オプションの「f」の前に「-z」オプションを加えた「-cvzf」オプションを指定します。

このとき圧縮アーカイブの拡張子は一般的に「.tar.gz」あるいは「.tgz」にします。たとえば、myPicsディレクトリの圧縮アーカイブ「myPics.tar.gz」を作成するには次のようにします。

```
% tar -cvzf myPics.tar.gz myPics/ [return]   ← 圧縮アーカイブの作成
a myPics
a myPics/.DS_Store
～略～
```

アーカイブ内のファイルの一覧を表示するには「**-tvzf**」オプション、展開するには「**-xvzf**」オプションを指定して、次のようにします。

```
% tar -tvzf myPics.tar.gz [return]   ← 一覧表示
drwxr-xr-x  0 o2     staff        0  8  4 20:44 myPics/
-rw-r--r--  0 o2     staff      120  8  4 20:44 myPics/._.DS_Store
～略～
% tar -xvzf myPics.tar.gz [return]   ← 展開
～略～
```

### ● bzip2形式の圧縮アーカイブを作成／展開する

tarコマンドでbzip2形式の圧縮アーカイブを作成、一覧表示、展開するには、gzip形式を処理する「-z」オプションの代わりに「-j」オプションを加えます。拡張子は「.tar.bz2」にします。

```
% tar -cvjf myPics.tar.bz2 myPics/ return ← 圧縮アーカイブの作成
～略～
% tar -tvjf myPics.tar.bz2 return ← 一覧表示
～略～
% tar -xvjf myPics.tar.bz2 return ← 展開
～略～
```

COLUMN

## コマンドの実行時間を測定するには

timeコマンドを使用するとコマンドを実行し、その実行時間を表示します。

| | |
|---|---|
| コマンド | **time** |
| 説　明 | **コマンドの実行時間を測定する** |
| 書　式 | **time** コマンド |

次にbzip2コマンドによるファイルの圧縮の時間を測定する例を示します。

```
% time bzip2 ブレメン.m4a return
bzip2 ブレメン.m4a  6.09s user 0.12s system 99% cpu
6.249 total
```

最後に表示されるのがコマンド実行にかかったトータル時間です。上記の例では、6.249秒かかったことがわかります。

# 4-5 ファイルの拡張属性を操作する

macOSでは、Finder情報、タグといったファイルの付加情報は「**拡張属性**」(EA：Extended Attributes)として管理されています。拡張属性は、一般に「**メタデータ**」などと呼ばれるデータそのものの情報です。

## 4-5-1 lsコマンドで拡張属性を表示する

「**ls -l**」コマンドを実行すると、拡張属性を持つファイルは、「-rw-r--r--」といったアクセス権限の後ろに「**@**」が表示されます。

```
% ls -l return
total 10280
-rw-r--r--@ 1 o2  staff  2236558 12  9 21:40 Cat.png
-rw-r--r--@ 1 o2  staff   390654 12  9 21:41 good.png
-rw-r--r--@ 1 o2  staff  2620596 12  9 21:40 guitar.png
-rw-r--r--@ 1 o2  staff      428 12  9 21:40 hosts.md
～略～
```

なお、lsコマンドに「-l」オプションと「**-@**」オプションを合わせて指定すると拡張属性の属性名が表示されます。

```
% ls -l@ return
total 10280
-rw-r--r--@ 1 o2  staff  2236558 12  9 21:40 Cat.png  ←①
    com.apple.FinderInfo          32
    com.apple.metadata:_kMDItemUserTags       55
    com.apple.quarantine          21
～略～
```

たとえば、①の「Cat.png」は、Finderで赤色のタグを設定したファイルです。「com.apple.FinderInfo」と「com.apple.metadata:_kMDItemUserTags」「com.apple.quarantine」という3つの拡張属性が付加されます。

MEMO

**com.apple.〜**

**「com.apple.〜」はAppleが設定した属性名です。Apple社のドメイン名「apple.com」を「com.apple」のように逆にして、その後ろに「.名前」を記述するのは組織が明確になるため命名規約の主流のひとつとなっています。**

## 4-5-2 拡張属性を操作するxattrコマンド

拡張属性を確認／編集するにはxattrコマンドを使用します。

コマンド **xattr**

説　明 **拡張属性を確認／編集する**

書　式 **xattr** [オプション] ファイルのパス

xattrコマンドをオプションなしで実行すると、引数で指定したファイルに設定されている拡張属性の一覧が表示されます。

```
% xattr Cat.png return
com.apple.FinderInfo
com.apple.metadata:_kMDItemUserTags
com.apple.quarantine
```

指定した拡張属性を削除するには、「**-d 名前**」オプションを指定して実行します。Cat.pngから「com.apple.FinderInfo」を削除するには次のようにします。

```
% xattr -d com.apple.FinderInfo Cat.png return
```

WindowsやLinuxユーザにファイルを渡す場合、拡張属性は不要なので削除してもかまいません。xattrコマンドに「**-c**」オプションを指定するとすべての拡張属性が削除されます。

```
% xattr -c Cat.png return    ← すべての拡張属性を削除
% xattr Cat.png return       ← 拡張属性は表示されない
```

## 4-5-3 Windowsにコピーすると拡張属性はドットファイルに保存される

拡張属性はmacOSのAPFSやHFSファイルシステム独自の機能です。ファイルの中身とは別に拡張属性用の領域が用意されています。これをほかのファイルシステムにコピーした場合には「**._ファイル名**」という名前のドットファイルが作成されて拡張属性が保存されます。

たとえば、DOSフォーマットのUSBメモリが/Volumes/MyUSBにマウントされているとして、拡張属性付きのファイル「guitar.png」をその下のpicturesディレクトリにコピーする例を示します。

```
% cp guitar.png /Volumes/MyUSB/pictures [return]
% ls -la /Volumes/MyUSB/pictures [return]
total 5144
drwxrwxrwx   1 o2  staff      4096 12  9 22:28 .
drwxrwxrwx@  1 o2  staff      4096 12  9 22:28 ..
-rwxrwxrwx   1 o2  staff      4096 12  9 22:28 ._guitar.png   ← 拡張属性が保存されたファイル
-rwxrwxrwx@  1 o2  staff   2620596 12  9 22:28 guitar.png     ← コピーされたファイル本体
```

### ●拡張属性が保存された「._ファイル名」を削除する

ファイルをDOSフォーマットのファイルシステムにコピーすると作成される「._ファイル名」はmacOS固有の拡張属性なので、Windowsでは無視してかまいません。

**dot_clean**コマンドを使用するとDOSファイルシステム上の、指定されたディレクトリ以下の「._ファイル名」をまとめて削除できます。

コマンド **dot_clean**

説　明 **「._ファイル名」を削除する**

書　式 **dot_clearn** ディレクトリのパス

たとえば、カレントディレクトリ以下の「._ファイル名」を削除するには次のようにします。

```
% ls -la [return]
total 5144
```

```
drwxrwxrwx  1 o2  staff     4096 12  9 22:28 .
drwxrwxrwx@ 1 o2  staff     4096 12  9 22:28 ..
-rwxrwxrwx  1 o2  staff     4096 12  9 22:28 ._guitar.png
-rwxrwxrwx@ 1 o2  staff  2620596 12  9 22:28 guitar.png
% dot_clean . return
% ls -la return
total 5136
drwxrwxrwx  1 o2  staff     4096 12  9 22:32 .
drwxrwxrwx@ 1 o2  staff     4096 12  9 22:28 ..
-rwxrwxrwx  1 o2  staff  2620596 12  9 22:28 guitar.png
```

拡張属性が保存されたファイル

# 4-6 openコマンドでGUIアプリを開く

続いて、Finderとコマンドラインを連携させるコマンドとして**open**コマンドを紹介しましょう。openコマンドを使用すると任意のファイルをmacOSのGUIアプリで開くことができます。

## 4-6-1 openコマンドでファイルを開く

openコマンドは、Finderでファイルのアイコンをダブルクリックして開いたのと同じような動作をします。

コマンド **open**
説　明 **GUIアプリでファイルを開く**

書　式 **open** [オプション] ファイルのパス

オプションなしで引数にファイルのパスを指定して実行した場合、デフォルトのアプリケーションが起動してファイルが開かれます。次のように拡張子が「**.png**」のファイルを指定すると、「**プレビュー**」(Preview.app) が起動し、ファイルの中身が表示されます。

```
% open Cat.png return
```

**「プレビュー」アプリで「.png」ファイルが表示される**

openコマンドの引数に、ワイルドカードを使用して複数のファイルを指定することもできます。次の例では、カレントディレクトリの拡張子が「.png」のファイルをすべて開いています。

```
% open *.png return
```

### ●「-a アプリケーション」でアプリケーションを指定して開く

openコマンドの「**-a アプリケーション**」オプションを使用すると、アプリケーションを指定してファイルを開くことができます。たとえば、myGuitar.pngをSafariで開くには次のようにします。

```
% open -a Safari myGuitar.png return
```

## 4-7 大きなテキストファイルを効率よく表示する

P.054「2-5-3 catコマンドでテキストファイルを表示する」では、catコマンドを使用してテキストファイルを画面に表示する方法について説明しましたが、catコマンドは大きなファイルの表示には向きません。スクロールして戻さないと前のほうが見えないからです。ここでは、ファイルをページ単位で表示したり、ファイルの先頭や最後の部分を表示したりできるコマンドについて説明しましょう。

## 4-7-1 lessコマンドでファイルをページ単位で表示する

大きなテキストファイルを閲覧したい場合は、テキストファイルをページ単位（1画面ずつ）で表示する「**ページャ**」と呼ばれる種類のコマンドが便利です。macOSにはmore、lessといったページャが用意されていますが、ここでは**less**コマンドについて解説します。

コマンド **less**

説　明 **テキストファイルをページ単位で表示する**

書　式 **less [オプション] ファイルのパス**

たとえば、lessコマンドでカレントディレクトリのsample.txtを表示するには次のようにします。

**lessコマンドの実行画面**

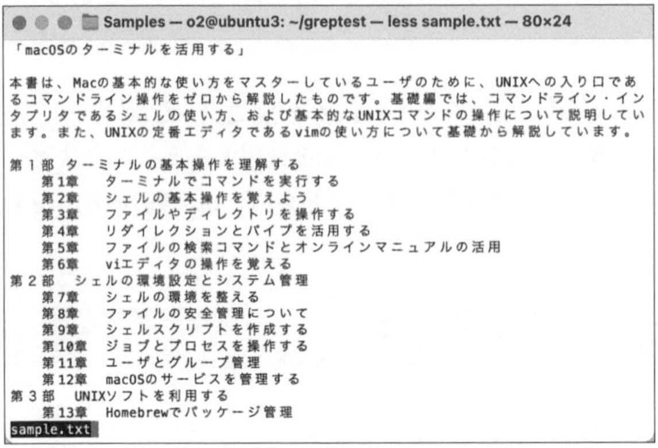

```
Samples — o2@ubuntu3: ~/greptest — less sample.txt — 80×24
「macOSのターミナルを活用する」

本書は、Macの基本的な使い方をマスターしているユーザのために、UNIXへの入り口であ
るコマンドライン操作をゼロから解説したものです。基礎編では、コマンドライン・イン
タプリタであるシェルの使い方、および基本的なUNIXコマンドの操作について説明してい
ます。また、UNIXの定番エディタであるvimの使い方について基礎から解説しています。

第１部 ターミナルの基本操作を理解する
    第1章    ターミナルでコマンドを実行する
    第2章    シェルの基本操作を覚えよう
    第3章    ファイルやディレクトリを操作する
    第4章    リダイレクションとパイプを活用する
    第5章    ファイルの検索コマンドとオンラインマニュアルの活用
    第6章    viエディタの操作を覚える
第２部  シェルの環境設定とシステム管理
    第7章    シェルの環境を整える
    第8章    ファイルの安全管理について
    第9章    シェルスクリプトを作成する
    第10章   ジョブとプロセスを操作する
    第11章   ユーザとグループ管理
    第12章   macOSのサービスを管理する
第３部  UNIXソフトを利用する
    第13章   Homebrewでパッケージ管理
sample.txt
```

次のページに進むには space を、前のページに戻るには B を押します。終了するには Q を押します。次の表にlessコマンドの主なキー操作を示します。

**lessコマンドの主なキー操作**

| キー操作 | 説明 |
| --- | --- |
| return | 1行進む |
| space | 次のページを表示する |
| B | ひとつ前のページを表示する |

| キー操作 | 説明 |
|---|---|
| Y | 1行戻る |
| D | 半ページ進む |
| W | 半ページ戻る |
| R | 画面を再描画 |
| control + G | 現在の表示位置を表示する |
| G | 先頭行に移動 |
| 行番号+ G | 指定した行に移動する |
| shift + G | 最後の行に移動 |
| H | ヘルプを表示する |

MEMO

**ページャlv**

**lessコマンドが対応する文字エンコーディングはUTF-8のみです。ShiftJISやJIS、日本語EUCにも対応したlvというページャのインストールについてはP.341「14-3-4 多言語対応のページャ「lv」」で解説します。**

## ●文字列を検索する

lessコマンドには文字列の検索機能も用意されています。文字列をファイルの後方に向かって検索するには、「/」に続けて、検索したい文字列をタイプし、最後に return を押します。すると見つかった文字列がハイライト表示されます。

**「パイプ」を検索**

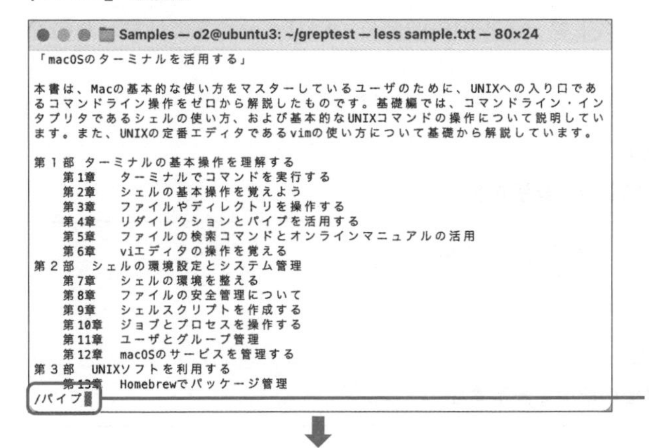


「/」に続いて「パイプ」とタイプし return を押す

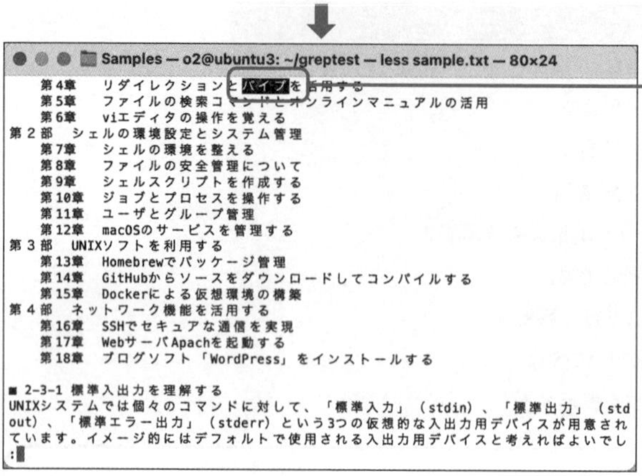

```
Samples — o2@ubuntu3: ~/greptest — less sample.txt — 80×24
    第4章　 リダイレクションとパイプを活用する
    第5章　 ファイルの検索コマンドとオンラインマニュアルの活用
    第6章　 viエディタの操作を覚える
第２部　シェルの環境設定とシステム管理
    第7章　 シェルの環境を整える
    第8章　 ファイルの安全管理について
    第9章　 シェルスクリプトを作成する
    第10章　ジョブとプロセスを操作する
    第11章　ユーザとグループ管理
    第12章　macOSのサービスを管理する
第３部　UNIXソフトを利用する
    第13章　Homebrewでパッケージ管理
    第14章　GitHubからソースをダウンロードしてコンパイルする
    第15章　Dockerによる仮想環境の構築
第４部　ネットワーク機能を活用する
    第16章　SSHでセキュアな通信を実現
    第17章　WebサーバApachを起動する
    第18章　ブログソフト「WordPress」をインストールする

■ 2-3-1 標準入出力を理解する
UNIXシステムでは個々のコマンドに対して、「標準入力」（stdin）、「標準出力」（std
out）、「標準エラー出力」（stderr）という3つの仮想的な入出力用デバイスが用意され
ています。イメージ的にはデフォルトで使用される入出力用デバイスと考えればよいでし
:
```

見つかった文字列が
ハイライト表示される

このまま検索を続ける場合、同じ文字列を同じ方向に検索するには N を、逆方向に検索するには shift ＋ N を押します。

**MEMO**

**ファイルの前方に向かって検索**

**現在位置から先頭方向に検索するには、「/」の代わりに「?」と検索文字列をタイプして、 return を押します。**

## 4-7-2　ファイルの先頭／末尾を表示する

**head**コマンドではテキストファイルの先頭部分、**tail**コマンドでは終わりの部分を表示できます。

コマンド　**head**

説　明　**ファイルの先頭部分を表示する**

書　式　**head** [-n 行数] ファイルのパス

コマンド　**tail**

説　明　**ファイルの最後の部分を表示する**

書　式　**tail** [-n 行数] ファイルのパス

たとえば、Webサーバ「Apache」の設定ファイル「/etc/apache2/httpd.conf」の最初の5行を表示するには、headコマンドを使用して次のようにします。

```
% head -n 5  /etc/apache2/httpd.conf return
#
# This is the main Apache HTTP server configuration file.  It contains the
# configuration directives that give the server its instructions.
# See <URL:http://httpd.apache.org/docs/2.4/> for detailed information.
# In particular, see
```

同様に「/etc/passwd」の最後の5行を表示するには、tailコマンドを使用して次のようにします。

```
% tail -n 5 /etc/passwd return
_sntpd:*:281:281:SNTP Server Daemon:/var/empty:/usr/bin/false
_trustd:*:282:282:trustd:/var/empty:/usr/bin/false
_darwindaemon:*:284:284:Darwin Daemon:/var/db/darwindaemon:/usr/bin/false
_notification_proxy:*:285:285:Notification Proxy:/var/empty:/usr/bin/false
_oahd:*:441:441:OAH Daemon:/var/empty:/usr/bin/false
```

headコマンド、tailコマンドともに、「-n 行数」オプションを省略すると10行表示されます。

### ●ファイルの途中を表示する

ファイルの途中の行を表示するには、P.142「5-3 パイプで複数のコマンドを組み合わせる」で説明する「パイプ」という機能を使用します。たとえば、/etc/apache2/httpd.confの11行目から20行目までを表示するには次のようにします。

```
% head -n 20 /etc/apache2/httpd.conf | tail -n 10 return
# consult the online docs. You have been warned.
#
# Configuration and logfile names: If the filenames you specify for many
# of the server's control files begin with "/" (or "drive:/" for Win32), the
# server will use that explicit path.  If the filenames do *not* begin
```

```
# with "/", the value of ServerRoot is prepended -- so "logs/access_log"
# with ServerRoot set to "/usr/local/apache2" will be interpreted by the
# server as "/usr/local/apache2/logs/access_log", whereas "/logs/access_log"
# will be interpreted as '/logs/access_log'.
```

## ●「tail -f」コマンドでファイルを監視する

tailコマンドに「-f」オプションを付けて実行すると、コマンドは終了せずにファイルの内容が増えるに従って表示が更新されていきます。これは、ログファイル（システムやサーバからのメッセージが書き込まれるファイル）をリアルタイムで監視したいといった場合によく使用されるテクニックです。

たとえば、システム情報のログが書き込まれる「**/var/log/system.log**」を監視するには、次のようにします。

```
% tail -f /var/log/system.log [return]
```

**「tail -f /var/log/system.log」の実行画面**

```
Samples — o2@ubuntu3: ~/greptest — tail -f /var/log/system.log — 80×24
o2@mbp1 Samples %
o2@mbp1 Samples % tail -f /var/log/system.log
Dec 11 16:45:03 mbp1 AMPDeviceDiscoveryAgent[646]: Entered:_AMMuxedDeviceDisconn
ected, mux-device:1455
Dec 11 16:45:03 mbp1 AMPDeviceDiscoveryAgent[646]: Entered:__thr_AMMuxedDeviceDi
sconnected, mux-device:1455
Dec 11 16:47:28 mbp1 MobileDeviceUpdater[513]: Entered:_AMMuxedDeviceDisconnecte
d, mux-device:1456
Dec 11 16:47:28 mbp1 MobileDeviceUpdater[513]: Entered:__thr_AMMuxedDeviceDiscon
nected, mux-device:1456
Dec 11 16:47:28 mbp1 AMPDeviceDiscoveryAgent[646]: Entered:_AMMuxedDeviceDisconn
ected, mux-device:1456
Dec 11 16:47:28 mbp1 AMPDeviceDiscoveryAgent[646]: Entered:__thr_AMMuxedDeviceDi
sconnected, mux-device:1456
Dec 11 16:48:12 mbp1 MobileDeviceUpdater[513]: Entered:_AMMuxedDeviceDisconnecte
d, mux-device:1457
Dec 11 16:48:12 mbp1 MobileDeviceUpdater[513]: Entered:__thr_AMMuxedDeviceDiscon
nected, mux-device:1457
Dec 11 16:48:12 mbp1 AMPDeviceDiscoveryAgent[646]: Entered:_AMMuxedDeviceDisconn
ected, mux-device:1457
Dec 11 16:48:12 mbp1 AMPDeviceDiscoveryAgent[646]: Entered:__thr_AMMuxedDeviceDi
sconnected, mux-device:1457
Dec 11 16:49:06 mbp1 syslogd[128]: ASL Sender Statistics
```

ログが書き込まれると表示が更新される

終了するには[control]＋[C]を押します。

**MEMO**

### 「コンソール」アプリ

**ログファイルを表示できるGUIアプリに「コンソール」（「アプリケーション」→「ユーティリティ」フォルダ）があります。**

第5章

# リダイレクションとパイプを活用する

**この章では、コマンドの結果をファイルに書き出したり、複数のコマンドを組み合わせたりして、より複雑な処理を行える「リダイレクション」と「パイプ」という機能について説明します。また、文字列を柔軟に指定できる正規表現と呼ばれる表記についても説明します。**

ポイントはこれ！

- コマンドの入出力には「標準入力」「標準出力」「標準エラー出力」がある
- 入出力をファイルに切り替える「リダイレクション」
- コマンドを接続するパイプ「|」
- 標準入出力を活用する「フィルタコマンド」
- 文字列のパターン指定が可能な正規表現

## 5-1 標準入出力の基本を理解する

UNIXシステムでは個々のコマンドに対して、「**標準入力**」(stdin)、「**標準出力**」(stdout)、「**標準エラー出力**」(stderr) という3つの仮想的な入出力用デバイスが用意されています。イメージ的には、コマンドの内部で、デフォルトで使用される入出力と考えればよいでしょう。

### 5-1-1 デフォルトの標準入出力

標準入力は、プログラムに何らかの入力が必要な場合の仮想的な入力デバイスです。初期状態ではキーボードが割り当てられています。標準出力は、プログラムのメッセージの出力先です。初期状態ではターミナルの画面に割り当てられています。標準エラー出力は、エラーメッセージの出力先で、これも初期状態では画面に割り当てられています。

**標準入力、標準出力、標準エラー出力**

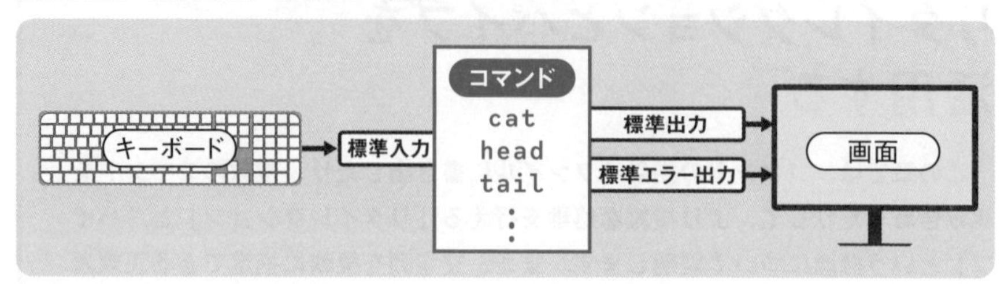


CUIコマンドでは、何らかの入力を受け取る必要がある場合に、直接キーボードからではなく標準入力を介して受け取るように作られています。また、メッセージは直接画面ではなく、標準出力／標準エラー出力を介して書き出すように作られているわけです。後ほど説明しますが、こうすることにより、入力を別のコマンドから受け取ったりファイルから読み込んだりといったことが可能になります。また、結果をファイルに書き出したり別のコマンドに渡したりといったこともできます。

## ●catコマンドと標準入出力

テキストファイルの内容を表示するcatコマンドの例で考えてみましょう。catコマンドは、引数にファイルのパスを指定するとその中身を標準出力に書き出すという動作をします。

```
%  cat /etc/hosts [return]  ← /etc/hostsファイルの内容を表示
##
# Host Database
#
# localhost is used to configure the loopback interface
# when the system is booting.  Do not change this entry.
##
127.0.0.1 localhost
255.255.255.255 broadcasthost
::1             localhost
fe80::1%lo0 localhost
```

それに対して、引数を指定しないでcatコマンドを実行すると、標準入力、つまりキーボードから行を読み込み、そのまま標準出力である画面に出力します。control + D を押すと終了します。

```
% cat return
Hello return        ←「Hello」と入力して return を押すと……
Hello  ← 打ち込んだ文字列がそのまま表示される
World return        ←「World」と入力して return を押すと……
World  ← 打ち込んだ文字列がそのまま表示される
%      ← control + D を押すと終了してプロンプトに戻る
```

MEMO

**control + D はEOFシグナル**

**control + D を押すと、入力の終わりを示す「EOF：End Of File」というシグナル（信号）が送られます。**

# 5-2 リダイレクションで入出力先をファイルに切り替える

シェルに用意されている「**リダイレクション**」という機能を使用すると、標準入力、標準出力、標準エラー出力をファイルに切り替えることができます。たとえば、標準入力をファイルにリダイレクトすることにより、キーボードの代わりにファイルからデータを読み込むことができるのです。

## 5-2-1 「<」でファイルから読み込む、「>」でファイルに書き出す

標準入力をファイルに切り替えるには、「**<**」という記号を使用して次のようにします。

**標準入力をファイルに切り替える**

```
コマンド < ファイルのパス
```

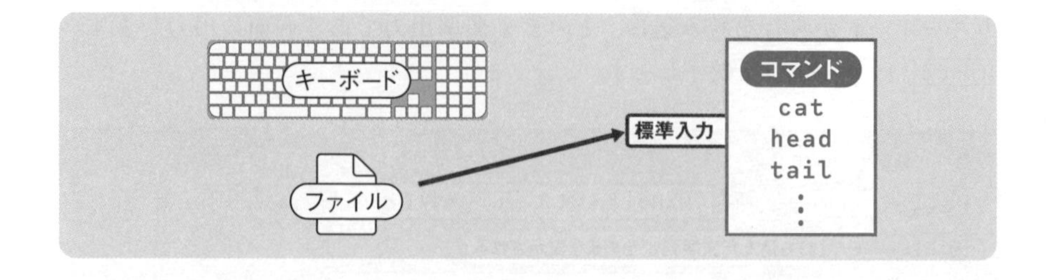


catコマンドで、標準入力をファイルにリダイレクトする例を示しましょう。カレントディレクトリにあるindex.txtの中身を表示するには、次のようにします。

```
% cat < index.txt [return]
```

□1-3　ファイルシステムを操作してみよう
●1-3-1　UNIXのファイルシステムの構造
●1-3-2　ディレクトリの一覧を表示する
●1-3-3　よく使うディレクトリを指定する記号
●1-3-4　スペースを含むファイルやディレクトリを指定するには

MEMO

**「<」前後のスペースについて**

**「<」の前後にスペースを入れずに「cat<index.txt [return]」としても実行できます。「<」はシェルの特殊文字なので、前後はスペースで区切らなくてもシェルが理解できるからです。**

### ● catコマンドとリダイレクションでテキストファイルを作成する

前の例は、「cat index.txt [return]」としたのと同じですから、あまり意味がありませんね。もう少しリダイレクションらしい例を示しましょう。標準出力をファイルにリダイレクトするには「>」という記号を使用して次のようにします。

**標準出力をファイルに切り替える**

```
コマンド > ファイルのパス
```

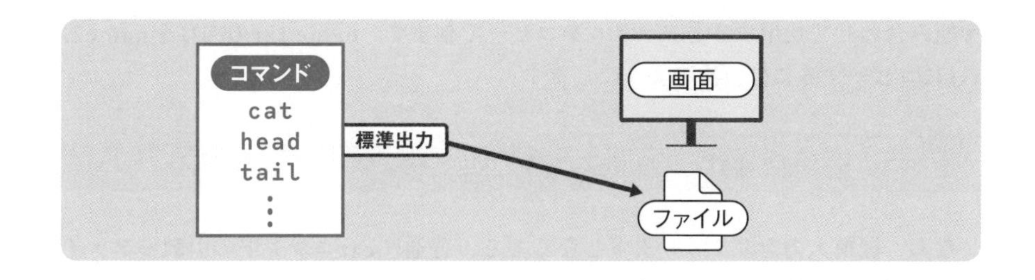


catコマンドに標準出力のリダイレクションを使用すると、キーボードからタイプした内容を簡単にファイルに書き込むことができます。次にname.txtを作成し、キーボードから文字列を書き込む例を示します。

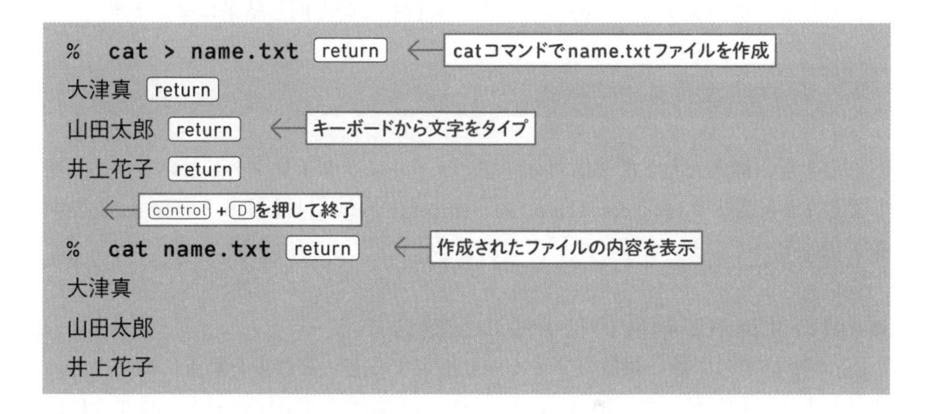


この、catコマンドと標準出力のリダイレクション「>」の組み合わせは、エディタなどを立ち上げることなく簡単にテキストファイルを作成できるので、覚えておくと役立ちます。ただし、デフォルトでは、既存のファイルにリダイレクトすると警告なしに上書きされてしまうことに注意しましょう。

MEMO

**リダイレクトによる上書きを禁止する**

**シェルの設定によっては標準出力のリダイレクトによる上書きを禁止できます(P.215「8-3 シェル環境を設定する環境変数」)。**

## ● catコマンドでファイルをコピーする

リダイレクションとcatコマンドを組み合わせて使った別の例を示しましょう。標準入力のリダイレクション「<」と標準出力のリダイレクション「>」のふたつを組み合わせて使用するとファイルをコピーできます。name.txtの内容をname2.txtにコピーするには、次のようにします。

```
% cat < name.txt > name2.txt return
```

なお、標準入力をリダイレクトしなくても、普通にcatコマンドの引数にファイルを指定し、標準出力をリダイレクトしてもコピーできます。

```
% cat name.txt > name2.txt return
```

どちらも、次のように単にcpコマンドを実行したのと同じ結果になります。

```
% cp name.txt name2.txt return
```

このとき、標準入力と標準出力を同じファイルにリダイレクトしないように注意しましょう。たとえば、「cat < tmp.txt > tmp.txt return」とすると、tmp.txtの中身が空になってしまいます。

## ●catコマンドで複数のファイルを結合する

catコマンドの引数に複数のファイルを指定すると、それらを順番に標準出力に表示します。したがって、file1.txtとfile2.txtを結合してfile3.txtを作成するには次のようにします。

```
% cat file1.txt file2.txt > file3.txt return
```

**ファイルを結合**

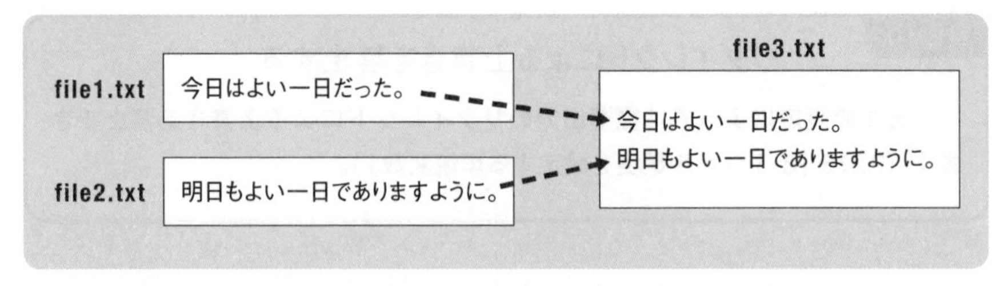


このテクニックはテキストファイルだけでなくバイナリファイルでも使えます。たとえば、AVCHD形式で撮影した長いビデオファイルは、00015.MTS、00016.

MTS、00017.MTSといったように分割されていることがあります。これを結合してfullMovie.MTSを作成するには次のようにcatコマンドの引数にビデオファイルを順に指定して実行します。

```
% cat 00015.MTS 00016.MTS 00017.MTS > fullMovie.MTS return
```

## ●リダイレクションの記号を覚えよう

次の表にzshおよびbashに用意されている主なリダイレクションの記号をまとめておきます。

**リダイレクション記号**

| 記号 | 書式 | 説明 |
|---|---|---|
| > | コマンド > ファイル | 標準出力の切り替え（ファイルは上書きされる） |
| >> | コマンド >> ファイル | 標準出力の切り替え（ファイルの最後に追加される） |
| < | コマンド <ファイル | 標準入力の切り替え |
| 2> | コマンド 2> ファイル | 標準エラー出力の切り替え（ファイルは上書きされる） |
| 2>> | コマンド 2>> ファイル | 標準エラー出力の切り替え（ファイルの最後に追加される） |
| >& | コマンド >& ファイル | 標準出力と標準エラー出力の切り替え |
| 2>&1 | コマンド > ファイル 2>&1 | 標準エラー出力を標準出力と同じにする |

## ●ファイルの最後に追加するには「>>」を使用する

標準出力のリダイレクションを使用してファイルの最後に追加するには、「>」の代わりに「**>>**」を使います。たとえば、カレントディレクトリの下のname.txtに、dateコマンド（現在の日付時刻を表示するコマンド）の実行結果を追加するには次のようにします。

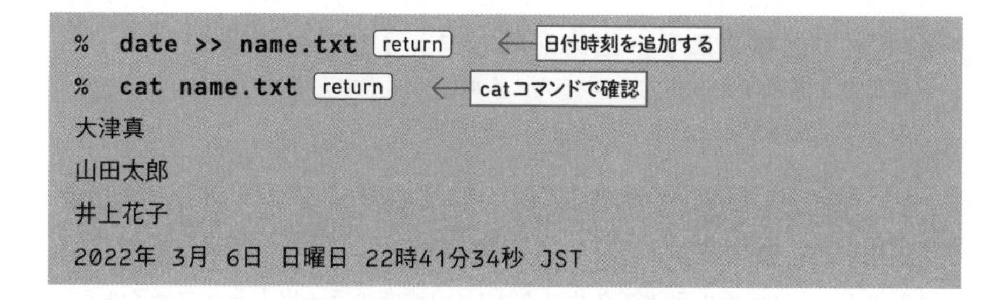

## 5-2-2 標準エラー出力のリダイレクト

「**2>**」を使用すると標準エラー出力をファイルにリダイレクトできます。たとえば、存在するディレクトリ「dir1」と、存在しないディレクトリ「dir2」のふたつを引数にlsコマンドを実行すると次のように表示されます。

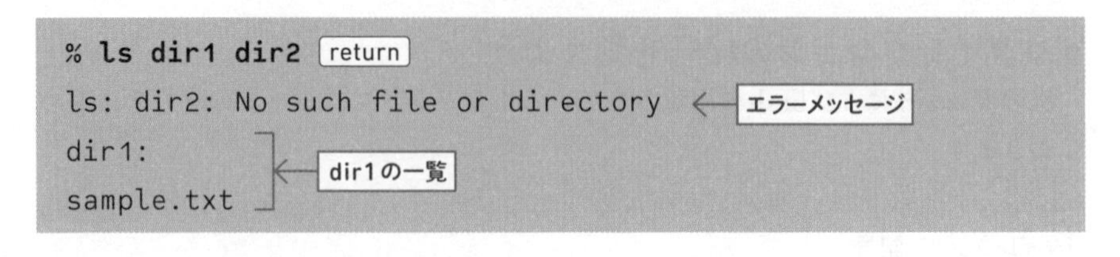


このエラーメッセージをerror.txtに、それ以外の実行結果をresult1.txtにリダイレクトするには次のようにします。

```
% ls dir1 dir2 > result1.txt 2> error.txt  return
% cat result1.txt  return
dir1:
sample.txt
% cat error.txt  return
ls: dir2: No such file or directory
```

注意点として、実行結果とエラーを同じファイルに書き込みたい場合、標準出力のリダイレクト「> ファイル」と標準エラー出力のリダイレクト「2> ファイル」を、同じファイルに指定して次のようにすることはできません。

```
% ls dir1 dir2 > result1.txt 2> result1.txt  ← これはNG
```

### ●標準出力と標準エラー出力を同じファイルに書き込む

標準出力と標準エラー出力を同じファイルにリダイレクトするには、「> ファイル」の後に「**2>&1**」を記述する必要があります。

```
コマンド > ファイル 2>&1
```

「2>&1」はファイルディスクリプタ「2」の標準エラー出力を、ファイルディスクリプタ「1」の標準出力と同じにするという指定です（次ページの「COLUMN

ファイルディスクリプタについて」参照)。

```
% ls dir1 dir2 > result1.txt 2>&1 return
% cat result1.txt
ls: dir2: No such file or directory
dir1:
sample.txt
```

あるいは、「**>&** ファイル」を使用して次のようにしても同じです。

```
% ls dir1 dir2 >& result2.txt return
```

## ●入力をすべて飲み込む「/dev/null」

入力されたデータをすべて飲み込んでなかったことにするブラックホールのような特別なファイルに「**/dev/null**」があります。エラーメッセージを破棄したい場合に、標準エラー出力を「/dev/null」にリダイレクトするというテクニックがしばしば使用されます。

```
% ls dir1 dir2 2> /dev/null return
dir1:
sample.txt
```

COLUMN

### ファイルディスクリプタについて

標準エラー出力のリダイレクトで使用した「2>」の「2」は「**ファイルディスクリプタ**」と呼ばれるもので、標準入出力やファイルを識別するための番号です。標準入力は「0」、標準出力は「1」、標準エラー出力は「2」となります。3番以降は、プログラム内でファイルを開いたときに割り当てられる番号です。

標準出力のリダイレクトで使用した「>」は、「>1」の省略形です。したがって右の2つは同じです。

```
% ls > result.txt return
```

|| 同じ

```
% ls 1> result.txt return
```

COLUMN

## zshのマルチリダイレクト機能

bashにはないzshの機能に**マルチリダイレクト**機能があります。これは次のように「**> ファイル**」を複数指定することで、複数のファイルに標準出力をリダイレクトする機能です。

```
% cat inFile.txt > file1.txt > file2.txt return
```

同様に、複数のファイルを順に標準入力にリダイレクトできます。file1.txtとfile2.txtを結合してfile3.txtを作成するには次のようにしました。

```
% cat file1.txt file2.txt > file3.txt return
```

これは入力のマルチリダイレクトを使用すると次のように実行できます。

```
% cat < file1.txt < file2.txt > file3 return
```

# 5-3 パイプで複数のコマンドを組み合わせる

シェルに用意された「**パイプ**」という機能を使用すると、コマンドの標準出力を別のコマンドの標準入力につないで、複数のコマンドを組み合わせることができます。水道管のパイプのようなイメージでとらえるとよいでしょう。あるコマンドの実行結果をもとに、別のコマンドを実行できるわけです。

**コマンドの標準出力を別のコマンドの標準入力につなぐ**

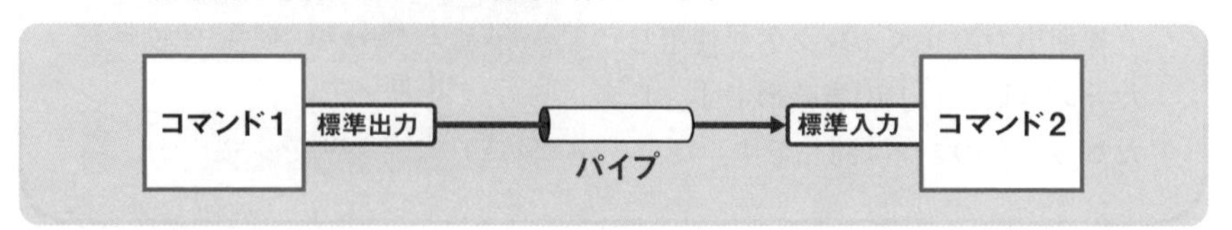

## 5-3-1 パイプを使ってみよう

パイプを使用するには、次のようにしてコマンドの間に「|」を記述します。

**パイプの書式**

```
コマンド1 | コマンド2
```

たとえば、/usr/binディレクトリの一覧を表示しようとして次のように実行したとしましょう。

```
% ls -l /usr/bin [return]
total 264264
-rwxr-xr-x  1 root  wheel        925  7  8  2009 2to3
lrwxr-xr-x  1 root  wheel         73  9 27  2009 2to32.6
-> ../../System/Library/Frameworks/Python.framework/
Versions/2.6/bin/2to32.6
-rwxr-xr-x  1 root  wheel      42928  5 19  2009 BuildSt
～略～
```

/usr/binディレクトリには1,000個を超えるファイルが存在するため、スクロールしないと前の部分が見えません。このような場合、次のようにパイプを使用してページャである**less**コマンドと組み合わせることによって、1画面ずつ表示できます。

```
% ls -l /usr/bin/ | less [return]
```

**lsコマンドの出力をlessコマンドにパイプする**

```
o2 — less — 80×24
total 161192
lrwxr-xr-x  1 root   wheel        74 12  8 08:39 2to3-@ -> ../../System/Library/
Frameworks/Python.framework/Versions/2.7/bin/2to3-2.7
lrwxr-xr-x  1 root   wheel        74 12  8 08:39 2to3-2.7@ -> ../../System/Libra
ry/Frameworks/Python.framework/Versions/2.7/bin/2to3-2.7
-rwxr-xr-x  1 root   wheel    236384 12  8 08:39 AssetCacheLocatorUtil*
-rwxr-xr-x  1 root   wheel    294784 12  8 08:39 AssetCacheManagerUtil*
-rwxr-xr-x  1 root   wheel    234112 12  8 08:39 AssetCacheTetheratorUtil*
-rwxr-xr-x  1 root   wheel    167088 12  8 08:39 DeRez*
-rwxr-xr-x  1 root   wheel    167088 12  8 08:39 GetFileInfo*
-rwxr-xr-x  1 root   wheel    258592 12  8 08:39 IOAccelMemory*
-rwxr-xr-x  1 root   wheel    114048 12  8 08:39 IOMFB_FDR_Loader*
-rwxr-xr-x  1 root   wheel    167088 12  8 08:39 ResMerger*
-rwxr-xr-x  1 root   wheel    167088 12  8 08:39 Rez*
-rwxr-xr-x  1 root   wheel    168800 12  8 08:39 SafeEjectGPU*
-rwxr-xr-x  1 root   wheel    167088 12  8 08:39 SetFile*
-rwxr-xr-x  1 root   wheel    167088 12  8 08:39 SplitForks*
-rwxr-xr-x  1 root   wheel    338048 12  8 08:39 a2p*
-rwxr-xr-x  1 root   wheel    345184 12  8 08:39 aa*
-rwxr-xr-x  1 root   wheel    167024 12  8 08:39 actool*
-rwxr-xr-x  1 root   wheel    169824 12  8 08:39 addftinfo*
-rwxr-xr-x  1 root   wheel    221104 12  8 08:39 aea*
-rwxr-xr-x  1 root   wheel    204192 12  8 08:39 afclip*
:
```

### ●3つ以上のコマンドを接続する

パイプで接続できるコマンドはふたつだけではありません。必要に応じてより多くのコマンドを接続することもできます。

次の例は、ホームディレクトリ「~」のDocumentsディレクトリ以下で、サイズの大きい順に上位10個のディレクトリをbig.txtに書き出しています。

```
% du -sk ~/Documents/* | sort -nr | head > big.txt return
```

最初の**du**コマンドは、ディスクの使用サイズを求めるコマンドで、「**-sk**」を指定するとトータルサイズをキロバイトで出力します（コマンドの詳細についてはオンラインマニュアルを参照）。

**sort**コマンドは、行の並べ替えを行うコマンドです（P.147「5-4-2 sortコマンドで行をソートする」参照）。「**-nr**」オプションで、最初のフィールドを数値の大きい順に並べ替えます。

最後の**head**コマンドは、オプションを指定しないと最初の10行を出力します（P.130「4-7-2 ファイルの先頭／末尾を表示する」参照）。

## 5-3-2 teeコマンドでパイプを分岐する

**tee**コマンドを使用すると、標準入力から読み込んだデータをファイルに書き出しつつ、画面にも書き出すことができます。

コマンド **tee**

説　明 **データを標準出力とファイルに書き出す**

書　式 **tee** ファイルのパス

このteeコマンドは通常、パイプと組み合わせて次のように実行します。

**teeコマンドの書式**

```
コマンド1 | tee ファイルのパス
```

たとえば、dateコマンドの実行結果をnow.txtに書き出しつつ、画面に表示するには次のようにします。

```
% date | tee now.txt [return]
2022年 3月 6日 日曜日 22時53分57秒 JST
% cat now.txt [return]  ← catコマンドで確認
2022年 3月 6日 日曜日 22時53分57秒 JST
```

# 5-4 フィルタコマンドを活用しよう

パイプで組み合わせて使うことを前提にしたシンプルなコマンドを、「**フィルタコマンド**」と呼ぶことがあります。フィルタコマンドは標準入力からデータを読み込み、標準出力に結果を出力できるように作られています。

## 5-4-1 いろいろなフィルタコマンド

次の表に、よく使われる主なフィルタコマンドを示します。

**フィルタコマンド**

| コマンド | 主な機能 |
|---|---|
| wc | 文字数、行数を数える |
| head | ファイルの先頭部分を表示する |
| tail | ファイルの最後の部分を表示する |
| sort | ファイルの行をソートする |
| uniq | 重複行を削除する |
| tr | 文字を置換する、削除する |
| grep | 指定した文字列を含む行を取り出す |

### ●文字数、単語数、行数をカウントするwcコマンド

**wc**コマンドは、テキストファイルの行数、単語数、バイト数を数えるコマンドです。

コマンド **wc**
説　明 **文字数を数える**

書　式 **wc** [オプション] テキストファイルのパス

デフォルトでは行数、単語数、バイト数が表示されます。

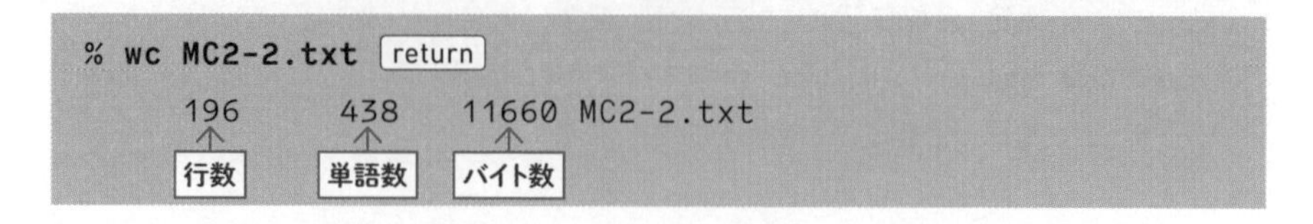


行数、単語数、バイト数、文字数を個別に表示するには次のオプションを使います。

**行数、単語数、文字数のオプション**

| オプション | 説明 |
|---|---|
| -c | バイト数を表示 |
| -w | 単語数を表示 |
| -l（エル） | 行数を表示 |
| -m | 文字数を表示 |

wcコマンドをフィルタとして使う例を示しましょう。次の例はlsコマンドと組み合わせて、picturesディレクトリにある拡張子「.jpg」のファイルの数を調べます。

```
% ls pictures/*.jpg | wc -l return
       4
```

## ●フィルタコマンドの使用例

本書をここまで読み進めてきた方々の中には、UNIXのコマンドの多くがファイルの中身を表示したり、ディレクトリの一覧を表示したりといった、ごくシンプルな機能しか持っていないことに気がついたかもしれません。それらのシンプルなコマンドをパイプで組み合わせて、いかにうまく仕事をこなすかがUNIXの理念であり醍醐味でもあります。フィルタコマンドの使用例をいくつか示しましょう。

**例1）テキストファイル「MC2-1.txt」内の「UNIX」を含む行数を表示する（grepコマンドはP.158「5-5 grepコマンドと正規表現」を参照）**

```
% grep "UNIX" MC2-1.txt | wc -l return
       3
```

**例2)「/etc/services」の41行目から50行目を行番号付きで表示する**

```
% cat -n /etc/services | head -n 50 | tail -n 10 return
    41  echo             7/tcp      # Echo
    42  #                          Jon Postel <postel@isi.edu>
    43  #                8/tcp     Unassigned
    44  #                8/udp     Unassigned
    45  discard          9/udp      # Discard
    46  discard          9/tcp      # Discard
    47  #                          Jon Postel <postel@isi.edu>
    48  #               10/tcp     Unassigned
    49  #               10/udp     Unassigned
    50  systat          11/udp      # Active Users
```

**例3) テキストファイル「mail.txt」に入っているメールアドレスの行をアルファベット順にソートし、重複行を取り除く(sortコマンドは次の「5-4-2 sortコマンドで行をソートする」を、uniqコマンドはP.151「5-4-3 uniqコマンドで重複行を削除する」を参照)**

```
% sort mail.txt | uniq return
eto@example.com
makoto@example.com
sakurai@example.com
serikawa@example.com
```

**例4) sample1.txtの改行コードをCRLFからLFに変換してsample2.txtに保存する(trコマンドはP.154「5-4-4 trコマンドで文字を置換する」を参照)**

```
% cat sample1.txt | tr -d "\r" > sample2.txt return
```

## 5-4-2 sortコマンドで行をソートする

続いて、テキスト処理に便利なフィルタコマンド**sort**、**uniq**、**tr**、**grep**の使い方について、より詳しく見ていきましょう。これらをマスターすれば一定条件での並べ替え、重複行削除、置換、削除、検索・抽出など思いのままです。

まず、テキストファイルの各行を並べ替えるには**sort**コマンドを使います。

コマンド **sort**
説　明 **テキストファイルの行を並べ替える**

書　式 **sort [オプション] テキストファイルのパス**

### ●単純な並べ替えをしてみよう

まずは単純な並べ替えから説明しましょう。たとえば各行にひとつずつ色名が格納された次のようなテキストファイル「**color1.txt**」があるとします。

**color1.txt**

```
white
blue
yellow
red
black
green
```

これをアルファベット順に並べ替えるには、sortコマンドをオプションなしで次のように実行します。

```
% sort color1.txt return
black
blue
green
red
white
yellow
```

結果をファイルに保存したければ標準出力のリダイレクション「**>**」を使って次のようにします。

```
% sort color1.txt > sorted.txt return
```

### ●複数のファイルを並べ替える

sortコマンドは複数のファイルを引数に指定できます。「**color1.txt**」と「**color2.txt**」の中身を一緒にして並べ替えるには次のようにします。

```
% sort color1.txt color2.txt return
black
blue
～略～
```

あるいはcatからパイプ「|」で渡してもかまいません。

```
% cat color1.txt color2.txt | sort return
black
blue
～略～
```

### ●フィールド番号を指定して並べ替える

各行が複数のフィールドで構成されるテキストファイルの場合、デフォルトでは各行の比較は先頭から順に行われますが、次のようにオプションを指定することで指定したフィールドを基準に並べ替えられます。

```
-k 最初のフィールド番号,最後のフィールド番号
```

「**,最後のフィールド番号**」を省略した場合には、指定したフィールドから行末までが比較されます。このとき、フィールドの区切りはデフォルトで空白またはタブが認識されますが、「**-t 区切り文字**」オプションで指定することもできます。

名前、メールアドレス、性別、年齢がカンマ「,」で区切られた次のようなテキストファイル「**customer.txt**」を例に説明しましょう。

**customer.txt**

```
大津真,makoto@example.com,男,33
山田太郎,yamada3@example.com,男,9
田中伊知朗,tanaka1@example.com,男,44
田村花子,hanako@example.com,女,32
```

```
中野八郎,hati33@example.com,男,15
男沢菜桜子,ichiro@example.com,女,21
山田寅雄,ytora@example.com,男,8
小山田太郎,koyamada@example.com,男,33
```

これを性別の順に並べ替えるには、「**-k 3,3** 」オプションで第3フィールド、つまり性別のフィールドを比較するように指定します。また、「**-t ","**」オプションでフィールドの区切りをカンマ「,」に設定します。

```
% sort -k 3,3 -t "," customer.txt return
田村花子,hanako@example.com,女,32
男沢菜桜子,ichiro@example.com,女,21
大津真,makoto@example.com,男,33
中野八郎,hati33@example.com,男,15
山田太郎,yamada3@example.com,男,9
山田寅雄,ytora@example.com,男,8
小山田太郎,koyamada@example.com,男,33
田中伊知朗,tanaka1@example.com,男,44
```

第3フィールドを基準に並べ替え

MEMO

**最初のフィールドは「1」**

**最初のフィールド番号は「1」となる点に注意してください。**

### ●「-n」オプションで数値の順に並べ替える

デフォルトでは並べ替えは文字コードの順になります。たとえば4番目のフィールドの年齢の順に並べ替えようとして次のように実行したとします。

```
% sort -k 4,4 -t "," customer.txt return
中野八郎,hati33@example.com,男,15
男沢菜桜子,ichiro@example.com,女,21
田村花子,hanako@example.com,女,32
大津真,makoto@example.com,男,33
```

```
小山田太郎,koyamada@example.com,男,33
田中伊知朗,tanaka1@example.com,男,44
山田寅雄,ytora@example.com,男,8
山田太郎,yamada3@example.com,男,9
```

結果を見ると、年齢が8の人が、年齢が15の人よりも後になってしまいます。数値の小さい順に並べ替えるには「**-n**」オプションを指定します。

```
% sort -n -k 4,4 -t "," customer.txt return
山田寅雄,ytora@example.com,男,8
山田太郎,yamada3@example.com,男,9
中野八郎,hati33@example.com,男,15
男沢菜桜子,ichiro@example.com,女,21
〜略〜
```

### ●降順に並べ替える「-r」オプション

降順に並べ替えるには「**-r**」オプションを加えます。customer.txtを年齢の高い順に並べ替えるには、次のようにします。

```
% sort -nr -k 4,4 -t "," customer.txt return
田中伊知朗,tanaka1@example.com,男,44
小山田太郎,koyamada@example.com,男,33
大津真,makoto@example.com,男,33
田村花子,hanako@example.com,女,32
〜略〜
```

## 5-4-3 uniqコマンドで重複行を削除する

テキストファイルの重複行を取り除くには、**uniq**コマンドを使用します。

コマンド **uniq**
説　明 **隣接した重複行を削除する**

書　式 **uniq** [オプション] ファイルのパス

ただし、uniqコマンドは隣接した重複行しか取り除けないため、あらかじめsortコマンドで並べ替えておく必要があります。たとえば、次のような1行にひとつずつ都道府県名が入れられているテキストファイル「**prefectures.txt**」があるとします。ある旅行会社の「夏休みに旅行したい都道府県名は？」というWebアンケートの結果が、各行に格納されていると考えてください。

**prefectures.txt**

```
沖縄
北海道
沖縄
熊本
沖縄
秋田
金沢
沖縄
北海道
北海道
青森
～略～
```

prefectures.txtから、重複している都道府県名を取り除いて表示するには、次のようにsortコマンドの出力をパイプでuniqコマンドに渡します。

```
% sort prefectures.txt | uniq return
大阪
宮崎
岩手
愛媛
愛知
東京
沖縄
～略～
```

ただし、実は最近のsortコマンドでは重複行を削除して表示するという「-u」オプションが用意されています。

```
% sort -u prefectures.txt return
大阪
宮崎
岩手
愛媛
～略～
```

## ●「-c」オプションで重複回数を表示する

それでは、sortコマンドとuniqコマンドの組み合わせに使い道がないかというとそんなことはありません。たとえば重複行をカウントしたいといった場合です。それには、uniqコマンドに「-c」オプションを指定して実行します。たとえば、prefectures.txtから都道府県ごとの得票数を表示するには次のようにします。

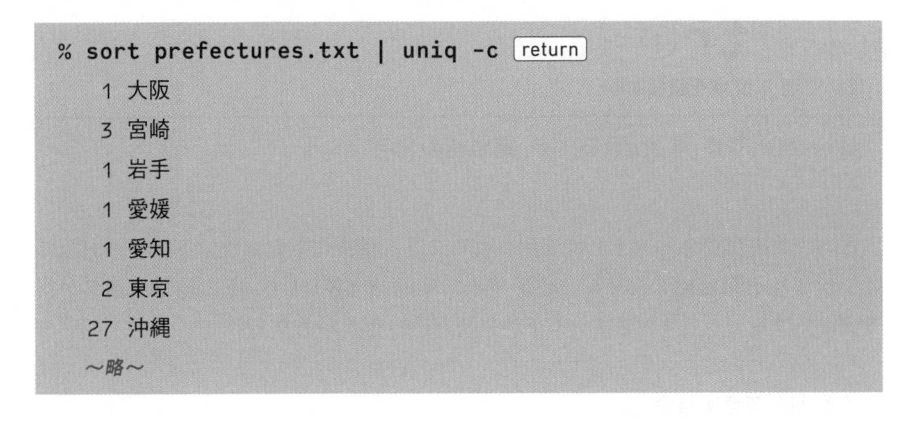

```
% sort prefectures.txt | uniq -c return
   1 大阪
   3 宮崎
   1 岩手
   1 愛媛
   1 愛知
   2 東京
  27 沖縄
  ～略～
```

さらに、これを得票数の多い順に並べ替えるには、結果を再度sortコマンドに渡します。

```
% sort prefectures.txt | uniq -c | sort -nr -k 1,1 return
  27 沖縄
  16 北海道
   6 秋田
   5 金沢
   5 熊本
  ～略～
```

さらに、パイプで別のコマンドを接続することもできます。重複回数の多いトップ3を表示したいといった場合には、上記のコマンドにheadコマンドを組み合わせます。

```
% sort prefectures.txt | uniq -c | sort -nr -k 1,1 | head
-n 3 return
  27 沖縄
  16 北海道
   6 秋田
```

## 5-4-4 trコマンドで文字を置換する

trコマンドを使うと、文字列内の指定した文字を、別の文字に置換できます。

コマンド **tr①**
説　明 **文字を置換する**

書　式 **tr** 置換される文字 置換後の文字

trコマンドはフィルタとして使用されることを前提にしたコマンドです。引数にはファイルを指定できません。必ずパイプ「|」で別のコマンドの結果を渡すか、リダイレクション「<」でファイルから読み込む必要があります。

**パイプ「|」で渡す場合**

```
cat ファイルのパス | tr 置換される文字 置換後の文字
```

**リダイレクションを使う場合**

```
tr 置換される文字 置換後の文字 < ファイルのパス
```

次の例は、catコマンドとパイプを使用してテキストファイル「customer.txt」の区切り文字を、カンマ「,」からコロン「:」に変更しています。

```
% cat customer.txt | tr "," ":" return
```

```
大津真:makoto@example.com:男:33
山田太郎:yamada3@example.com:男:9
田中伊知朗:tanaka1@example.com:男:44
田村花子:hanako@example.com:女:32
中野八郎:hati33@example.com:男:15
男沢菜桜子:ichiro@example.com:女:21
山田寅雄:ytora@example.com:男:8
小山田太郎:koyamada@example.com:男:33
```

これを入力のリダイレクション「<」を使用すると次のように実行できます。

```
% tr "," ":" < customer.txt return
大津真:makoto@example.com:男:33
山田太郎:yamada3@example.com:男:9
田中伊知朗:tanaka1@example.com:男:44
田村花子:hanako@example.com:女:32
中野八郎:hati33@example.com:男:15
男沢菜桜子:ichiro@example.com:女:21
小山田太郎:koyamada@example.com:男:33
```

MEMO

**文字単位の置換**

**trコマンドは文字単位の置換であることに注意してください。たとえば「Hello」を「Bye」に変換するといったような単語単位の置換はできません。**

## ●複数の文字を置換するには

trコマンドでは、置換される文字と置換後の文字は、複数指定することができます。たとえば次のようなテキストファイル「**test.txt**」があるとします。

**test.txt**

```
aabbcc
abc abc
```

このテキストの「a」を「1」、「b」を「2」、「c」を「3」に置換するには次のようにします。

```
% tr "abc" "123" < test.txt return
112233
123 123
```

2番目の引数の文字数が最初の引数の文字数より少なかった場合には、2番目の引数の最後の文字に置換されます。たとえば、「a」「b」「c」を「1」に置換するには次のようにします。

```
% tr "abc" "1" < test.txt return
111111
111 111
```

## ●文字の範囲を指定する

「**文字1-文字2**」というように、ふたつの文字をハイフン「-」でつなげて文字の範囲を指定することもできます。

たとえば、次のようにするとアルファベットの小文字をすべて大文字に置換できます。

```
% tr "a-z" "A-Z" < test.txt return
AABBCC
ABC ABC
```

MEMO

**範囲指定の順番に注意**

**ハイフン「-」の右側の文字は、左側の文字より文字コードの順番が大きい必要があります。「a-z」を「z-a」とすることはできません。**

## ●「-d 削除する文字」オプションで文字を削除する

trコマンドに「**-d 削除する文字**」オプションを使うと、指定した文字を削除できます。

コマンド **tr ②**

説　明 **文字を削除する**

書　式 **tr -d 削除する文字**

たとえば、次のような余分なスペースが入っているテキストファイル「**names.txt**」があるとしましょう。

**names.txt**

```
  gray, 33
 blue,     14
green ,  5
red,  3
```

names.txtからスペースを取り除いて表示するには次のようにします。

```
% tr -d " " < names.txt return
gray,33
blue,14
green,5
red,3
```

この場合も複数の文字を同時に削除できます。次のようなファイル「**test.txt**」があるとします。

**test2.txt**

```
?-Hello -?*
?-123Good -^
?-45Bye **}
```

test.txtから「**?**」「**-**」「*****」「**^**」「**}**」を削除するには次のようにします。

```
% tr -d "?-*^}" < test2.txt return
```

```
Hello
123Good
45Bye
```

さらに「**数字**」(0-9) を削除するには次のようにします。

```
% tr -d "?-*^}0-9" < test2.txt return
Hello
Good
Bye
```

# 5-5 grepコマンドと正規表現

テキストファイルから、指定した文字列を含む行だけを取り出して表示したいという場合には、**grep**コマンドが便利です。さらに、grepコマンドでは「**正規表現**」と呼ばれるパターンを使用した文字列の指定が可能です。

## 5-5-1 grepコマンドの基本的な使い方

まずは、grepコマンドの基本的な使い方を説明しましょう。

コマンド **grep**
説　明 **指定したパターンを含む行を取り出す**

書　式 **grep** [オプション] 文字列 ファイルのパス

再び、1行に1組の名前、メールアドレス、性別、年齢がカンマ「,」で区切られて格納されているテキストファイル「**customer.txt**」を例に、**grep**コマンドの基本的な使い方について説明しましょう。

**customer.txt**

```
大津真,makoto@example.com,男,33
山田太郎,yamada3@example.com,男,9
田中伊知朗,tanaka1@example.com,男,44
田村花子,hanako@example.com,女,32
中野八郎,hati33@example.com,男,15
男沢菜桜子,ichiro@example.com,女,21
山田寅雄,ytora@example.com,男,8
小山田太郎,koyamada@example.com,男,33
```

grepコマンドで指定した文字列を含む行を取り出すには、最初の引数で目的の文字列を、次の引数でファイルのパスを指定します。たとえばcustomer.txtから「太郎」という文字列を含む行を表示するには次のようにします。

検索する文字列に、スペースや特殊文字を含む場合はシェルによって解釈されないようにダブルクォーテーション「"」もしくはシングルクォーテーション「'」で括ってクォーティングする必要があります。上記の例では、クォーティングする必要はありませんが、常にクォーティングするように習慣づけておけば特殊文字を含んでいるかどうかを気にする必要がありません。

## 5-5-2 grepコマンドの主なオプション

次の表にgrepコマンドのオプションの中からよく使うものを示します。

**grepコマンドの主なオプション**

| オプション | 説明 |
|---|---|
| -c | マッチした行数を表示する |
| -e パターン | パターンにマッチした行を表示する |
| -i | 英大文字と小文字の区別をしない |
| -n | 行番号を表示する |

（次ページへ続く）

（前ページからの続き）grepコマンドの主なオプション

| オプション | 説明 |
| --- | --- |
| -r | サブディレクトリを含めてすべてのファイルを検索する |
| -v | マッチしなかった行を表示する |
| -x | 行全体とマッチする行のみを表示する |

前述のcustomer.txtを例にこれらのオプションの使用例を示します。

**例1）男性の数をカウントする（「,男,」を含む行数をカウントする）**

```
% grep -c ",男," customer.txt return
6
```

**例2）女性を行番号付きで表示する**

```
% grep -n ",女," customer.txt return
4:田村花子,hanako@example.com,女,32
6:男沢菜桜子,ichiro@example.com,女,21
```

**例3）「太郎」を含まない行を表示する**

```
% grep -v "太郎" customer.txt return
大津真,makoto@example.com,男,33
田中伊知朗,tanaka1@example.com,男,44
田村花子,hanako@example.com,女,32
中野八郎,hati33@example.com,男,15
男沢菜桜子,ichiro@example.com,女,21
```

## ●いずれかの文字列を含む行を表示する

検索文字列を直接引数にする代わりに、「**-e 文字列**」オプションを指定しても同じです。

```
% grep "太郎" customer.txt
```

|| 同じ

```
% grep -e "太郎" customer.txt
```

「-e 文字列」オプションを複数指定すると、いずれかの文字列を含む行を表示します。たとえば、「**太郎**」「**花子**」のどちらかを含む行を表示するには次のようにします。

```
% grep -e "太郎" -e "花子" customer.txt return
山田太郎,yamada3@example.com,男,9
田村花子,hanako@example.com,女,32
小山田太郎,koyamada@example.com,男,33
```

なお、指定した複数の文字列すべてを含む行を表示するにはgrepコマンドを2つパイプで接続します。たとえば、「**太郎**」と「**33**」の両方を含む行を表示するには次のようにします。

```
% grep "太郎" customer.txt | grep "33" return
小山田太郎,koyamada@example.com,男,33
```

## 5-5-3 正規表現を使ってみよう

ここまで紹介してきたgrepコマンドの使用例は、引数で指定した文字列そのものを含む行を取り出すというものでした。実は引数で指定できるのは単純な文字列だけではありません。「**正規表現**」と呼ばれるパターンを記述することで、より柔軟な指定が可能になります。

### ●正規表現のパターンを使う

たとえば、P.149のcustomer.txtから「山田」さんに関する行を表示しようとして、次のようにしたとしましょう。

```
% grep "山田" customer.txt return
山田太郎,yamada3@example.com,男,9
山田寅雄,ytora@example.com,男,8
小山田太郎,koyamada@example.com,男,33
```

これでは「山田」さんだけでなく「小山田」さんまで表示されてしまいます。先頭が「山田」で始まる行を指定できれば「山田」さんだけが取り出せます。それを可能にするのが正規表現によるパターン指定です。この場合、「**^山田**」のようにパターンを指定します。

```
% grep "^山田" customer.txt return    ← 先頭が「山田」の行を取り出す
山田太郎,yamada3@example.com,男,9
山田寅雄,ytora@example.com,男,8
```

パターンの最初の「^」が、行頭を表す正規表現の特殊文字です。

「^」と逆に「$」は行の終わりを表す特殊文字です。customer.txtから最後が「33」で終わる行を取り出すには「33$」のようにパターンを指定します。

```
% grep "33$" customer.txt return
大津真,makoto@example.com,男,33
小山田太郎,koyamada@example.com,男,33
```

それでは「^$」はどんな行とマッチするのでしょう？　これは、先頭「^」と行末「$」の間に何もないから行、つまり空行とマッチします。

## 5-5-4　基本的な正規表現の特殊文字を覚えておこう

次の表に基本的な正規表現の特殊文字を示します。シェルの特殊文字と同じ文字がありますが、意味が異なるものもあるので注意してください。

**正規表現の特殊文字**

| 記号 | 説明 |
|---|---|
| ^ | 行の始まり |
| $ | 行の終わり |
| . | 任意の1文字 |
| * | 直前の文字の0回以上の繰り返し |
| [文字の並び] | 文字の並び内のいずれかの文字 |
| [^文字の並び] | 文字の並び以外の文字 |
| \b | 単語の区切り |
| \B | 単語の区切り以外 |
| \< | 単語の先頭 |
| \> | 単語の末尾 |
| \w | すべての英数文字 |
| \W | 英数文字以外 |

## ●直前の文字の繰り返し「*」

アスタリスク「*」は、シェルでは「ファイル名の中の0個以上の任意の文字列」とマッチしますが、正規表現の場合には「**直前の文字の0回以上**」の繰り返しになります。「1回以上」でなく「**0回以上**」であることに注意してください。たとえば、「**^M*ac$**」は次のような行とマッチします。

**「*」は直前の文字の「0回以上」にマッチ**

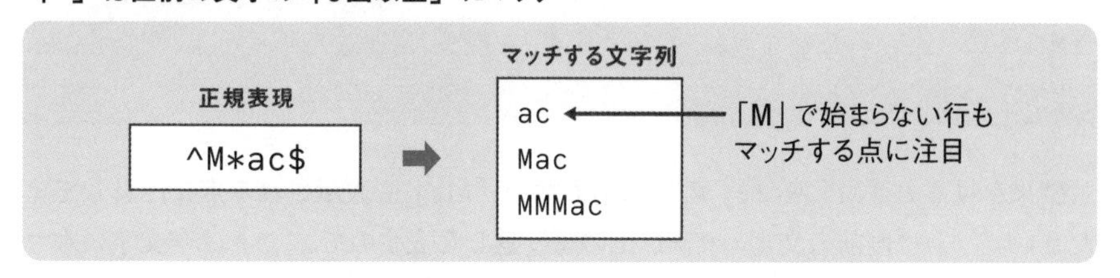


正規表現のパターンの働きを確かめるにはechoコマンドとgrepコマンドをパイプで接続して実行すると便利です。echoコマンドの引数に調べたい文字列を、grepコマンドの引数に正規表現のパターンを指定します。このとき、どちらの引数もダブルクォーテーション「"」で囲ってクォーティングしておくと安心です。

このふたつのコマンドとパイプを使用して、先頭が「M」で始まり、最後が「c」で終わる行を表示するには次のようにします。

```
% echo "MMac" | grep "^M*ac$" return
MMac
```

## ●任意の1文字「.」

ドット「.」は任意の1文字とマッチします。前述の「*」を組み合わせて「.*」というパターンで使用すると、任意の文字列を指定できます。次のようなテキストファイル「**grepTest.txt**」があるとします。

**grepTest.txt**

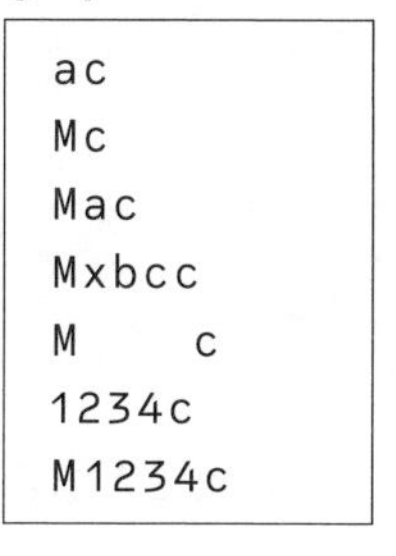

```
ac
Mc
Mac
Mxbcc
M   c
1234c
M1234c
```

grepTest.txtから、先頭が「**M**」で始まり、最後が「**c**」で終わる行を表示するには次のようにします。

```
% grep "^M.*c$" grepTest.txt return
Mc
Mac
Mxbcc
M    c
M1234c
```

結果を見ると「M」と「c」の間に何もない「Mc」も表示される点に注目してください。「*」は直前の文字の0個以上の繰り返しを表すので、「.*」は空文字にもマッチするのです。

したがって1文字以上の任意の文字列にマッチさせるには「.」をもうひとつ追加して「..*」とします。

grepText.txtから、「M」と「c」の間に最低1文字ある文字列の行を表示させるには次のようにします。

```
% grep "^M..*c$" grepTest.txt return
Mac
Mxbcc
M    c
M1234c
```

## ●文字の並び内の任意の文字「[文字の並び]」

シェルの特殊文字と同じく、「**[文字の並び]**」を使うと、[]内のいずれかの文字とマッチさせることができます。たとえば「[Cc]hap[1-7]」は、Chap1、Chap2、chap7、chap3などにマッチします。

```
% echo "Chap1" |  grep "[Cc]hap[1-7]" return
Chap1
% echo "chap5" |  grep "[Cc]hap[1-7]" return
chap5
```

なお「**^**」は行頭にマッチすると説明しましたが、「[ ]」内の先頭に記述した場合には、それ以外の文字を表します。たとえば「**^[^1-9]**」は先頭が数字以外で始まる行にマッチします。

```
% echo "1234" | grep "^[^1-9]" return   ← 先頭が数字だとマッチしない
% echo "a1234" | grep "^[^1-9]" return  ← 先頭が英文字だとマッチ
a1234
% echo " a1234" | grep "^[^1-9]" return ← 先頭がスペースだとマッチ
 a1234
```

## ●文字クラスについて

「[文字の並び]」には、「**名前付き文字クラス**」(以下単に「**文字クラス**」)という表記も使用できます。

**文字クラス**

| 文字クラス | 説明 |
|---|---|
| [:alnum:] | すべての英数文字(「0-9A-Za-z」と同じ) |
| [:alpha:] | すべての英字(「A-Za-z」と同じ) |
| [:lower:] | 英子文字(「a-z」と同じ) |
| [:upper:] | 英大文字(「A-Z」と同じ) |
| [:digit:] | 数字(「0-9」と同じ) |
| [:space:] | 空白文字(スペース, タブ, 改ページ) |
| [:xdigit:] | 16進数表記に使う文字(「0-9A-Fa-f」と同じ |

たとえば、先頭が数字とマッチすることを調べるのにパターンに「**[0-9]**」を指定して次のようにしました。

```
% echo "123Four" | grep "^[0-9]" return
123Four
```

これを文字クラスで記述すると「**^[[:digit:]]**」というパターンが使用できます(「[]」が二重になる点に注意してください)。

```
% echo "123Four" | grep "^[[:digit:]]" return
123Four
```

また文字クラスは「[]」に複数記述できます。たとえば、先頭が英大文字もしくは数字であることを調べるにはパターンに「^[[:digit:]][:upper:]]」を指定して次のようにします。

```
% echo "123Four" | grep "^[[:digit:]][:upper:]]" return
123Four
% echo "Good" | grep "^[[:digit:]][:upper:]]" return
Good
```

### ●特殊文字をエスケープする

「*」などを特殊文字ではなく単に文字としてマッチさせたい場合はどうすればよいでしょう? それには、シェルの特殊文字と同じく、前に「\」を記述してエスケープします。たとえば、アスタリスク「*」で始まり、「*」で終わる行とマッチさせたければ、次のようにします。

```
% echo "*Hello*" | grep "^\*..*\*" return
*Hello*
```

## 5-5-5 grepファミリー

grepの仲間のコマンドに、**egrep**コマンドと**fgrep**コマンドがあります。3つ合わせて「grepファミリー」などと呼びます。違いは、検索パターンに使える正規表現です。

### ●より多くの正規表現を使えるegrep

grepコマンドで使用できる正規表現は、正確には「基本正規表現」と呼ばれるものです。それに対して**egrep**は「Extended grep」の略で、「拡張正規表現」というより柔軟な正規表現が使用できます。

コマンド **egrep**

説　明 **指定したパターンを含む行を取り出す(拡張正規表現が使用可能)**

書　式 **egrep** [オプション] 文字列 ファイルのパス

**egrepで追加された正規表現**

| 正規表現 | 説明 |
|---|---|
| ? | 直前の正規表現の0回もしくは1回の繰り返し |
| + | 直前の正規表現の1回以上の繰り返し |
| {n} | 直前の正規表現のn回の繰り返し |
| {n,} | 直前の正規表現のn回以上の繰り返し |
| {n,m} | 直前の正規表現のn回からm 回までの繰り返し |
| 正規表現1 \| 正規表現2 \| ... | いずれかのパターンにマッチ |
| (正規表現) | 正規表現のグループ化 |
| \n | グループ化されたn番目の正規表現にマッチした文字列を呼び出す |

たとえばgrepでは、前の文字もしくはパターンの1回以上の繰り返しを表すのに「文字文字*」としなければなりませんでした。

数字が1個以上続くパターンは「[0-9][0-9]*」と記述する必要があります。

```
% echo "123" | grep "[0-9][0-9]*" return
123
```

上記の例は、egrepでは「**文字+**」というパターンを使用して「**[0-9]+**」と記述できます。

```
% echo "123" | egrep "[0-9]+" return
123
```

また、パターンを「**( )**」で括ることにより**グループ化**できます。これを使用して「mac」もしくは「Mac」が3回続くパターンは「**([mM]ac){3}**」と記述できます(「**{n}**」は直前の正規表現のn回の繰り返しを表します)。

```
% echo "macMacmac" | egrep "([mM]ac){3}" return
macMacmac
```

注意点として、egrepでは利用可能な特殊文字が増えた分、それらを文字そのものとして使用するには、その都度前に「\」を置いてエスケープする必要があります。

なお、egrepは、**grep**コマンドに「**-E**」オプションを指定して実行するのと同じです。

### ●正規表現を使えないfgrep

正規表現の特殊文字を一切使えないgrepファミリーのコマンドに**fgrep**（Fixed grep）があります。

コマンド **fgrep**
説　明 **指定した文字列を含む行を取り出す（正規表現が利用できない）**

書　式 **fgrep [オプション] 文字列 ファイルのパス**

柔軟な検索パターンが指定できない分、どれが特殊文字かを気にしないで済むため単純な文字列検索に便利です。

たとえば、次のようなファイル「test3.txt」があるとします。

**test3.txt**

```
1 mac
2 ^^ hello ^^
3 windows
```

この中から文字列「^^」を含む行を取り出すにはgrepコマンドでは次のようにエスケープする必要があります。

```
% grep "\^\^" test3.txt return
2 ^^ hello ^^
```

fgrepを使うとエスケープする必要はありません。

```
% fgrep "^^" test3.txt return
2  ^^ hello ^^
```

なお、fgrepは、**grep**コマンドに「**-F**」オプションを指定して実行するのと同じです。

第6章

# ファイルの検索コマンドを活用する

**この章では、コマンドラインにおけるファイル検索について説明しましょう。まず、UNIXの世界に伝統的な検索コマンドであるfindコマンドとlocateコマンドについて説明します。その後で、高速検索機能Spotlightのコマンドライン版であるmdfindコマンドについて解説します。**

ポイントはこれ！

- 柔軟なファイル検索が可能なfindコマンド
- 検索結果を別のコマンドで処理するfindコマンドの「-exec」オプション
- 標準入力を別のコマンドの引数にするxargsコマンド
- 高速なファイル検索が可能なlocateコマンド
- ターミナルでSpotlight検索を行うmdfindコマンド

## 6-1 findコマンドでファイルを検索する

ターミナルではさまざまなファイル検索コマンドが利用可能です。まずは、さまざまな検索条件で検索が可能な**find**コマンドについて説明しましょう。

### 6-1-1 findコマンドの基本的な使い方

次に、findコマンドの書式を示します。

コマンド **find**
説　明 **ファイルを検索する**

書　式 **find** [オプション] 起点となるパス [検索条件]

findコマンドは引数で指定した「**起点となるパス**」を起点に、その下のディレクトリを順にたどってファイルを検索します。ファイル名で検索するには「**検索条件**」オプションに「**-name "ファイル名"**」を指定します。

## ●ファイルとディレクトリが検索される

findコマンドを実行すると、起点となるディレクトリから下位の階層のディレクトリを順にたどって検索が行われます。マッチするファイルが見つかってもそこで終わりません。すべてのディレクトリが検索されます。たとえば~/Pictures以下でファイル名が「sample.png」のファイルを検索するには次のようにします。

```
% find ~/Pictures -name sample.png return
/Users/o2/Pictures/backup/画像/photo/sample.png
/Users/o2/Pictures/capture/sample.png
/Users/o2/Pictures/Personal/MySelf/sample.png
```

## ●ファイルのみ／ディレクトリのみを検索するには

デフォルトではファイルだけでなくディレクトリも検索対象となります。たとえば次のようにすると、カレントディレクトリ「.」以下で、「secret」という名前のファイルとディレクトリが検索されます。

```
% find . -name "secret" return
./sample/secret   ←ファイル
./secret   ←ディレクトリ
```

ファイルだけを対象にするには「**-type -f**」オプションを加えます。

```
% find . -name "secret" -type f return
./sample/secret
```

ディレクトリだけを対象にするには「**-type -d**」オプションを加えます。

```
% find . -name "secret" -type d return
./secret
```

## ●ワイルドカードを使用した検索

ファイル名には「*」や「?」など、シェルと同じワイルドカードを含めることができます。ただし、シェルによって展開されないようにするために、ダブルクォーテーション「"」あるいはシングルクォーテーション「'」で括ってクォーティングする必要があります。

たとえば、~/Documentsディレクトリを起点に拡張子が「.html」のファイルを検索しようとして、次のようにクォーティングなしに「*.html」を指定するとどうなるでしょう。

この場合、カレントディレクトリに拡張子「.html」のファイルがないと、「no matches found」(マッチするファイルが見つからない) と表示されてしまいます。

```
% find ~/Documents -name *.html return
zsh: no matches found: *.html
```

カレントディレクトリに拡張子「.html」のファイルがあると、それがシェルによって展開されてしまいます。

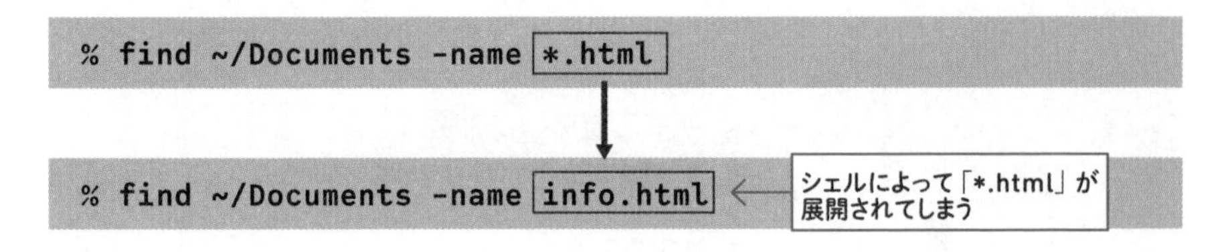


正しくは、「"*.html"」のようにクォーティングします。

```
% find ~/Documents/ -name "*.html" return
/Users/o2/Documents/ComingUp.html
/Users/o2/Documents/Logs/NowPlaying.html
```

クォーティングする代わりに、特殊文字の前に「\」を記述して、特殊文字としての働きを打ち消すエスケープ処理という方法もあります。

```
% find ~/Documents -name \*.html return
```

## 6-1-2 検索条件を指定するいろいろなオプション

次の表に、検索条件のための主なオプションをまとめておきます。

**検索条件のための主なオプション**

| 検索オプション | 説明 |
|---|---|
| -amin n | n分前にアクセスされたファイルを検索。nではちょうどn分、-nではn分より後（新しい）、+nではn分より前（古い）になる |
| -atime n | n日前にアクセスされたファイルを検索。nではちょうどn日、-nではn日より後（新しい）、+nではn日より前（古い）になる |
| -empty | 空のファイル（サイズが0のファイル）を検索 |
| -group グループ | 指定したグループに属するファイルを検索 |
| -mmin n | n分前にファイルの中身が修正されたファイルを検索。nではちょうどn分、-nではn分より後（新しい）、+nではn分より前（古い）になる |
| -mtime n | n日前にファイルの中身が修正されたファイルを検索。nではちょうどn日、-nではn日より後（新しい）、+nではn日より前（古い）になる |
| -newer ファイルのパス | 指定したファイルより後に修正されたファイルを検索 |
| -perm パーミッション | 指定したパーミッション（アクセス権限）が設定されたファイルを検索 |
| -size サイズ | 指定したサイズのファイルを検索（「+サイズ」でサイズ以上、「-サイズ」でサイズ以下、「+」「-」記号を付けないとちょうど指定したサイズ） |
| -type タイプ | 指定したタイプのファイルを検索<br>（タイプ）b ブロック型スペシャルファイル<br>c キャラクタ型スペシャルファイル<br>d ディレクトリ<br>f 通常のファイル<br>l（エル） シンボリック・リンク |

### ●ファイルサイズで検索する

検索条件の指定方法をいくつか見ていきましょう。「**-size サイズ**」ではファイルサイズによる検索ができます。サイズは単位が指定でき、「**k**」でキロバイト、「**M**」でメガバイト、「**G**」でギガバイトとなります。また前に「**+**」を付けるとそれ以上、「**-**」を付けるとそれ以下、何も付けないとちょうどそのサイズとなります。

たとえば、Photoディレクトリ以下でサイズが2Mバイト以上のファイルを検索するには次のようにします。

```
% find Photo -size +2M return
Photo/dog.jpg
Photo/home/cycle.png
```

### ●修正日時で検索する

「**-mtime 日数**」オプションを使うと、修正日時による検索ができます。日数の前に「**+**」を指定すると指定した日以前のファイルが検索でき、「**-**」ではそれ以降のファイルが検索できます。「+」「-」をつけないとちょうどその日に変更したファイルを検索できます。

カレントディレクトリ以下で、この1週間以内に変更されたファイルを検索するには次のようにします。

```
% find . -type f -mtime -7 return
./test.txt
./error.txt
./sample.txt
```

### ●ある条件以外にマッチするファイルを表示する

ある条件以外を検索する場合は、ある条件の前に「**!**」を記述します。このとき「!」の前後にはスペースが必要です。たとえば、カレントディレクトリ以下で、拡張子が「.png」、ファイル名の先頭が数字で始まらないファイルを検索するには次のようにします。

```
% find . -name "*.png" ! -name "[0-9]*" -type f return
./mySky2.png
～略～
```

### ●いずれかの条件にマッチするファイルを検索する

検索条件を複数指定すると、すべての条件にマッチするファイルが検索されます。いずれかの条件を満たすファイルを検索したい場合には、検索条件を「**-o**」でつなげます。

たとえば、カレントディレクトリ「.」以下で拡張子が「.jpg」もしくは「.png」のファイルを検索するには次のようにします。

```
% find . -name "*.png" -o -name "*.jpg" return
./beer.jpg
./profile.jpg
./samples/old/o2.jpg
./samples/photo1.png
```

COLUMN

## 閲覧にスーパーユーザの権限が必要なディレクトリ

システムディレクトリや、ほかのユーザのホームディレクトリなど、閲覧にスーパーユーザの権限が必要なものが少なくありません。そのようなディレクトリからファイルを検索するにはsudoコマンド（P.238参照）経由で実行します（実行時には自分のパスワードの入力が必要です）。

ただし、findコマンドなどをsudoコマンド経由で実行しても「Operation not permitted」といったエラーが出る場合があります。

```
% sudo find . -name "*.png" -o -name "*.jpg" return
～略～
find: ./Library/Application Support/CallHistoryTran
sactions: Operation not permitted
```

これはmacOSの10.14Mojave以降ではセキュリティ設定が強化され、特定のディレクトリにアクセスした時点で「ターミナル」アプリへのアクセス制御機能が働いたためです。

このエラーを回避するには次のようにします。「システム」環境設定の「セキュリティとプライバシー」→「プライバシー」を開き、左のリストから「フルディスクアクセス」を選択します。次に、右の一覧の「ターミナル.app」をチェックします（「ターミナル.app」が表示されない場合には「+」ボタンを押して追加します）。

**「システム」環境設定でターミナルにフルディスクアクセスを許可**

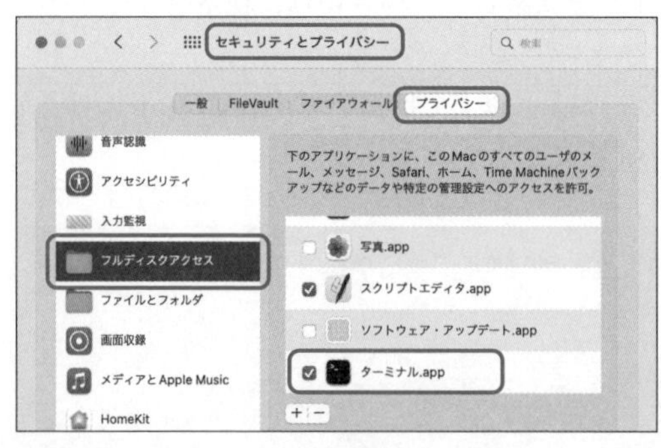

## 6-1-3 findコマンドの結果を別のコマンドで処理する

findコマンドで検索されたファイルを別のコマンドで処理したい場合があります。たとえば、見つかったファイルのサイズを調べたい、別のディレクトリにコピーしたいといった場合です。ここでは、findコマンドの検索結果を、別のコマンドに渡して処理する方法について説明しましょう。

### ●検索結果を別のコマンドに渡す「-exec」オプション

検索されたファイルのパスを別のコマンドの引数とするには、「-exec」オプションを次の書式で指定します。

**「-exec」オプションの書式**

```
-exec コマンド {} \;
```

「{}」の部分に検索結果が代入されてコマンドの引数となります。最後の「\;」は、findコマンドの終わりを示します。

たとえば、カレントディレクトリ「.」以下でサイズが2Mバイト以上のファイルを検索し、結果を「ls -hl」コマンドで表示するには次のようにします。

```
% find . -size +2M -type f -exec ls -hl {} \; return
-rw-r--r--@ 1 o2  staff   2.7M 11 23  2014 ./flower.png
-rwxrwxrwx  1 o2  staff   342M  1  1  2000 ./new song.mp3
-rw-r--r--@ 1 o2  staff   2.7M  9  9  2013 ./sounds/New sky.wav
-rw-r--r--@ 1 o2  staff    13M  5 23 14:18 ./しゅっぱつのうた.pdf
```

コマンドライン初心者の中には、単に、findコマンドと「ls -hl」コマンドをパイプで接続すればよいのでは？ と考える方もいるかもしれません。それだと単に「ls -hl」コマンドでカレントディレクトリの一覧が表示されるだけです。

```
% find . -size +2M -type f | ls  -hl return
total 733032
drwxr-xr-x   4 o2  staff  136B  7 12 00:42 Png Files
-rw-r--r--   1 o2  staff   19K  5  3  2009 beer1.jpg
-rw-r--r--@  1 o2  staff   70K  6 21  2009 dog1.jpg
```

カレントディレクトリの一覧が表示されるだけ

その理由は、lsコマンドは標準入力からデータを受け取らないからです。

「-exec」オプションを使用した別の例を示しましょう。Documentsディレクトリ以下で、今日更新されたファイルを、bkupディレクトリにコピーするには次のようにします。

```
% find Documents -mtime -1 -type f -exec cp {} bkup/ \; return
```

### ●確認しながらコマンドを実行する「-ok」オプション

コマンドを実行する際に、渡された引数をひとつずつ確認して実行するかどうかを判断したいといった場合には、「-exec」オプションの代わりに「**-ok**」オプションを使います。

**引数の指定**

```
-ok コマンド {} \;
```

たとえば、次の例はカレントディレクトリ以下で、拡張子が「.backup」のファイルを検索し、見つかった場合にひとつずつ確認しながら削除します。

```
% find . -name "*.backup" -ok rm {} \; return
"rm ./grep/meibo.txt.backup"? n  ←「n」で削除しない
"rm ./new.txt.backup"? y  ←「y」で削除
```

## 6-1-4 xargsコマンドで標準入力を別のコマンドの引数にする

findコマンドの検索結果を別のコマンドに渡す方法として「**-exec**」オプションのほかに、パイプと**xargs**コマンドを組み合わせる方法があります。

コマンド **xargs**

説　明 **指定したコマンドの引数を標準入力から受け取る**

書　式 **xargs** [オプション] コマンド

xargsは、標準入力から読み込んだひとつまたは複数の文字列を展開し、引数で指定した別のコマンドの引数として使用します。たとえばfindコマンドでカレントディレクトリ以下の拡張子「.txt」のファイルを検索し「ls -l」で表示するには次のようにします。

```
% find . -name "*.txt" | xargs ls -l return
-rw-r--r--  1 o2  staff    34  7 20 19:22 ./color1.txt
-rw-r--r--  1 o2  staff    15  7 20 19:23 ./color2.txt
-rw-r--r--  1 o2  staff     8  7 21 11:58 ./news/file3.txt
-rw-rw-rw-@ 1 o2  staff  4142  2 13  2006 ./news/コマンド制覇.txt
```

-execオプションは検索結果をひとつずつ処理するのに対して、xargsコマンドは引数を一気に展開するので、検索結果が多い場合にはxargsコマンドを使ったほうが高速です。ただし、findコマンドの「-ok」オプションのように確認しながら処理を行うことはできません。

### ●スペースを含む名前に注意

xargsコマンドを使用する場合、findコマンドの検索結果にスペースを含むファイル名があるときは注意が必要です。たとえば「**new file.txt**」というスペースを含む名前のファイルがあると前の例はエラーになります。

```
% find . -name "*.txt" | xargs ls -l return
ls: ./news/new: No such file or directory
ls: file.txt: No such file or directory
～略～
```

その理由は「new」と「file.txt」が別の引数と判断されてしまうからです。それを避けるには、findコマンドに「**-print0**（ゼロ）」オプションを、xargsコマンドに「**-0**（ゼロ）」オプションを指定します。すると、スペースの代わりに「**ヌル文字**」という特殊文字が区切り文字に使用されるようになり正常に動作します。

```
% find . -name "*.txt" -print0 | xargs -0 ls -l return
-rw-r--r--  1 o2  staff    34  7 20 19:22 ./color1.txt
-rw-r--r--  1 o2  staff    15  7 20 19:23 ./color2.txt
-rw-r--r--  1 o2  staff     8  7 21 11:58 ./news/file3.txt
-rw-r--r--  1 o2  staff     8  7 21 11:58 ./news/new file.txt
-rw-rw-rw-@ 1 o2  staff  4142  2 13  2006 ./news/コマンド制覇.txt
```

# 6-2　高速検索が可能なlocateコマンド

findコマンドは、ディレクトリの階層を順にたどって検索を行います。そのため、たとえば、ルート「/」を起点にした検索を行うと膨大な時間がかかります。また、ユーザに実行権がついていないディレクトリは、sudoコマンドを使用しないと検索できません。

そこで最近のUNIXでは、あらかじめすべてのファイルやディレクトリのパスを登録したデータベースを作成しておいて、そのデータベースを元に検索を行うlocateコマンドが用意されています。locateコマンドではファイル名による検索しか行えませんが、findコマンドに比べるときわめて高速に行えます。

## 6-2-1　locateデータベースの更新

**locateデータベース**（/var/db/locate.database）の更新は、**launchd**によって、初期状態では、毎週土曜日の午前3時15分に更新されます（launchdはP.303「13-1 サービスを集中管理するlaunchd」参照）。locateデータベースを手動更新するには、次のようにして**sudo**コマンド（P.239「9-1-1 sudoコマンド経由でコマンドを実行する」参照）経由で**/usr/libexec/locate.updatedb**コマンドを実行します。

```
% sudo /usr/libexec/locate.updatedb [return]
Password:■■■■ [return]  ←パスワードを入力
```

## 6-2-2　locateコマンドで検索を行う

locateデータベースの準備ができたら実際にlocateコマンドを使用して検索を行ってみましょう。

コマンド　**locate**

説　明　**引数で指定した文字列を含むパスを検索する**

---

書　式　**locate** パターン

引数の「パターン」に単純な文字列を指定した場合、locateデータベースに文字列として保存されているパス名から指定された文字列を含むパスを表示します。したがって一部でも一致すれば表示されます。

```
% locate gmachine [return]  ←「gmachine」を含むパス名を表示
/Users/o2/Sites/gmachine-bbs
/Users/o2/Sites/gmachine-bbs/data.txt
/Users/o2/Sites/gmachine-bbs/gmbbs.cgi
/Users/o2/Sites/gmachine-bbs/img
/Users/o2/Sites/gmachine-bbs/img/back.gif
～以下略～
```

### ● locateコマンドの注意点

locateコマンドの検索パターンには、シェルと同じように「*」や「?」といったワイルドカードが使用できます。ワイルドカードを使用する場合には、それがシェルに展開されないようにパターン全体をダブルクォーテーション「"」で囲むなどしてエスケープする必要があります。

また、ワイルドカードを使用した場合には完全一致検索となる点に注意してください。たとえば、「Miles_Davis」というディレクトリの下の拡張子「.mp3」のファイルを探すには、パターンに「"/Miles_Davis/*.mp3"」ではなく、「**"*/Miles_Davis/*.mp3"**」を指定する必要があります。

```
% locate "/Miles_Davis/*.mp3" [return]  ←これでは「/」の下のMiles_Davisディレクトリが検索されてしまう
% locate "*/Miles_Davis/*.mp3" [return]  ←先頭にも「*」を指定する
/Volumes/MP3/Mp3/Miles_Davis/Amandla/Catembe.mp3
/Volumes/MP3/Mp3/Miles_Davis/Amandla/Cobra.mp3
/Volumes/MP3/Mp3/Miles_Davis/Get_Up_With_It/He_Loved_Him_Madly.mp3
/Volumes/MP3/Mp3/Miles_Davis/Get_Up_With_It/Honky_Tonk.mp3
/Volumes/MP3/Mp3/Miles_Davis/Get_Up_With_It/Maiysha.mp3
```

実際には検索パターンに単純な文字列を指定した場合には「**"*文字列*"**」というパターンが指定されていると見なされるわけです。

MEMO

#### locateコマンドの検索対象

**locateコマンドでは、すべてのユーザに読み込みが許可されていないディレクトリは検索対象になりません。たとえばホームディレクトリの「Documents」や「Music」以下のファイルは検索できません。**

# 6-3 ターミナルでSpotlight検索を実行する

macOSのデスクトップ環境には、ファイル名だけでなく、ファイルの内容やWeb情報までも検索できる強力な検索機能「**Spotlight**」が用意されています。実は、Spotlightによる検索はターミナルでも利用できます。そうすることによりSpotlightの検索結果を別のコマンドで処理できます。

ターミナル上でSpotlight検索を行うには**mdfind**コマンドを使用します。

## 6-3-1 mdfindの基本的な使い方

次に、mdfindの書式を示します。

コマンド **mdfind**

説　明 **Spotlight検索を行う**

書　式 **mdfind** [オプション] キーワード

たとえば、「ターミナルでSpotlight検索」をキーワードに検索するには次のようにします。

```
% mdfind "ターミナルでSpotlight検索" return
/Users/o2/Documents/Work/books/Chap2/test/sample2.txt
/Users/o2/Documents/Work/macOScommand/構成案3.txt
/Users/o2/Documents/Work/books/maccommandLine.txt
```

### ●「-name 文字列」オプションによりファイル名で検索する

「**-name 文字列**」オプションを使用すると、locateコマンドと同じように、指定した文字列をファイル名/ディレクトリ名に含むパスが表示されます。次に「zshrc」を検索する例を示します。/private/etcのようなシステムのディレクトリも検索対象になります。

```
% mdfind -name "zshrc" return
/private/etc/zshrc
/private/etc/zshrc_Apple_Terminal
```

### ●「-onlyin パス」オプションで特定のディレクトリ以下を検索する

特定のディレクトリ以下を対象に検索するには、mdfindコマンドに「**-onlyin ディレクトリのパス**」オプションを指定します。たとえばカレントディレクトリ以下で「beer」をキーワードに検索するには次のようにします。

```
% mdfind -onlyin . "beer" return
/Users/o2/Pictures/samples/some.txt
/Users/o2/Pictures/samples/beer1.jpg
```

### ●「-live」オプションでライブ検索を行う

mdfindコマンドを「**-live**」オプションを付けて実行すると、結果を表示しても終了せず、そのまま監視し続けて新たに見つかると検査数を更新します。

```
% mdfind -live -onlyin . "beer" return
/Users/o2/Pictures/samples/some.txt
/Users/o2/Pictures/samples/beer1.jpg
[Type ctrl-C to exit]
Query update: 3 matches  ← 検索数が更新される
Query update: 4 matches  ← 検索数が更新される
      ← 終了するには control + C キーをタイプ
```

### ●「-count」オプションで検索された数を表示する

「**-count**」オプションを指定すると、検索条件にマッチした数を表示します。

```
% mdfind -count -onlyin ~/Documents/ "Giulietta Machine" return
374
```

## 6-3-2 メタデータを指定した検索を行う

mdfindコマンドでは、メタデータによる検索を行うことができます。メタデータとは、ファイルそのものに関するいろいろなデータです。たとえば、サイズ、名前、修正日、フォーマット、Finderのコメントなどです。また、デジカメで撮った写真であれば機種名や撮影場所もメタデータです。

ファイルのメタデータは**mdls**コマンドで確認できます。

コマンド **mdls**

説　明 **メタデータを表示する**

書　式 **mdls** [オプション] ファイルのパス

ファイルのメタデータを一覧表示するには目的のファイルを引数に**mdls**コマンドを実行します。flower.pngのメタデータを表示する例を示します。

```
% mdls flower.png return
_kMDItemOwnerUserID              = 501
kMDItemAcquisitionMake           = "RICOH    "
kMDItemAcquisitionModel          = "CX4       "
kMDItemAperture                  = 3.6
～略～
```

mdfindコマンドを使用して、個別にメタデータの属性名と値を指定して検索を行うには、引数を次の形式で指定します。

**メタデータの属性名を指定**

"属性名==値"

「**値**」には任意の文字列を示すワイルドカード「*」が使用できます。たとえば、Finderの「～の情報」ダイアログで設定したコメントは「**kMDItemFinderComment属性**」で指定できます。

**「～の情報」ダイアログボックスのコメント**

次に、カレントディレクトリ以下でFinderのコメントが「秘密の〜」であるファイルを検索する例を示します。

```
% mdfind -onlyin . "kMDItemFinderComment==秘密の*" return
/Users/o2/Documents/Work/macOScommand/Chap2/dog.png
/Users/o2/Documents/Work/macOScommand/goldCat.png
```

### ●検索結果を別のコマンドで処理する

mdfindには、findコマンドの-execオプションのように、検索されたファイルを別のコマンドで処理するオプションは用意されていません。パイプで**xargs**コマンドと組み合わせれば同様の処理が行えます（P.176「6-1-4 xargsコマンドで標準入力を別のコマンドの引数にする」参照）。このときスペースを含むファイル名に対応するにはmdfindコマンドとxargsコマンドの両方に「**-0**」(数字のゼロ）オプションを指定する必要があります。

たとえば、「徳川慶喜」をキーワードに検索を行い、検索されたファイルの詳細情報を「ls -lh」コマンドで表示するには次のようにします。

```
% mdfind -onlyin Documents -0 "徳川慶喜" | xargs -0 ls -l return
-rw-rw-rw-  1 o2  staff  12146613  4 26  2010 /Users/o2/
Documents/Work/郵便/KEN_ALL.CSV
-rw-r--r--  1 o2  staff        76  1 20 23:10 /Users/o2/
Documents/mac samples.txt
```

MEMO

**mdfindで使うのは「-0（ゼロ）」オプション**

**findコマンドではスペースを含むファイル名に対応するオプションは「-print0」でしたが、mdfindでは「-0」オプションである点に注意してください。**

COLUMN

## FinderのSpotlightで<br>システムディレクトリを検索するには?

FinderのSpotlightのデフォルトでは/etc（/private/etc）や/usrのようなシステムディレクトリのファイルは検索対象になりません。検索対象にするには次のようにします。

**①Finderの右上の検索ボックスにキーワードを入力します。「検索」を「このMac」にします。**

**②「+」ボタンをクリックし、絞り込みのドロップダウンリストから「システムファイル」（または「その他」→「システムファイル」）と「を含む」を選択します。**

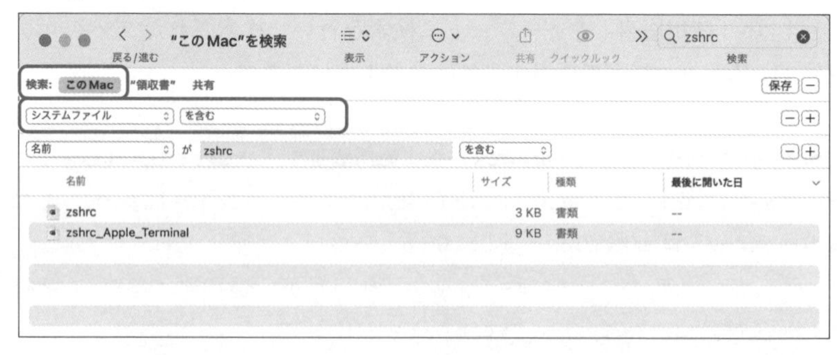

# 第7章

# テキストエディタの操作を覚える

**macOSでシステムファイルを編集するにはターミナル上で動作するテキストエディタが必要です。たとえば、Webサーバ「Apache」の設定を行うような場合です。この章では、代表的なテキストエディタpicoとvimの操作について説明します。特にvimはプログラマーに人気の高いエディタです。**

**ポイントはこれ！**

- picoエディタはシンプルなテキストエディタ
- picoエディタが対応している文字エンコーディングはUTF-8のみ
- vim（vi）はemacsと並ぶUNIXの定番エディタ
- vimでインサートモードに移行するには「i」「a」コマンドなどを使用する
- vimでコマンドモードに移行するにはescキーを押す
- 範囲の削除／コピー／移動がわかりやすいvimのビジュアルモード

## 7-1 シンプルな初心者向けpicoエディタ

システムファイルを修正するには、ターミナルで動作するテキストエディタが必要になります。macOSには、標準でpico、vimの2つの定番エディタが用意されていますが、まず、最もシンプルな**pico**エディタについて説明しましょう。

picoが対応している文字エンコーディングはUTF-8のみです。改行コードはLFのみです。

### 7-1-1 picoエディタを起動してみよう

picoエディタはpicoコマンドで起動します。

コマンド **pico**

説　明　**picoエディタを起動する**

書　式　**pico** [オプション] [ファイルのパス]

次に、新規ファイル「sample.txt」を引数にpicoコマンドを実行した画面を示します。

**picoの実行画面**

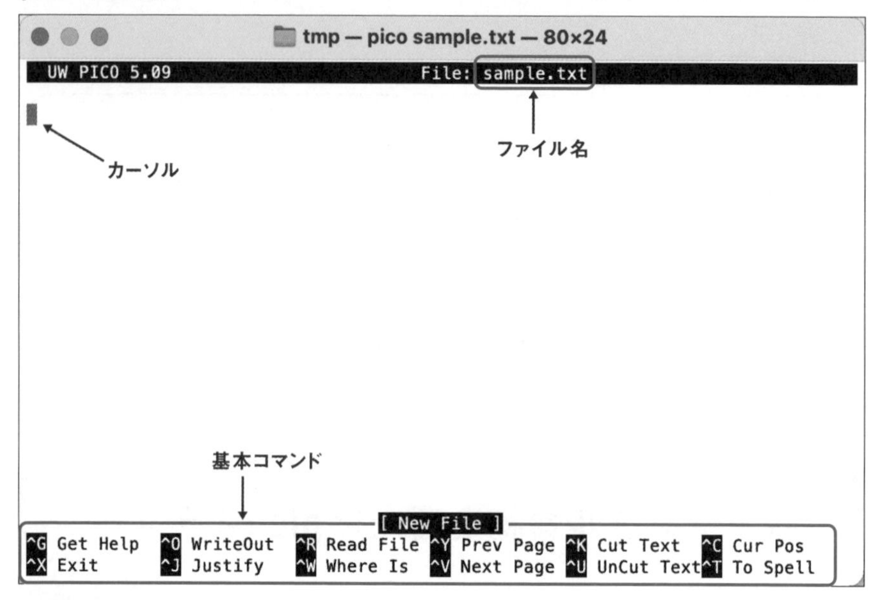


MEMO

**picoコマンドを引数なしで実行**

picoコマンドを引数なしで実行すると空のバッファ（編集画面）が表示されます。

MEMO

**picoとnano**

picoはnanoコマンドでも起動できます（/usr/bin/nanoは/usr/bin/picoのシンボリックリンクです）。

## ●テキストを編集する

picoエディタでは、一般的なGUIのエディタと同じように、タイプした文字がカーソル位置に挿入されていきます。

**タイプした文字がそのままカーソル位置に挿入される**

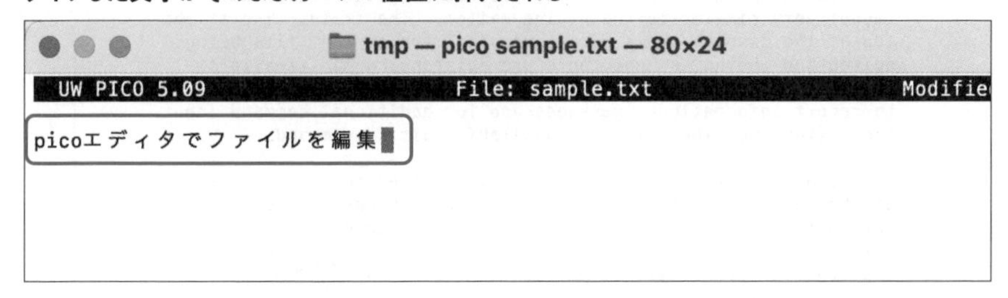


文字単位のカーソルの移動には矢印キーが使用できます。delete でカーソル位置の前の文字を削除できます。そのほか、次の表のようなキー操作を覚えておくと便利です。編集画面のキー操作は、シェルのキー操作と似ていますが、どちらもemacsというエディタのキー操作がベースになっています。

**カーソル移動の基本的なキー操作**

| コマンド | 機能 |
|---|---|
| ^F ※1 | 次の文字に移動 |
| ^B | 前の文字に移動 |
| ^P | 前の行に移動 |
| ^N | 次の行に移動 |
| ^A | 現在行の先頭に移動 |
| ^E | 現在行の最後に移動 |
| ^Y | 前のページに移動 |
| ^V | 次のページに移動 |
| ^スペース ※2 | 1単語先へ移動 |

※1「^F」は control を押しながら F を押すことを表します。

※2 デフォルトでは^スペースは、macOSの入力システムの切り替えに割り当てられてるため、使用するにはmacOS側の設定を変更する必要があります（「システム環境設定」→「キーボード」→「ショートカット」→「入力ソース」で変更できます）。

## ●ヘルプ画面を表示する

ヘルプ画面は「^G」コマンドで表示できます。

「^G」コマンドでヘルプを表示（^Vで次のページ、^Yで前ページへ、^Xで終了）

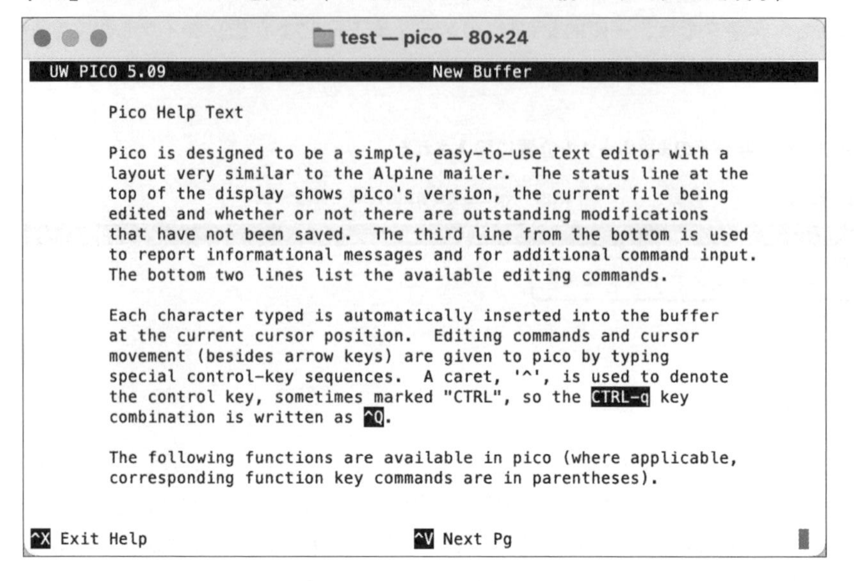


ヘルプ画面を抜けて編集画面に戻るには「**^X**」コマンドを実行します。

## ●ファイルを保存する

ファイルを保存するには「**^O**」コマンドを実行します。「File Name to write:」に続いて、現在編集中のファイルのパスが表示されるので、そのまま return を押すと上書き保存されます。

「^O」コマンドで保存。「File Name to write:」にファイルのパスが表示される

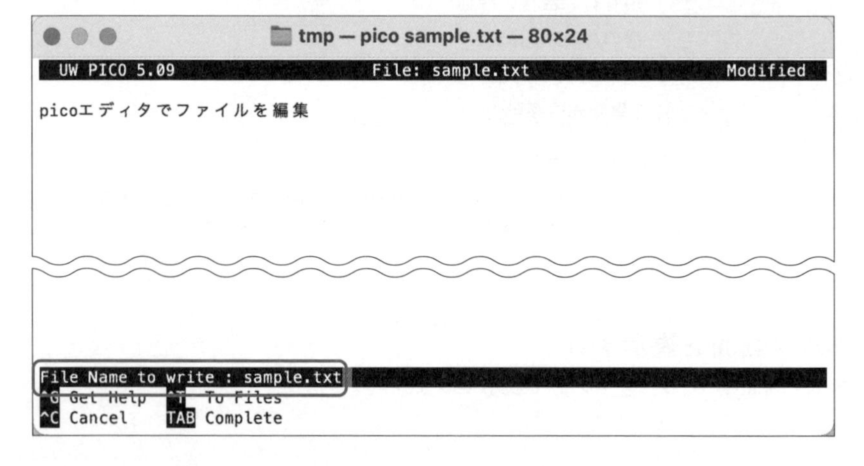

別のファイルに保存するには、「File Name to write:」の後ろのパス部分を変更して return を押します。

## 7-1-2 picoエディタのマーク機能を使いこなそう

次に、picoエディタを使いこなす上でぜひ覚えておきたいマークを使用した範囲の削除／移動／コピーを紹介しておきましょう。

### ●範囲をマークする

指定した範囲のテキストを削除／移動／コピーするには、その範囲をマークします。

**①まず、範囲の開始位置にカーソルを移動し「^^」コマンド（control を押しながら「^」を押す）を実行します。**

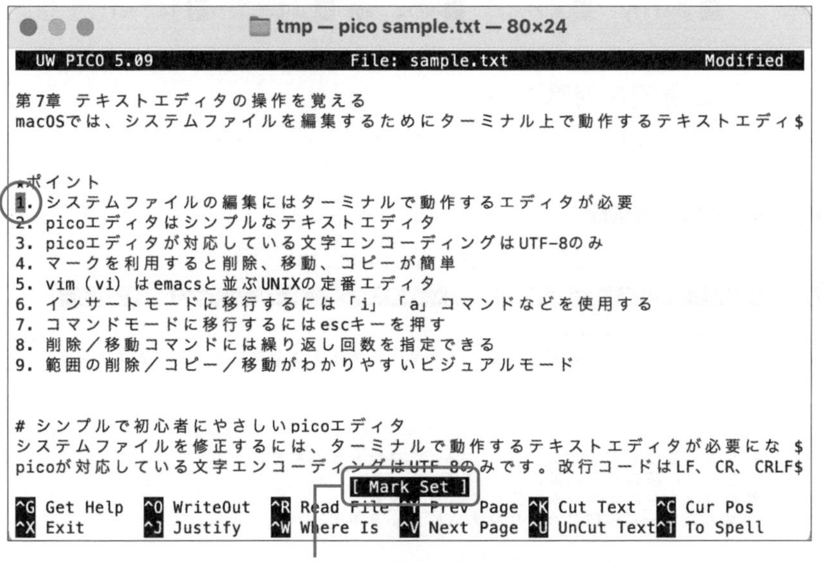

メッセージラインに「Mark Set」と表示される

**②そのままカーソルを移動していくと範囲がマークされます。**

```
tmp — pico sample.txt — 80×24
 UW PICO 5.09                    File: sample.txt                    Modified

第7章 テキストエディタの操作を覚える
macOSでは、システムファイルを編集するためにターミナル上で動作するテキストエディ$


★ポイント
1. システムファイルの編集にはターミナルで動作するエディタが必要
2. picoエディタはシンプルなテキストエディタ
3. picoエディタが対応している文字エンコーディングはUTF-8のみ
4. マークを利用すると削除、移動、コピーが簡単
5. vim (vi) はemacsと並ぶUNIXの定番エディタ
6. インサートモードに移行するには「i」「a」コマンドなどを使用する
7. コマンドモードに移行するにはescキーを押す
8. 削除／移動コマンドには繰り返し回数を指定できる
9. 範囲の削除／コピー／移動がわかりやすいビジュアルモード


# シンプルで初心者にやさしいpicoエディタ
システムファイルを修正するには、ターミナルで動作するテキストエディタが必要にな $
picoが対応している文字エンコーディングはUTF-8のみです。改行コードはLF、CR、CRLF$

^G Get Help  ^O WriteOut  ^R Read File ^Y Prev Page ^K Cut Text   ^C Cur Pos
^X Exit      ^J Justify   ^W Where Is  ^V Next Page ^U UnCut Text ^T To Spell
```

## ●マークした範囲を削除する

マークした範囲を削除するには「**^K**」コマンドを実行します。

**「^K」コマンドで範囲を削除**

```
tmp — pico sample.txt — 80×24
 UW PICO 5.09                    File: sample.txt                    Modified

第7章 テキストエディタの操作を覚える
macOSでは、システムファイルを編集するためにターミナル上で動作するテキストエディ$


★ポイント

6. インサートモードに移行するには「i」「a」コマンドなどを使用する
7. コマンドモードに移行するにはescキーを押す
8. 削除／移動コマンドには繰り返し回数を指定できる
9. 範囲の削除／コピー／移動がわかりやすいビジュアルモード


# シンプルで初心者にやさしいpicoエディタ
システムファイルを修正するには、ターミナルで動作するテキストエディタが必要にな $
picoが対応している文字エンコーディングはUTF-8のみです。改行コードはLF、CR、CRLF$




^G Get Help  ^O WriteOut  ^R Read File ^Y Prev Page ^K Cut Text   ^C Cur Pos
^X Exit      ^J Justify   ^W Where Is  ^V Next Page ^U UnCut Text ^T To Spell
```

なお、マークしないで「^K」コマンドを実行すると現在行（カーソルのある行）が削除されます。

## ●テキストを移動／コピーする

「^K」コマンドで削除されたテキストはバッファに格納されています。テキストを移動したい場合には、カーソルを移動したい位置に移動し、「^U」コマンドを実行します。すると、バッファの範囲が書き出されます。

**バッファに格納された範囲を書き出す**

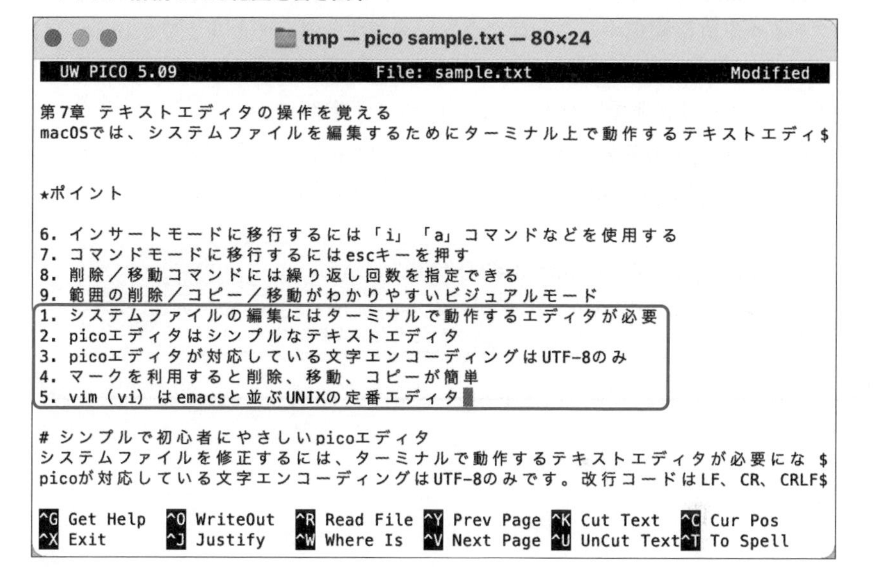


なお、移動ではなくコピーしたい場合は、「^K」コマンド実行後にその位置で「^U」コマンドを実行して、削除した行を同じ場所に書き出します。続いてカーソルをコピーしたい位置に移動しもう一度「^U」コマンドを実行します。

COLUMN

### コマンドラインのエディタを使う必要があるのはなぜ?

現在では、Visual Studio Codeや、Atomといった高機能でフリーのGUIエディタが公開されています。それらを使用せずにpicoやvimといったコマンドラインで動作するCUIエディタを使う理由はなんでしょう?

実は、macOSではGUIのエディタを使用してシステムやサーバの設定ファイルを直接編集することはできないのです。ターミナル上で、sudoコマンド経由でCUIエディタを立ち上げる必要があります(P.238「9-1 スーパーユーザ権限で実行するsudoコマンド」参照)。

たとえば、picoエディタでWebサーバ「Apache」の設定ファイル「/etc/apache2/httpd.conf」を編集するには次のように実行します。

```
% sudo pico /etc/apache2/httpd.conf [return]
Password:■■■■ [return]   ← パスワードを入力(セキュリティのためタイプした文字は表示されない)
```

## 7-2 UNIXの定番はvimエディタ

UNIX系OSではviとemacsが二大テキストエディタです。macOSには両方インストールされていますが、本書ではviエディタの機能拡張版であるvimを取り上げます。GUIエディタとは大きく操作が異なるので多少とっつきにくいかもしれませんが、設定ファイルの編集などに便利なので、ぜひマスターしましょう。

### 7-2-1 vimとはどんなエディタ?

UNIX黎明期のエディタは「**ラインエディタ**」などと呼ばれる、1行ずつしか編集できない使い勝手の悪いものでした。そんな中1976年に満を持して登場したのが、ラインエディタ「**ex**」を拡張して、ターミナルの画面単位でテキスト編集を行えるようにした「**vi**」エディタでした。当時はラインエディタに対して「スクリーンエディタ」などと呼ばれていましたが、使い勝手のよさからあっという間に広まり、現在ではUNIX系OSの定番エディタとして不動の地位を確立しています。

「**vim**」(http://www.vim.org) は、「Vi Improved」の略で、その名が示す通り元祖viの機能拡張版です。vimでは、新たに「ビジュアルモード」を搭載し、範囲の選択やテキストのコピー／移動などを視覚的に操作できるようになりました。また、柔軟なカスタマイズ機能なども備えています。

**vimのビジュアルモード**

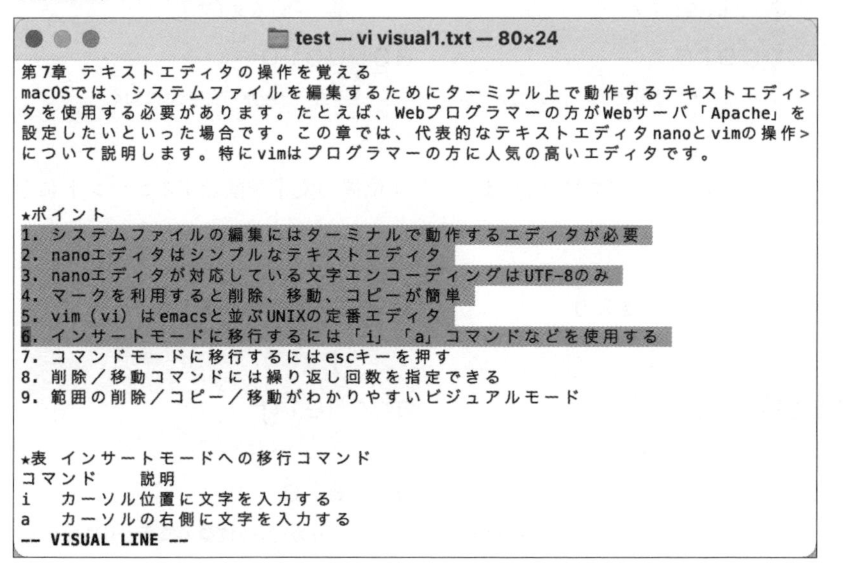


vimは、日本語を含む国際化にも対応しています。UTF-8、ShiftJIS、日本語EUC、JISといった日本語の文字エンコーディング、およびCR、LF、CRLFといった改行コードを認識可能です。

## ●コマンドモードとインサートモードについて

vimに特徴的なのは、「**コマンドモード**」と「**インサートモード**」という、ふたつのモードの存在です。vimを使いこなすための鍵はコマンドモードとインサートモードの相違と移行方法を理解することです。

前節のpicoエディタやほかの一般的なGUIのエディタでは、編集画面でキーをタイプすると、その文字がカーソル位置にそのまま入力されます。vimではそのようなモードを「インサートモード」と呼びます。

それに対して、「コマンドモード」では、タイプしたキーがエディタに対するコマンドとなります。たとえば、インサートモードでは「**h**」をタイプすると文字「h」がカーソル位置に挿入されますが、コマンドモードでは「h」は1文字分左に動かすコマンドとなります。

**インサートモードで「h」を入力**

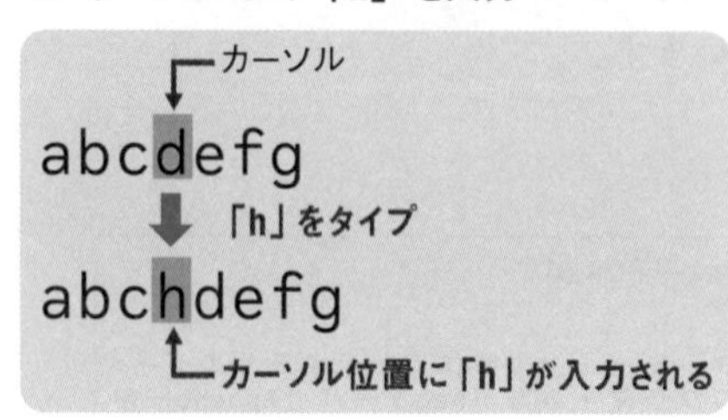


**コマンドモードで「h」を入力**

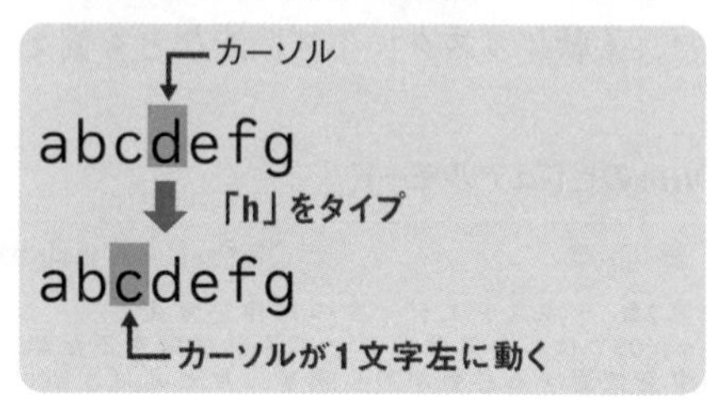


また、コマンドモードでは「x」はカーソル位置の文字を削除するコマンドになります。

**インサートモードで「x」を入力**

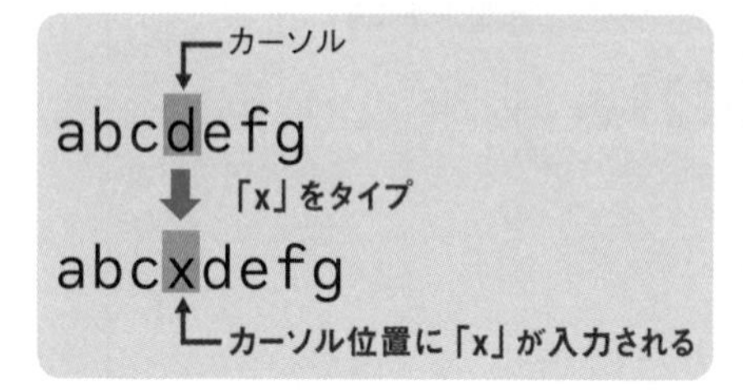


**コマンドモードで「x」を入力**

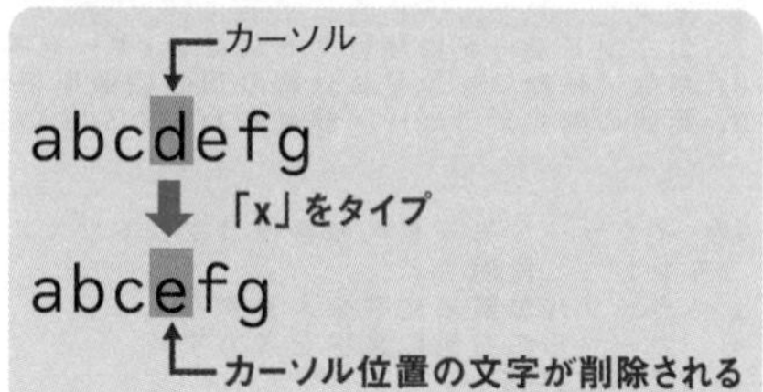


## ●日本語ファイル用の設定をしておこう

あらかじめ、日本語の文字エンコーディングと改行コードの自動認識の設定をしておきましょう。vimの設定ファイル「**~/.vimrc**」(ホームディレクトリの下の「.vimrc」)に次のように記述しておくと、読み込むファイルの文字エンコーディング、改行コードを自動認識してくれます。

**vimの設定ファイル「~/.vimrc」**

```
set fileencodings=iso-2022-jp,utf-8,cp932,euc-jp
set fileformats=unix,dos,mac
```

## ●vimを起動する

次に、vimで新規ファイル「myFile.txt」を開いた画面を示します。

```
% vim myFile.txt [return]
```

**vimの起動画面**

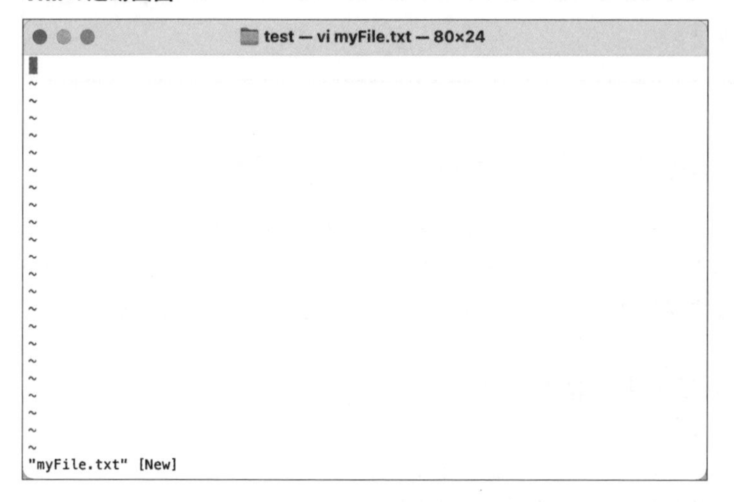


各行の左側にチルダ「~」が表示されていますが、これは現在その行に何も入力されていないことを示す記号です。

## ●vimを終了する

vimを終了するには、まずコロン「:」をタイプします。すると画面一番下のステータスラインに「:」が表示され、カーソルがその後ろに移動します。続けて「**q**」をタイプして[return]を押すと終了します。

**vimの終了**

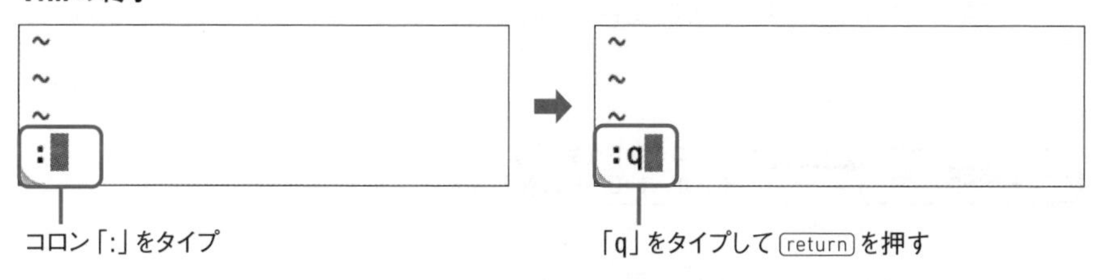


「**:q**」のようにコロン「:」で始まるコマンドは、viの前身であるラインエディ

タ**ex**から引き継がれたコマンドです。exエディタでは「:」がプロンプトとして表示され、それに続いてコマンドを入力しますが、それを踏襲したわけです。

MEMO

**修正を破棄して終了**

**ファイルに加えた修正を破棄してvimを強制的に終了するには「:q! return」とタイプします。**

## 7-2-2 vimの基本的な使い方を理解しよう

前述のように、vimには「**コマンドモード**」と「**インサートモード**」というふたつのモードが存在します。これらのモードをスムーズに使い分けられるかどうかが、vimを使いこなす鍵となります。まずは基本的な使い方について説明しましょう。

### ●インサートモードに移行するには

vimを起動した段階ではコマンドモード、つまりタイプしたキーがコマンドとして認識されるモードになっています。文字を入力するには、コマンドモードからインサートモードに移行しておく必要があります。

たとえば「**i**」コマンドを実行するとインサートモードに移行します。インサートモードに移行すると最下行に「**-- INSERT --**」と表示されます。

**「i」コマンドを実行するとインサートモードに移行する**

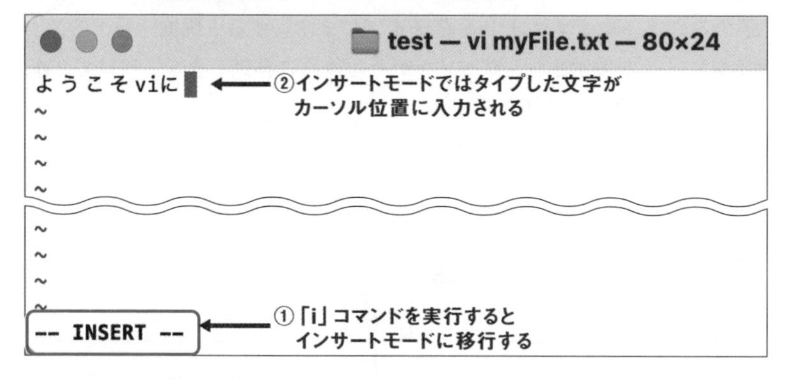


再びコマンドモードに戻るには esc を押します。

#### コマンドモードとインサートモードの切り替え

なお、最下部のステータスラインに「-- INSERT --」と表示されていればインサートモード、そうでなければコマンドモードとなります。これはオリジナルのviにはないvimの機能です。

また、vimではインサートモードでもある程度の編集が行えます。矢印キーでカーソルを移動し、deleteキーでカーソル位置の前の文字を削除できます。

## ●インサートモードに移動するいろいろなコマンド

インサートモードに移行するコマンドは、「i」コマンドだけではありません。次の表によく使うインサートモードへの移行コマンドをまとめておきます。

#### インサートモードに移行するコマンド

| コマンド | 説明 |
|---|---|
| i | カーソル位置に文字を入力する |
| a | カーソルの右側に文字を入力する |
| I（大文字のアイ） | 現在行の先頭に文字を入力する |
| A | 現在行の末尾に文字を入力する |
| o（小文字のオー） | 現在行の次に新たな行を挿入して文字を入力する |
| O（大文字のオー） | 現在行の前に新たな行を挿入して文字を入力する |

## ●カーソルの移動コマンドを覚えよう

コマンドモードでのカーソルの移動は上下左右の矢印キーでも行えますが、次に示した移動コマンドも覚えておくと便利です。

#### カーソル移動コマンド（コマンドモード）

| コマンド | 説明 |
|---|---|
| h | カーソルを1文字分左に移動 |
| l（エル） | カーソルを1文字分右に移動 |
| k | カーソルを上の行に移動 |
| j | カーソルを下の行に移動 |

（次ページへ続く）

（前ページからの続き）カーソル移動コマンド（コマンドモード）

| コマンド | 説明 |
| --- | --- |
| e | 単語の最後の文字へ移動 |
| E | 単語の最後の文字へ移動（句読点を無視する） |
| b | 単語の最初の文字へ移動 |
| B | 単語の最初の文字へ移動（句読点を無視する） |
| w | 次の単語の先頭に移動 |
| W | 次の単語の先頭に移動（句読点を無視する） |
| ^ | 行頭に移動 |
| $ | 行末に移動 |
| G | 最後の行の文頭に移動 |
| gg | 先頭行の文頭に移動 |
| + | 1行下の先頭の文字に移動（return も使用可能） |
| - | 1行上の先頭の文字に移動 |
| f文字 | 現在行のカーソルより後ろにある指定した文字に移動 |
| F文字 | 現在行のカーソルより前にある指定した文字に移動 |
| % | 対応する括弧に移動 |

最も使用頻度の高い、カーソルを上下左右に移動する「**h**」「**l**」「**k**」「**j**」コマンドは、右手のホームポジション位置にあります。

**カーソルを上下左右に移動するコマンド**

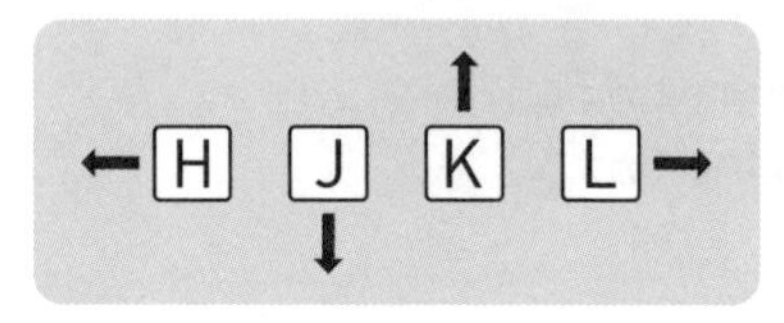


行頭に移動する「**^**」、行末に移動する「**$**」もよく使うので覚えておきましょう。

## 7-2-3 「f文字」コマンドで指定した文字まで移動する

「**f文字**」コマンドを使用すると、カーソルのある行で、カーソルから後方に向かって、最初に「文字」が見つかった位置にカーソルを移動します。たとえば「fM」とタイプすると、カーソル位置から後方に最初に見つかった「M」にカーソルが移動します。同じ文字を後方に向かって検索するには「;」コマンドを使用します。

「f文字」コマンドによる移動

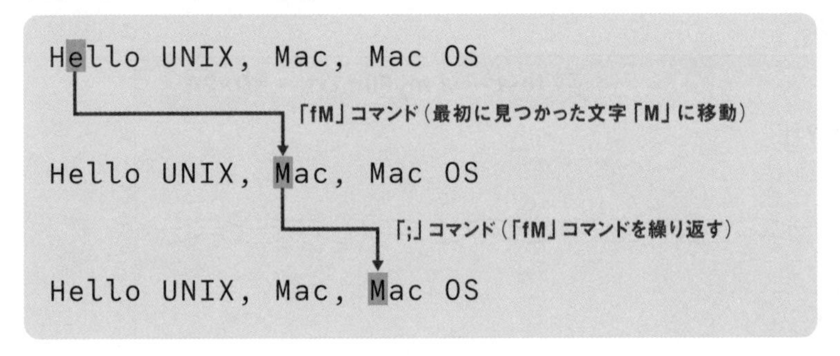


逆に、行頭に向かって検索するには小文字の「f」の代わりに大文字の「**F**」を使用して「**F文字**」コマンドを使います。

### ●文字を削除する

次に、文字を削除するための主なコマンドをまとめておきます。

基本的な削除コマンド

| コマンド | 説明 |
|---|---|
| x | カーソル位置の文字を削除 |
| X | カーソル位置の前の文字を削除 |
| dd | カーソル位置の行を削除 |
| D | カーソル位置から行末まで削除 |

### ●操作の取り消しとやりなおし

誤って削除してしまったような場合、操作を取り消すには「**u**」コマンドを使用します。実行するたびに最後に行った編集操作から順にひとつずつさかのぼって取り消してくれます。逆に取り消した操作をひとつずつやり直すには［control］+［R］を押していきます。

## 7-2-4　ファイルの保存と終了

現在のバッファの内容を元のファイルに保存するには、exコマンドの「:w」コマンドを使用します。

①コマンドモードで「:」(コロン) をタイプします。するとカーソルが最下行に移動します。

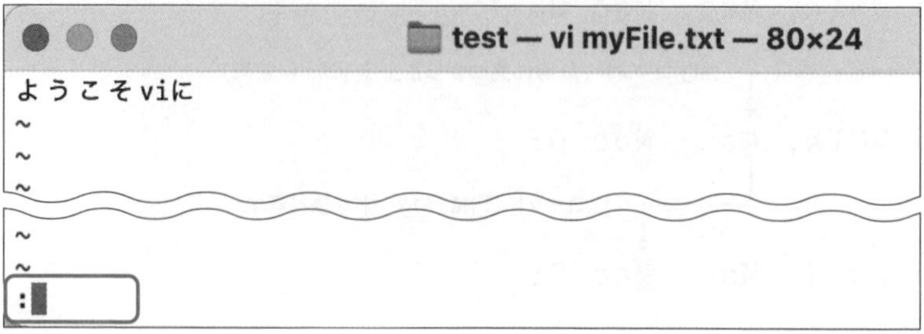

```
test — vi myFile.txt — 80×24
ようこそviに
~
~
~
~
~
:
```

②「w」をタイプして return を押します。

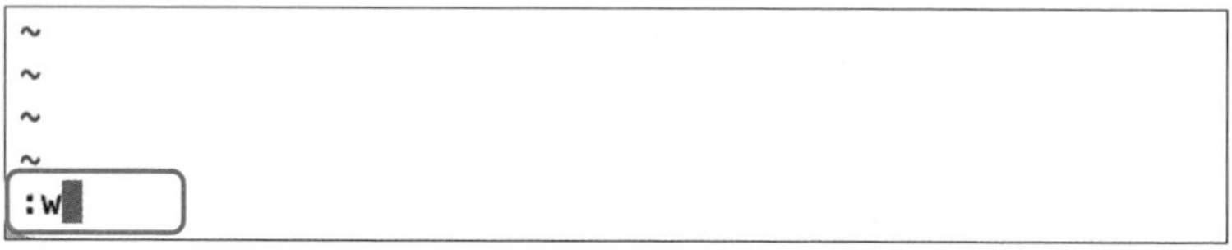

```
~
~
~
~
:w
```

## ●ファイルの保存／終了のための基本コマンド

次の表に、ファイルの保存や終了に関するコマンドをまとめておきます。

**ファイルの保存／終了に関するコマンド**

| コマンド | 説明 |
|---|---|
| :w | バッファをファイルに保存する |
| :w ファイルのパス | 指定したファイルにバッファの内容を保存する |
| :wq | バッファをファイルに保存して、vimを終了する |
| :q | viを終了する |
| :q! | バッファの内容を破棄してviを終了する |
| :r ファイルのパス | 指定したファイルをカーソル位置に読み込む |
| :e! | 編集内容を破棄して、ファイルを再度読み込む |

## 7-2-5 コマンドの前に繰り返し回数を指定する

vimの編集コマンドには、コマンドの前に整数値を指定すると、処理を実行する回数を指定できるものがあります。ここでは回数を指定したカーソルの移動と、文字・行の削除について説明しましょう。

## ●カーソルの移動コマンドに繰り返し回数を指定する

「**h**」や「**j**」といったカーソル移動コマンドを使用するとファイル内を自由に移動できますが、移動距離が長い場合にはコマンドを何度もタイプするのは面倒です。たとえば、「**j**」コマンドは次の行に移動するコマンドですが、3行下に移動したい場合は「**j**」を3回タイプする代わりに「**3j**」とすることができます。

**「h」「j」などのカーソル移動コマンドの前に繰り返し回数を指定**

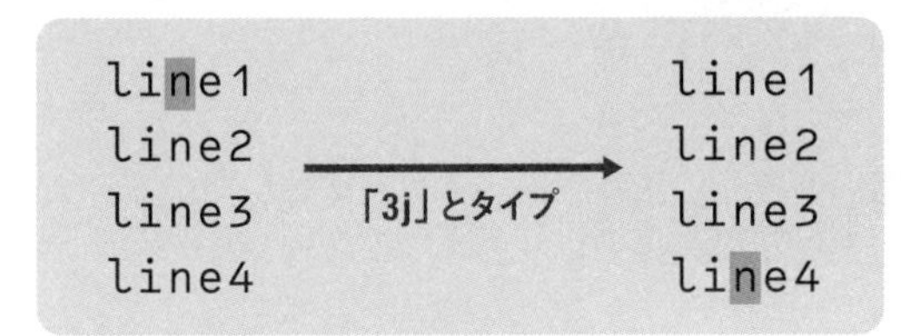


## ●回数を指定して削除する

削除コマンドも、繰り返し回数を指定できます。たとえば、「**x**」はカーソル位置の文字を削除するコマンドですが、「**5x**」と実行するとカーソル位置から5文字が削除されます。

それではカーソル位置から5行削除するにはどうすればよいでしょう？　行の削除は「**dd**」なので「**5dd**」と実行します。

## ●「d」コマンド＋カーソル移動コマンドで範囲を削除する

次に、指定した範囲までを削除する方法について説明しましょう。「d」に続いてカーソル移動コマンドを指定すると、現在のカーソル位置から移動先までまとめて削除できます。前方に移動する場合にはカーソル位置の1文字前から削除されます。たとえば、行頭に移動するコマンド「**^**」と組み合わせて「**d^**」を実行すると、カーソル位置の前から行頭までが削除されるわけです。

**カーソル位置の前から行頭まで削除**

それでは行末まで削除するにはどうすればよいでしょう？「**$**」で行末まで移動なので「**d$**」とします。

また、「f文字」は、現在行のカーソルより後ろにある指定した文字に移動するコマンドです。したがって、「**df,**」とするとカーソル位置から行末に向かって、最初に見つかったカンマ「,」までが削除されます。

**カーソル位置からカンマ「,」までが削除される**

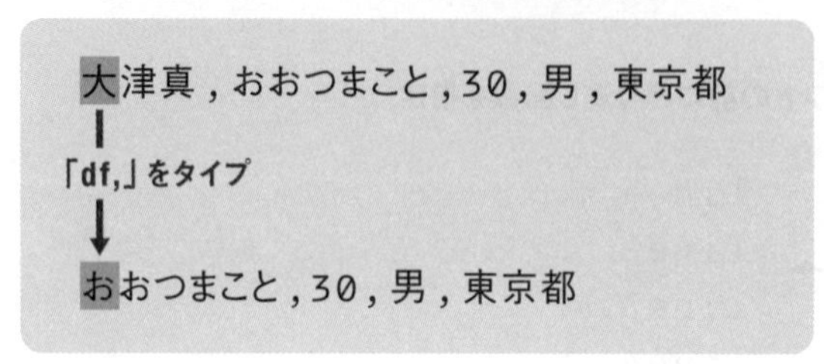


次の表に「d」コマンドとカーソル移動コマンドの組み合わせ例を示します。

**「d」コマンドとカーソル移動コマンドの組み合わせ例**

| コマンド | 説明 |
|---|---|
| dw | カーソル位置から単語の終わりまでを削除 |
| dG | カーソル行からファイルの最後までを削除 |
| d$ | カーソル位置から行末までを削除（「D」コマンドと同じ） |
| d^ | カーソル位置の前から行の先頭までを削除 |
| dgg | 先頭行からカーソル行までを削除 |

## ●行単位で削除する

「**d**」コマンドと「**j**」「**k**」や「**G**」といった行の移動コマンドを組み合わせると、文字単位ではなく、行単位で削除されます。たとえば、「**d2k**」ではカーソル行から上3行が削除されます。

**dで削除+2kで2行上に移動=3行削除**

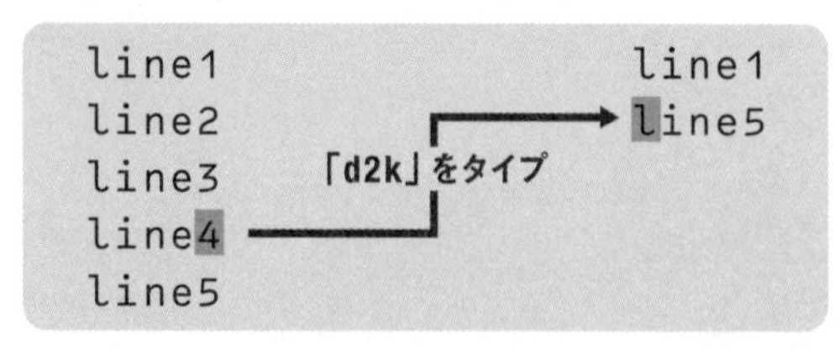


また、「**dG**」ではカーソル行からファイルの終わりまでが削除されます。

## 7-2-6　便利なビジュアルモード

vimの拡張機能の中で最も便利な機能が「**ビジュアルモード**」です。ビジュアルモードでは文字列のコピーや削除がより簡単に行えます。

### ●ビジュアルモードに移行するコマンド

コマンドモードからビジュアルモードに移行するには次のコマンドを実行します。

**ビジュアルモードに移行するコマンド**

| コマンド | 説明 |
|---|---|
| v | 文字単位の選択が可能なビジュアルモード |
| V | 行単位の選択が可能なビジュアル行モード |
| control + V | 矩形の範囲が選択可能なビジュアルブロックモード |

### ●文字単位のビジュアルモードに移行する

「**v**」コマンドでは文字単位の選択が可能なビジュアルモードに移行します。ビジュアルモードに移行するとステータスモードに「**-- VISUAL --**」と表示されます。このとき、カーソルを移動するとその範囲が選択され、ハイライト表示されて、次ページの表に示すコマンドが実行できます。

**ビジュアルモード**

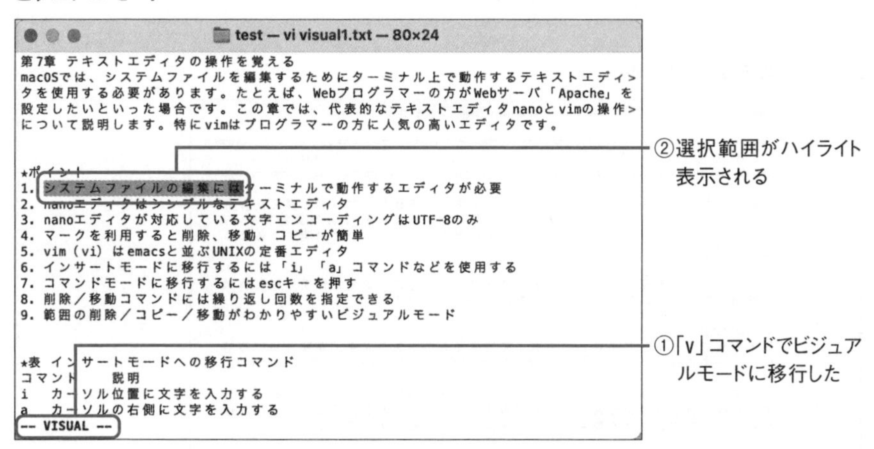


### ●ビジュアルモードのコマンドを覚えよう

次の表に、ビジュアルモードで便利なコマンドをまとめておきます。

**ビジュアルモードのコマンド**

| コマンド | 説明 |
|---|---|
| d | 選択範囲を削除する |
| p | バッファの内容をカーソル位置に挿入する |
| y | 選択範囲をバッファに格納する |
| u | 選択範囲をすべて小文字にする |
| U | 選択範囲をすべて大文字にする |
| J | 選択範囲を1行にまとめる |

たとえば「**d**」コマンドを実行すると選択範囲が削除されます。このとき、削除された範囲はバッファに格納されているので、カーソルを移動し「**p**」コマンドを実行しバッファの内容を挿入することで、範囲を移動できます。

COLUMN

## vimのチュートリアル

picoと比べると、やはりvimは機能が豊富な分、慣れるまで時間がかかります。ここまでの説明で概要がつかめたら30分ほどのチュートリアルをやってみると理解が深まるでしょう。日本語のチュートリアルは「**vimtutor** return」で起動できます。

**vimのチュートリアル**

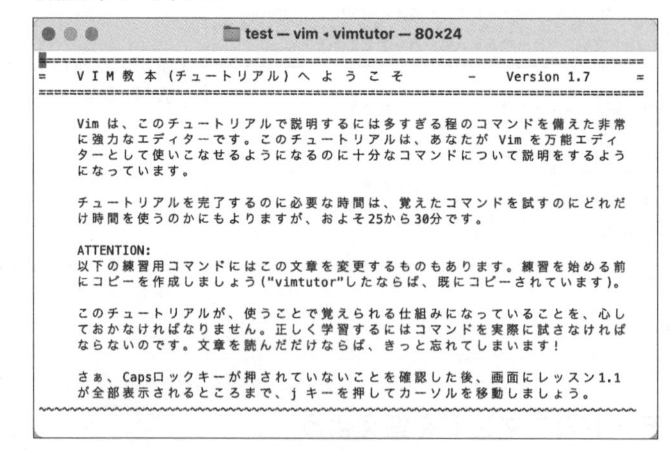

# 第2部

# シェルの環境設定とシステム管理

# 第8章

# シェルの環境を整える

この章では、まず、コマンド置換やエイリアスといった、コマンドラインをより便利に使うための機能について説明します。次に、環境設定ファイルを使用してシェルを自分好みにカスタマイズする方法について説明します。

ポイントはこれ！

- コマンドの実行結果を文字列にするコマンド置換「$(コマンド)」
- エイリアスを使うと引数を含めてコマンドを別の名前で定義できる
- 「環境変数」はシェルの環境を設定するためのシェル変数
- コマンド検索パスを設定する環境変数PATH
- ロケールを設定する環境変数LANG
- zshのユーザごとの環境設定ファイルは「~/.zprofile」と「~/.zshrc」

## 8-1 コマンド置換とエイリアスでシェルをより便利に使おう

ワイルドカード、リダイレクション、パイプといったシェル（zsh）の基本機能については、第1部で説明してきました。この節では、**コマンド置換**、**エイリアス**といった少し応用的なテクニックについて説明します。

### 8-1-1 コマンドの実行結果を別のコマンドの引数にするコマンド置換

まず、「**コマンド置換**（Command Substitution）」について説明しましょう。これは、あるコマンドの実行結果を文字列に変換し、別のコマンドの引数全体、もしくはその一部として使用できるようにする機能です。
コマンド置換の書式は次のようになります。

**コマンド置換の書式①**

```
$(コマンド)
```

あるいは、コマンド全体をバッククォーテーション「`」で囲みます（シングルクォーテーション「'」ではないことに注意してください）。

**コマンド置換の書式②**

```
`コマンド`
```

書式②の「**`コマンド`**」はUNIX初期のシェルであるshから引き継いだ書式です。バッククォーテーション「`」はシングルクォーテーション「'」と間違えやすいので、新たに書式①の「**$(コマンド)**」が用意されました。
伝統的なシェルスクリプトでは、互換性を考慮して「**`コマンド`**」の書式が使用されることが多いのですが、自分でコマンドラインやシェルスクリプト内で使用するには「**$(コマンド)**」のほうがわかりやすいでしょう。

## ●コマンド置換を使ってみよう

コマンド置換の例を示しましょう。たとえば、自分のユーザ名を表示するシンプルなコマンドに「**whoami**」があります。

コマンド　**whoami**
説　明　**自分のユーザ名を表示する**

書　式　**whoami**

```
% whoami return
o2          ← ユーザ名が表示される
```

このwhoamiコマンドとechoコマンドを使用して、「**私は〜です**」と表示したいとしましょう。ただし、次のようにしてもうまくいきません。

```
% echo "私はwhoamiです" return
私はwhoamiです ←whoamiがそのまま表示される
```

「whoami」が単なる文字列として処理されてしまったからです。コマンド置換「**$(whoami)**」を使用して次のようにすれば目的の結果が得られます。

```
% echo "私は$(whoami)です" return
私はo2です
```

### シングルクォーテーション「'」ではコマンド置換は展開されない

注意点として、echoコマンドの引数を囲っているダブルクォーテーション「"」は、シングルクォーテーション「'」にすることはできません。シングルクォーテーション「'」のほうが強いクォーティングなので、次のように「$(コマンド)」がコマンド置換されずに文字列そのものとして処理されてしまうからです。

```
% echo '私は$(whoami)です' return
私は$(whoami)です ←コマンド置換が展開されない
```

## ●計算結果を文字列にするには

コマンド置換の仲間に「**算術式展開**」があります。次の書式を使用すると、数値の四則演算の結果を文字列として扱えます。

**計算結果を置換**

```
$((計算式))
```

たとえば、令和の年に2018を足すと西暦の年になります。次に令和4年を西暦で表示する例を示します。

```
% echo "今年は西暦$((4 + 2018))年" return
今年は西暦2022年
```

なお、bashの場合には整数同士の演算のみがサポートされていますが、zshでは小数の演算も行えます。

**小数の計算をzshで実行**

```
% echo $((4.5 * 3.6)) return
16.199999999999999
```

**小数の計算をbashで実行（エラーになる）**

```
$ echo $((4.5 * 3.6)) return
bash: 4.5 * 3.6: syntax error: invalid arithmetic operator
(error token is ".5 * 3.6")
```

## 8-1-2　コマンドに別名を付けるエイリアス

UNIX系OSでは、コマンドにオプションや引数を含めた別名を設定したものを「**エイリアス**」と呼びます。名前の長いコマンドを頻繁に使用する場合にはエイリアスを設定しておくと便利でしょう。エイリアスは**alias**コマンドで設定します。

コマンド　**alias**

説　明　**コマンドに別名を付ける**

書　式　**alias** 別名=コマンド

たとえば、cpコマンドの別名として「**copy**」を設定したい場合には、次のようにします。

```
% alias copy=cp return
```

これで、cpの代わりにcopyでもファイルのコピーが実行されるようになります。

```
% copy new.txt ~/Documents/ return
```

### ●引数やオプションを含めてエイリアスを設定する

コマンドのオプションや引数を含めてエイリアスを定義することもできます。それには、全体をシングルクォーテーション「'」(もしくはダブルクォーテーション「"」）で括ってクォーティングします。

たとえば、カレントディレクトリ以下でこの5日間に変更されたファイルを「ls -l」コマンドで表示するには、findコマンドの「**-exec**」オプションを使用して次のようにします。

```
% find . -mtime -5 -type f -exec ls -l {} \; return
-rw-r--r--@ 1 o2  staff  2213  7 25 00:33 ./index.txt
-rw-r--r--  1 o2  staff  2246  7 24 00:31 ./new.txt
～略～
```

このコマンドを頻繁に実行する場合は、次のようなエイリアス「**find5day**」として設定しておくと便利です。

```
% alias find5day="find . -mtime -5 -type f -exec ls -l␣➡
{} \;" return                                  半角スペースを入れて
                                               改行せずに続けて入力
```

以上で、次のように実行できます。

```
% find5day return
-rw-r--r--@ 1 o2  staff  2213  7 25 00:33 ./index.txt
-rw-r--r--  1 o2  staff  2246  7 24 00:31 ./new.txt
～略～
```

## ●既存のコマンドを同じ名前で再定義する

エイリアスでは既存のコマンドを同じ名前で再定義することもできます。たとえば、**rm**コマンドは「**-i**」オプションを指定すると、削除するかどうかをその都度確認します。これを「-i」オプションを付けなくても削除時に確認されるようにしたければ、rmコマンドを「-i」オプションを付けて再定義します。

```
% alias rm='rm -i' return
```

こうしておけば、rmコマンド実行時に削除していいかを必ず聞いてくるようになります。

```
% rm index.txt return
remove index.txt? n  ←「y」で削除、「n」で削除しない
```

### ●エイリアスを確認する

現在設定されているエイリアスの一覧を確認するには、aliasコマンドを引数なしで実行します。

```
% alias return
alias copy='cp'
alias find5day='find . -mtime -5 -type f -exec ls -l {} \ ;'
alias rm='rm -i'
```

なお、特定のエイリアスの定義を確認するにはエイリアス名を引数にaliasコマンドを実行します。

```
% alias find5day return
find5day='find . -mtime -5 -type f -exec ls -l {} \;'
```

### ●エイリアスを削除する

エイリアスの定義を削除するには**unalias**コマンドを実行します。

コマンド **unalias**
説　明 **エイリアスを削除する**

---

書　式 **unalias** エイリアス名

たとえば、前述のエイリアス「copy」を削除するには、次のようにします。

```
% unalias copy return
```

MEMO

**エイリアスの定義を残す**

**エイリアスの定義はシェルを終了するとクリアされます。ログイン時にエイリアスを設定したい場合には、後ほど説明する~/.zshrcファイル（P.232「ユーザごとの環境設定ファイルの例（~/.zshrc）」）などのシェルの環境設定ファイルに登録しておく必要があります。**

# 8-2 シェル変数を使ってみよう

プログラミングをかじったことのある方は、値を格納して名前でアクセスできるようにした「**変数**」をご存じでしょう。実は、シェルはコマンドインタプリタであると同時にプログラミング言語でもあるので、変数が使用できます。シェルで使用する変数のことを「**シェル変数**」と呼びます。

## 8-2-1 シェル変数の基本的な使い方

変数というとプログラムで使うものというイメージがあるかもしれませんが、シェル変数はシェルの動作環境を設定するためにも使われます。まずは基本的な使い方をマスターしましょう。

### ●シェル変数に値を代入する

変数に値を格納することを「**代入する**」と言います。シェル変数に値を代入するには次のようにします。

**シェル変数に値を設定**

```
変数名=値
```

値にスペースなどの特殊文字が含まれる場合にはクォーティングする必要があります。たとえば「myName」という変数に「Taro Yamada」という文字列を代入するには次のようにします。

```
% myName="Taro Yamada" return
```

MEMO

**「=」の前後にはスペースを入れない**

**「=」の前後にスペースは入れることはできません。なぜなら、スペースはコマンドと引数の区切りとみなされるからです。**

### ●シェル変数の値を取り出す

値を取り出すには、変数名の先頭に「**$**」記号を付けます。次の例は、変数myName

の値をechoコマンドで表示しています。

```
% echo $myName [return]
Taro Yamada
```

なお、ファイル名と同じように、変数名に対しても[tab]による補完が働きます。

```
% echo $my [tab]
```

⬇

```
% echo $myName
```

## ●シェル変数に長いパスを代入しておく

たとえば、よく使う深いディレクトリのパスをシェル変数に入れておくと、簡単にそのディレクトリに移動できるので便利です。

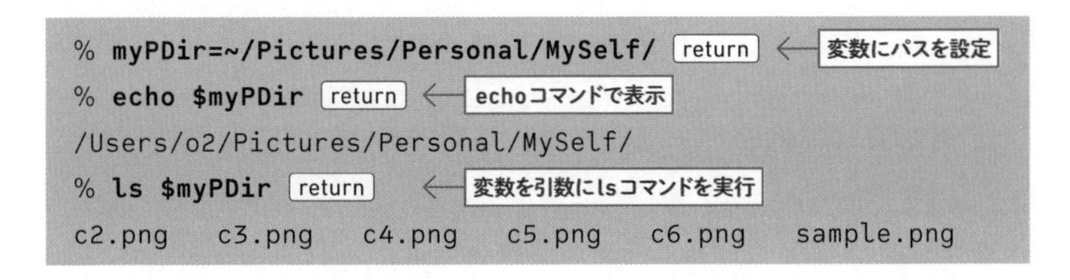

```
% myPDir=~/Pictures/Personal/MySelf/ [return]
% echo $myPDir [return]
/Users/o2/Pictures/Personal/MySelf/
% ls $myPDir [return]
c2.png   c3.png   c4.png   c5.png   c6.png   sample.png
```



シェル変数はエイリアスと同じようにログアウトすると消えてしまいます。日常的に使いたい変数は、これもエイリアスと同じく後述する環境設定ファイルに記述しておくとよいでしょう。

## ●変数の定義を削除する

変数の定義を削除するには**unset**コマンドを使用します。

コマンド **unset**
説　明 **変数を削除する**

書　式 **unset** 変数名

この場合、変数名の先頭に$を付けてはいけません。また、クリアされた変数をechoコマンドで表示してもエラーにはならず、何も表示されないだけです。

```
% osname="mac"
% unset osname return        ← 先頭に「$」を付けないことに注意
% echo $osname return
        ← 値がクリアされたため何も表示されない
```

## ●いろいろな組み込みシェル変数

特定のシェル変数は、シェルの動作を設定したり、現在の設定を確認したりするために使用されます。それらの変数を「**組み込みシェル変数**」と呼びます。デフォルトでさまざまなシェル変数が設定されています。

現在どのような組み込みシェル変数、およびユーザ定義のシェル変数が設定されているかを調べるには、**set**コマンドを引数なしで実行します（表示は環境によって異なります）。

たとえば、シェル変数**PWD**にはカレントディレクトリが入れられています。PWDの値はカレントディレクトリを移動すると自動的に変更されます。

```
% cd ~ return        ← ホームディレクトリ「~」に移動
% echo $PWD return
/Users/o2
% cd / return        ← /ディレクトリに移動
% echo $PWD return
/
```

## ●シェル変数はクォーティングの強さに注意

変数のクォーティングには、**ダブルクォーテーション**「"」と、**シングルクォーテーション**「'」の2種類がありますが、両者には特殊文字の働きを打ち消す強さに相違があります。ダブルクォーテーション「"」の場合には、内部の変数は文字列に展開されますが、シングルクォーテーション「'」の場合には展開されません。

```
% OS="Darwin" return          ← 変数OSに値を代入
% echo "$OS はUNIX" return     ← ダブルクォーテーション「"」で囲んだ
Darwin はUNIX                 ← 変数が展開される
% echo '$OS はUNIX' return     ← シングルクォーテーション「'」で囲んだ
$OS はUNIX                    ← 変数が展開されない
```

### ●変数名を「${ }」で囲って明確にする

注意点として、変数名の区切りはスペースやカンマ「,」などの記号、あるいは日本語と半角英字の境界などで判断されます。変数「$OS」と文字列「UNIX」をそのまま接続して、echoコマンドの引数にしても何も表示されません。

このような結果になるのは、どこまで変数名なのかが判断できないためです。変数名部分を明確にしたければ「{」と「}」で括ります。

```
% echo "${OS}UNIX" return
DarwinUNIX
```

## 8-3　シェル環境を設定する環境変数

シェル変数の中で、シェルの動作環境にかかわる変数を「**環境変数**」と呼びます。環境変数は通常のシェル変数と区別するために、多くの場合すべて英大文字の変数名になっています。たとえば、組み込みシェル変数として紹介した「**PWD**」は環境変数です。

### 8-3-1　環境変数の基本的な使い方

環境変数の基本的な使い方について説明しましょう。

### ●環境変数の一覧を表示する

現在設定されている環境変数の一覧を表示するには、**printenv**コマンドを使用します。

コマンド **printenv**
説　明 **環境変数の一覧を表示する**

書　式 **printenv** [変数名]

変数名を指定しないで実行した場合には、すべての環境変数が表示されます。

```
% printenv return
TERM_PROGRAM=Apple_Terminal
SHELL=/bin/zsh
TERM=xterm-256color
PWD=/
SHLVL=1
HOME=/Users/o2
LOGNAME=o2
```

表示結果の一部を掲載

printenvコマンドを実行するとわかるように、あらかじめ多くの環境変数が設定されています。

### ●環境変数を設定する

オリジナルの環境変数を設定するには、シェル変数に値を設定した上で**export**コマンドを実行します。

コマンド **export**
説　明 **環境変数を設定する**

書　式 **export** 変数名

このことを、「シェル変数を**エクスポートする**」などといいます。例として、環境変数MYENVに値を設定するには、次のようにします。

```
% MYENV="Hello" return     ← ① シェル変数を定義
% export MYENV return      ← ② 環境変数にする
```

```
% echo $MYENV return  ← 環境変数の値を表示
Hello
```

なお、変数の定義と環境変数の設定を同時に行うには次の書式を使います。

**環境変数の定義**

```
export 変数名=文字列
```

したがって、前述の①②は次のように1行で記述できます。

```
% export MYENV="Hello" return
```

環境変数をクリアするには、通常のシェル変数をクリアする場合と同じく**unset**コマンドを使用します。

```
% unset MYENV return
```

## ●通常のシェル変数と環境変数の相違を理解しよう

実行中のプログラムのことを「**プロセス**」といいます。通常のシェル変数と環境変数の相違は、現在のプロセスから起動した、別のプロセスに変数が引き継がれるかどうかです。シェル変数は引き継がれませんが、環境変数は引き継がれます。

あるプロセスから起動したプロセスのことを「**子プロセス**」といいます。現在のシェルから、別のシェルを子プロセスとして起動してみることで、シェル変数と環境変数の相違を確かめることができます。次の例ではzshを新たなシェルとして起動しています。

**通常のシェル変数の場合**

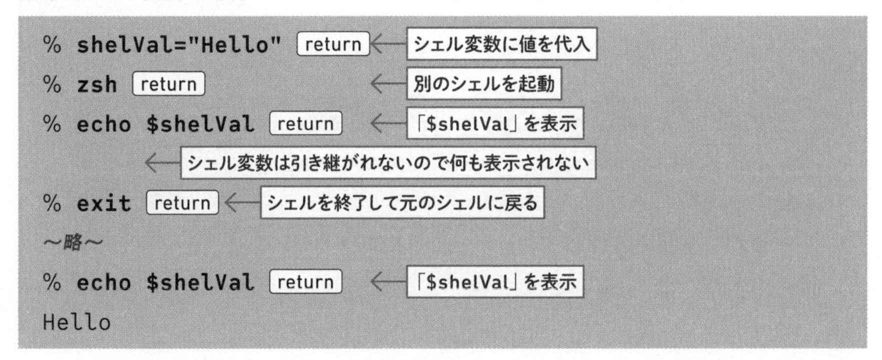

**環境変数の場合**

```
% export ENVVAL="Hello" return ← 環境変数ENVVALに値を代入
% zsh return ← 別のシェルを起動
% echo $ENVVAL return ← 「$ENVVAL」を表示
Hello return ← 環境変数は引き継がれる
% exit return ← シェルを終了して元のシェルに戻る
～略～
% echo $ENVVAL return ← 「$ENVVAL」を表示
Hello
```

環境変数は子から孫、ひ孫といったように次々に引き継がれていきます。上記の例で、子プロセスとして起動したzshから、さらにzshを起動した場合にも環境変数「ENVVAL」は引き継がれます。

COLUMN

## zshのモディファイアを変数に使用する

ファイルのパスからファイル名部分を取り出したり、大文字に変換したりする場合に使用するzshの**モディファイア**は変数にも使用できます。この場合、次の形式で使用します（モディファイアはP.086「COLUMN zshのモディファイアについて」参照）。

```
${変数名:モディファイア}
```

次にモディファイアの使用例を示します。

```
% sample="sample.txt" return ← 変数sampleに文字列を代入
% echo ${sample:u} return ← 大文字にする
SAMPLE.TXT
% echo ${sample:r} return ← 拡張子を取り除く
sample
```

なお、絶対パスにするモディファイア「:a」を指定した場合、カレントディレクトリ（次の例では「/Users/o2」）が前に加えられます。

```
% echo ${sample:a} return ←絶対パスにする
/Users/o2/sample.txt
```

## 8-3-2 環境変数LANGとPATHについて

環境変数の概要が理解できたところで、最も重要な環境変数である**LANG**と**PATH**について説明しておきましょう。

### ●ロケールを設定する環境変数LANG

環境変数**LANG**は、国際化に対応したプログラムが参照する「**ロケール**」という値を設定します。ロケールとは、言語名、地域名、文字コード名を示す値です。macOSやLinuxなど多くのUNIX系OSでは、日本語環境のデフォルトのロケールは「**ja_JP.UTF-8**」になります。

デフォルトではターミナルを起動すると自動的に環境変数が設定されます（P.221「COLUMN ターミナル起動時の環境変数LANGの設定」参照）。

```
% echo $LANG return
ja_JP.UTF-8      ←現在のロケールは「ja_JP.UTF-8」
```

ロケールが「ja_JP.UTF-8」の場合、たとえば、dateコマンドでは曜日が日本語で表示されるようになります。

```
% date return ←「ja_JP.UTF-8」ロケールでdateコマンドを実行
2022年 1月24日 月曜日 17時23分43秒 JST
```

また、英語環境用のデフォルトのロケールは「**C**」です。環境変数LANGの値をCロケールに設定すると、dateコマンドの実行結果が英語表記になります。

```
% export LANG=C return    ←環境変数LANGをCロケールに設定
% date return    ←Cロケールでdateコマンドを実行
Mon Jan 24 17:23:58 JST 2022
```

フランス語圏のロケール「**fr_FR.UTF-8**」に設定すると次のようになります。

```
% export LANG=fr_FR.UTF-8
% date return    ←「fr_FR.UTF-8」ロケールでdateコマンドを実行
Lun 24 jan 2022 17:24:14 JST
```

これらの例では、環境変数LANGは、シェルから子プロセスであるdateコマンドに引き継がれたわけです。なお、すでにexportコマンドを実行した環境変数の値を変更する場合には、あらためてexportを使用せずに、単に値を代入するだけでもかまいません。

たとえば、環境変数LANGがエクスポート済みの場合、次の二つは同じです。

```
% export LANG=C
```

|| 同じ

```
% LANG=C
```

## ●コマンドを実行するときだけ環境変数を変更する

あるコマンドを実行するときだけ、環境変数を一時的に変更することも可能です。それには、次のように書式を使用してコマンドの前に環境変数をセットします。

```
変数名=値 コマンド
```

たとえば、一時的に環境変数LANGをドイツ語圏の「de_DE.UTF-8」にしてdateコマンドを実行するには次のようにします。

```
% echo $LANG return
ja_JP.UTF-8    ←現在の環境変数LANGは「ja_JP.UTF-8」
```

```
% LANG=de_DE.UTF-8 date [return]    ← LANGをドイツ語圏にしてdateを実行
Mo 24 Jan 2022 17:31:20 JST
% echo $LANG [return]
ja_JP.UTF-8    ← 環境変数LANGは「ja_JP.UTF-8」のまま
```

なお、環境変数LANGで設定可能なロケールの一覧は「**locale -a**」で確認できます。

```
% locale -a [return]
en_NZ
nl_NL.UTF-8
pt_BR.UTF-8
fr_CH.ISO8859-15
eu_ES.ISO8859-15
en_US.US-ASCII
af_ZA
bg_BG
～略～
```

COLUMN

## ターミナル起動時の環境変数LANGの設定

macOSでは、ターミナルのウィンドウを開いた時点の環境変数LANGを、プロファイルごとに設定できます。まず、ターミナルの「環境設定」ダイアログボックスの「**プロファイル**」パネルでプロファイルを選択します。さらに「詳細」の「テキストエンコーディング」でロケールを選択して、「**起動時にロケール環境変数を設定**」をチェックします（次ページの画面）。

**環境変数LANGの設定**

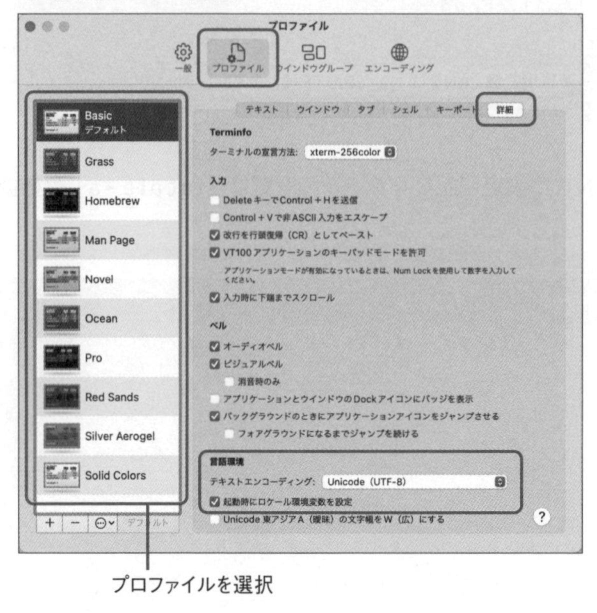


## 8-3-3　コマンド検索パスを格納する環境変数PATH

環境変数**PATH**はコマンドの保存先のディレクトリを設定する変数です。たとえば、日時を表示する**date**コマンドは、実際には「/bin/date」として保存されているファイルです。次のように絶対パスで指定しても実行できます。

```
% /bin/date return
2022年 1月24日 月曜日 22時39分47秒 JST
```

それでは、なぜ「date return」のようにコマンド名だけで実行できるのでしょうか？　それは、環境変数PATHに、コマンドの保存されているディレクトリがコロン「:」で区切られて格納されているからです。これらのディレクトリのことを「**コマンド検索パス**」と呼びます。コマンド検索パスに入っているコマンドはコマンド名だけで実行できます。

```
% echo $PATH return
/usr/local/bin:/usr/bin:/bin:/usr/sbin:/sbin
```

コマンド検索パスのリスト（結果は環境によって異なる）

環境変数PATHには自由にディレクトリを追加できます。このことを「パスを通す」などといいます。たとえば、自分で作成したコマンドを**~/bin**ディレクトリに置いている場合には、~/binをコマンド検索パスに加えることで、コマンド名だけで実行できるようになります。

その場合、次のように「=」の右辺には「~/bin」に続いて「**:$PATH**」を指定します。

```
% PATH=~/bin:$PATH return ←①
% export PATH return
```

注意点として、「PATH=~/bin return」のように環境変数PATHに直接代入しないようにしてください。デフォルトのパスが上書きされてしまい、あらかじめ用意されているコマンドに、アクセスできなくなってしまいます。

なお、コマンド検索パスに複数のディレクトリが格納されている場合は、最初のほうのディレクトリが優先されます。前記①の指定方法だと、~/binがコマンド検索パスの先頭に格納されるので、~/binと、/usr/binに同じ名前のコマンドがある場合、~/binのコマンドが優先されます。

ちなみに、次のようにPATHを設定すれば、/usr/binのほうが優先されます。

```
% PATH=$PATH:~/bin return
```

COLUMN

## zshの環境変数PATHは配列として扱える

ひとつの変数名で複数の要素を扱えるデータ構造に「**配列**」があります。zshでは、配列に要素を代入するには次のように全体を「( )」で囲み、要素をスペースで区切って並べます。

```
% a1=(red green blue) return
% echo $a1 return
red green blue
```

個別の要素にアクセスするには「**${変数名[添字]}**」とします。このときzshの場合の添字は「1」から始まります（bashの場合には「0」から）。

**配列a1のイメージ**

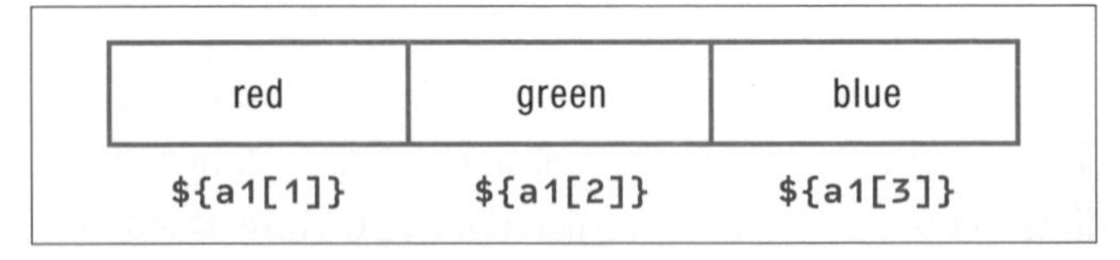


```
% echo ${a1[1]} return
red
% echo ${a1[2]} return
green
```

zshでは、環境変数PATHと同期している配列変数に「**path**」があります。

```
% echo $path return
/usr/local/bin /usr/bin /bin /usr/sbin /sbin /opt/
X11/bin /Library/Apple/usr/bin
```

環境変数PATHにパスを追加するには、次のように配列pathを使用しても同じです。

```
% path=(~/bin $path) return ←配列pathの要素に~/binを追加
% echo $path return
/Users/taro/bin /usr/local/bin /usr/bin /bin /usr/
sbin /sbin /opt/X11/bin /Library/Apple/usr/bin
% echo $PATH return
/Users/taro/bin:/usr/local/bin:/usr/bin:/bin:/usr/
sbin:/sbin:/opt/X11/bin:/Library/Apple/usr/bin
```

# 8-4 シェルのオプションと関数の読み込みについて

シェルには、ある機能をオン／オフできる**オプション**が多数用意されています。また、zshでは**compinit**関数を読み込むことで補完機能を拡張できます。

## 8-4-1 オプションを切り替える setoptコマンドとunsetoptコマンド

現在の各オプションの状態は「**set -o**」を実行すると確認できます。

```
% set -o return
noaliases             off
aliasfuncdef          off
allexport             off
noalwayslastprompt    off
～以下略～
```

オプションは**setopt**コマンドと**unsetopt**コマンドでオン／オフを切り替えられます。

コマンド **setopt**
説　明 **オプションをオンにする**

書　式 **setopt オプション**

コマンド **unsetopt**
説　明 **オプションをオフにする**

書　式 **unsetopt オプション**

> MEMO
> **set -o オプション／set +o オプション**
>
> **bashの場合、オプションは「set -o オプション」でオン、「set +o オプション」でオフにします（逆ではないことに注意してください）。これはzshでも有効です。**

### ●リダイレクトによる上書きを許可しないnoclobberオプション

**noclobber**は標準出力のリダイレクトによる上書きを禁止するオプションです。デフォルトでは既存のファイルにリダイレクトすると警告なしに上書きされてしまいます。

```
% ls -l sample.txt return
-rw-r--r--@ 1 o2  staff  428  1 25 21:58 sample.txt
% echo "hello" > sample.txt return      ←既存のファイルに上書きされる
```

それに対してnoclobberをオンにしておくと上書きしようとするとエラーになります。

```
% setopt noclobber return      ←noclobberをオンにする
% echo "hello" > sample.txt return
zsh: file exists: sample.txt      ←既存のファイルに上書きできない
```

再び上書きを許可したければunsetoptコマンドを実行します。

```
% unsetopt noclobber [return]
```

MEMO
**noclobberオンでも「>!」で強制的に上書き**

**noclobberがオンの状態でもリダイレクションに「>」の代わりに「>!」を使用することにより上書きできます。**

```
% echo "hello" >! sample.txt [return]
```

### ●cdなしでディレクトリを移動する

**auto_cd**オプションをオンにしておくと、ディレクトリのパスをタイプして[return]を押すだけでそのディレクトリに移動できます。

```
% setopt auto_cd [return]
% Documents [return]        ← Documentsディレクトリに移動
```

### ●コマンドのタイプミス時に候補を設定する

**correct**オプションをオンにすると、コマンドをスペルミスした場合に候補を表示してくれます。

```
% setopt correct [return]
% mdfnd "zsh" [return]      ←「mdfind」を「mdfnd」とタイプミス
zsh: correct 'mdfnd' to 'mdfind' [nyae]?
```

「n」でそのまま実行、「y」で候補を採用して実行、「a」で中止（abort）、「e」で編集できます。

## 8-4-2　zshの補完機能を拡張する

P.079「3-2-3 [tab]でファイル名を補完する」では、ファイル名やコマンド名の基本的な補完機能を使用しました。一般的にひとまとまりの処理をまとめて名前で呼び出せるようにしたものを「関数」と言います。zshでは**compinit**関数を読み込むことより、さらに便利な補完機能を利用できるようになります。

## ●関数を読み込むautoloadコマンド

zshでは、用意された関数を読み込むには**autoload**コマンドを使用します。

コマンド **autoload**
説　明 **関数を自動読み込みする**

書　式 **autoload** [オプション] 関数名

zshにはファイル名やコマンド名の補完機能を拡張する**compinit**関数が用意されていますが、これを読み込むには次のようにします。

```
% autoload -Uz compinit return
```

オプションとしては関数の内部でエイリアスが展開されないようにする「**-U**」を指定しています。もしユーザが定義したエイリアスがある場合、それが関数内で展開されて意図しない動作になるのを防ぐためです。もうひとつのオプションとしては、関数をzsh形式で読み込む「**-z**」を指定しています。

続いて、読み込んだcompinit関数を実行します。

```
% compinit return
```

MEMO

### 環境変数FPATH

**autoloadコマンドで検索する関数は、環境変数FPATHで設定されているディレクトリに保存されています。**

```
% echo $FPATH return
/usr/local/share/zsh/site-functions:/usr/share/zsh/
site-functions:/usr/share/zsh/5.8/functions
```

## ●拡張された補完機能を使ってみよう

以上でデフォルトの補完機能に加えて、さまざまな補完機能が利用できます。たとえば、コマンドによっては tab によってオプションの補完が可能になります。

```
% mdfind - [tab] ←― オプションの一覧が表示される
-0            -- separate result paths by NUL
-count        -- display count of results instead of paths
-interpret    -- interpret query as if entered in Spotlight
search field
-literal      -- interpret query as literal query string
-live         -- provide live updates to query results
-name         -- search for files with names matching
specified string
-onlyin       -- limit search to specified directory
-reprint      -- reprint -live results on update
-s            -- show contents of specified smart folder
% mdfind -n [tab]
% mdfind -name ←― オプションが補完される
```

また、ファイル名やディレクトリ名の補完もより便利になります。深いディレクトリも各ディレクトリの最初の数文字をタイプして[tab]を押すだけで補完できます。

たとえば/usr/binディレクトリの一覧を表示したければ次のようにします。

# 8-5 環境設定ファイルで シェルの環境をカスタマイズする

環境変数やエイリアスなどの設定は、ターミナル内でのみ有効です。ターミナルをログアウトするとクリアされてしまいます。こうした設定を常時有効にしておきたい場合は、シェルが起動時に読み込む「**環境設定ファイル**」と呼ばれるファイルに記述しておくとよいでしょう。

## 8-5-1 zshの環境設定ファイル

zshの場合、環境設定ファイルは複数あり、その読み込み順は少々複雑です。ログイン時に起動するシェルを「**ログインシェル**」といいますが、シェルがログインシェルとして起動された場合と、別のシェルから起動された場合、さらにシェルスクリプト（P.255「第10章 シェルスクリプトを作成する」参照）として起動された場合では、読み込まれるファイルは異なります。

環境設定ファイルは、すべてのユーザ用に/etcディレクトリに保存されるグローバルの設定ファイルと、ユーザのホームディレクトリ以下に保存されるユーザ専用のものがあります。ユーザ用の設定ファイルはファイル名の先頭に「.」が付いた隠しファイルになっています。

**zsh設定ファイル（上から順に読み込まれる）**

| グローバルの設定ファイル |
|---|
| /etc/zshenv |
| /etc/zprofile |
| /etc/zshrc |
| /etc/zlogin |

| ユーザ用の設定ファイル |
|---|
| ~/.zshenv |
| ~/.zprofile |
| ~/.zshrc |
| ~/.zlogin |

グローバルの設定ファイルとユーザ用の設定ファイルの両方が存在する場合には、グローバルの設定ファイル、ユーザ用の設定ファイルの順に読み込まれます。

以下に、これらの設定ファイルがシェルの起動のされ方によってどのような順で読み込まれるかを示します。

### ●ログインシェル

ログインシェルの場合には、すべての設定ファイルが上から順に読み込まれます(存在しないファイルは読み込まれません)。

① /etc/zshenv
② ~/.zshenv
③ /etc/zprofile
④ ~/.zprofile
⑤ /etc/zshrc
⑥ ~/.zshrc
⑦ /etc/zlogin
⑧ ~/.zlogin

### ●zshコマンドで起動したシェル

zshがコマンドラインで起動されたような場合には、zshenvとzshrcのみが読み込まれます。

① /etc/zshenv
② ~/.zshenv
③ /etc/zshrc
④ ~/.zshrc

### ●シェルスクリプト

シェルスクリプトの場合にはzshenvのみが読み込まれます。

① /etc/zshenv
② ~/.zshenv

macOSの場合、グローバルの設定ファイルとしては**/etc/zprofile**と**/etc/zshrc**が用意されています。さらにAppleのターミナル用の設定ファイルが**/etc/zshrc_Apple_Terminal**として用意され、/etc/zshrcから読み込まれるようになっています。

なお、ユーザごとの設定ファイルは初期状態では存在しないため、必要に応じて自分で作成する必要があります。

## 8-5-2 環境設定ファイルの例

それでは実際にユーザごとの環境設定ファイルの例を示しましょう。ユーザごとの設定ファイルは4種類ありますが、基本的にログイン時に設定したい環境変数は**~/.zprofile**に、それ以外の設定は**~/.zshrc**に記述するとよいでしょう。

### ●ユーザごとの環境設定ファイルの例（~/.zprofile）

次に、**~/.zprofile**の設定例を示します。

**~/.zprofileの例**

```
export PATH=~/bin:$PATH ←①
export LANG=ja_JP.UTF-8 ←②
```

①では環境変数**PATH**に「~/bin」を追加しています。これはzshの配列変数path

を使用して次のようにしても同じです。

```
export path=(~/bin $path)
```

②では環境変数**LANG**を「**ja_JP.UTF-8**」に設定しています。環境変数LANGはターミナルの環境設定ダイアログの「設定」→「詳細」→「起動時にロケール環境変数を設定」をチェックしておけば自動設定されます。ただし、それだけでは、**su**コマンド（P.294「12-1-3 suコマンドでほかのユーザに移行する」参照）で一時的に他のユーザに移行したり、**SSH**（P.391「第18章 SSHでセキュアな通信を実現」参照）でリモートログインしたりする場合など、設定されないケースがあるためここでは明示的に設定します。

なお、~/.zprofileは、zshをコマンドラインで起動した場合には読み込まれません。ただし、環境変数は子プロセスにも引き継がれるので、zshをコマンドラインで起動した場合もここでの環境変数の設定は有効になります。

MEMO

**~/.zshenv**

**ネットで検索すると、環境変数の設定を~/.zshenvに記述する例もしばしば見受けられます。ただし、前ページ「~/.zprofileの例」①の「export PATH=~/bin:$PATH」のように環境変数PATHにディレクトリを付け加えているようなケースでは、zshがコマンドラインで起動されると環境変数PATHに同じディレクトリが重複して登録されてしまいます。**

### ●ユーザごとの環境設定ファイルの例（~/.zshrc）

次に環境設定ファイル「**~/.zshrc**」の設定例を示します（環境設定ファイルやシェルスクリプトでは「#」以降行末までがコメントになります）。

**~/.zshrcの例**

```
# エイリアス
alias ls='ls -F'   ←①
alias mv='mv -i'  ┐
alias rm='rm -i'  ├←②
alias cp='cp -i'  ┘
```

```
# 端末ロックを無効にする
stty -ixon          ←③

# 拡張補完機能を有効にする
autoload -Uz compinit ┐
compinit              ┘←④

# 上書き禁止
setopt noclobber    ←⑤

# コマンドのスペルミスの候補を表示
setopt correct      ←⑥

# cdなしでディレクトリを移動
setopt auto_cd      ←⑦
```

### エイリアスの設定

①はlsコマンドに、ディレクトリの場合には「/」、シンボリックリンクの場合には「@」を付けて表示する「-F」オプションを付けて再定義しています。

②はmvコマンド、rmコマンド、cpコマンドを「-i」オプションを付けて再定義しています。こうしておくと、削除や上書きが必要な場合に確認のメッセージを表示するようになります。

### 端末ロックを無効に

③ではsttyコマンドによって端末ロックを無効にしています。これでコマンド履歴を逆方向に検索できるようになります（P.089「COLUMN control + S でコマンド履歴を逆方向に検索するには」参照）。

### zshの補完機能を拡張する

④では**compinit**関数を読み込んで、拡張補完機能を有効にしています。

### オプションの設定

⑤⑥⑦では出力リダイレクションの上書きを禁止する**noclobber**オプション、コマンドをスペルミスした場合に修正候補を表示する**correct**オプション、**cd**な

しでディレクトリ名だけで移動する**auto_cd**オプションを設定しています。

### ●環境設定ファイルの動作を確かめるには

環境変数の動作確認はログインし直す方法でできますが、設定を誤るとログインできなくなる可能性があります。そのため通常は**source**コマンドを使用します。

コマンド **source**

説　明 **現在のシェル環境で環境設定ファイルやシェルスクリプトを実行する**

書　式 **source** ファイルのパス

sourceコマンドは、引数で指定した環境設定ファイルを現在のシェル環境で読み込んで実行するコマンドです。したがって、引数で指定した設定ファイルの内容が現在のシェルに反映されます。

```
% source ~/.zshrc return
% alias return ← aliasコマンドでエイリアスが設定されたかを確認
cp='cp -i'
ls='ls -F'
～略～
```

MEMO

**zshコマンドで環境設定ファイルを実行する場合の注意点**

**sourceコマンドの代わりに、zshコマンドを、環境設定ファイルを引数にして実行した場合には、環境設定ファイルの設定は現在のシェルに反映されないので注意してください。**

```
% zsh ~/.zshrc return
```

## 8-5-3　bashの環境設定ファイル

最後に、bashユーザのために、bashの環境設定ファイルの概要を説明しましょう。

### ●bashの環境設定ファイルの概要

bashの場合、環境設定ファイルは複数あり、その読み込み順は少々複雑です。

またzshと同じように、シェルがログインシェルとして起動された場合と、別のシェルから起動された場合とでは、読み込まれるファイルが異なります。ユーザ独自の設定は、基本的に次のようなルールで設定を振り分けるとよいでしょう。

**bashの環境設定ファイルの使い分け**

| 環境設定ファイル | 説明 |
|---|---|
| ~/.bash_profile | 環境変数などログイン時に設定したい環境を設定する |
| ~/.bashrc | ログインシェル以外でシェルを起動したときに読み込まれるファイル。エイリアスなど、ログイン時以外の環境を設定する |

これらのファイルはデフォルトで存在しないため必要に応じて作成します。なお、ログイン時には~/.bashrcは読み込まれません。そのため~/.bashrcでエイリアスなどを設定した場合、~/.bash_profileの中で~/.bashrcを読み込むように設定しておくのが一般的です。

## ●ユーザごとの環境設定ファイルの例（~/.bashrc）

実際に、ユーザごとの環境設定ファイルの例を示しましょう。次は、エイリアスの設定などを記述した**~/.bashrc**の例です。

**~/.bashrcの例**

```
alias ls='ls -F'  ←①
alias mv='mv -i'  ┐
alias rm='rm -i'  ├←②
alias cp='cp -i'  ┘
set -o noclobber  ←③
```

①②については~/.zshrcの例と同じです。①はlsコマンドに、ディレクトリの場合には「/」、シンボリックリンクの場合には「@」を付けて表示する「-F」オプションを付けて再定義しています。

②はmvコマンド、rmコマンド、cpコマンドを「-i」オプションを付けて再定義しています。こうしておくと、削除や上書きが必要な場合に確認のメッセージを表示するようになります。

③はnoclobberオプションをオンにして、出力リダイレクションによる上書きを禁止する設定です。

MEMO

**bashの注意点**

**bashの場合にはsetoptコマンドは使用できません。また、correctオプション、auto_cdオプションは使用できません。**

## ●ユーザごとの環境設定ファイルの例（~/.bash_profile）

次に**~/.bash_profile**の設定例を示します。

**~/.bash_profileの設定例**

```
if [ -f ~/.bashrc ]; then    ┐
    source ~/.bashrc  ←②     │←①
fi                           ┘


export PATH=~/bin:$PATH  ←③
export LANG=ja_JP.UTF-8  ←④
```

①は**if文**という条件判断を行う文です。ここでは「**~/.bashrc**」が存在しているかを判断しています。

「~/.bashrc」が存在していれば、②でsourceコマンドを使用して、「~/.bashrc」の設定を現在のシェル環境に反映させています。

③では環境変数PATHに「~/bin」を追加しています。

④では環境変数LANGを「ja_JP.UTF-8」に設定しています。

COLUMN

## ファイルとして保存されているコマンドとシェルの組み込みコマンド

コマンドには実行可能形式のファイルとして個別に保存されているものと、あらかじめシェルの中に組み込まれているものの2種類があります。コマンドがどちらの形式かは**type**コマンドで調べられます。

コマンド **type**
説　明 **コマンドの種類を表示する**

書　式 **type [オプション] コマンド**

実行可能形式ファイルのコマンドを引数に実行すると保存先のパスが表示されます。

```
% type cal [return]
cal is /usr/bin/cal
```

組み込みコマンドを引数に実行すると「〜 is a shell builtin」と表示されます。

```
% type type [return]
type is a shell builtin
```

なお、pwdなど、コマンドによっては両方の形式が用意されています。その場合「-a」オプションを付けて実行すると両方の形式が表示されます。

```
% type -a pwd [return]
pwd is a shell builtin
pwd is /bin/pwd
```

この場合、組み込みコマンドが優先して実行されます。実行可能形式ファイルのpwdコマンドを実行するには「/bin/pwd」と絶対パスで実行する必要があります。

なお、エイリアスの場合にはその内容が表示されます。

```
% alias copy=cp [return]
% type copy [return]
copy is an alias for cp
```

第9章

# ファイルの安全管理

**この章では、まずスーパーユーザの権限でコマンドを実行するsudoコマンドについて説明します。次に、ファイル／ディレクトリへのアクセスをユーザの種類によって制御するパーミッションとACLsについて説明します。**

ポイントはこれ！

- スーパーユーザの権限でコマンドを実行するsudoコマンド
- 「所有者」「所有グループ」「その他のユーザ」に対して「読み」(r)、「書き」(w)、「実行」(x)の権限を設定可能なパーミッション
- パーミッションを設定するchmodコマンド
- パーミッションは3桁の8進数もしくは数値で設定する
- より細かな許可属性が設定可能なACLs

## 9-1 スーパーユーザ権限で実行するsudoコマンド

UNIXユーザには、**スーパーユーザ**（root）と呼ばれる特権ユーザが存在することはP.020「1-3-3 スーパーユーザと一般ユーザ」で説明しました。システムの設定ファイルの編集、あるいはサーバソフトウェアの起動などの管理作業はスーパーユーザの権限で行う必要があります。スーパーユーザの権限でコマンドを実行するには、「スーパーユーザと一般ユーザ」でも少し説明したように、**sudo**コマンドを使用します。

## 9-1-1 sudoコマンド経由でコマンドを実行する

**sudo**コマンドを実行すると、スーパーユーザの権限（root権限）が必要なコマンドを一般ユーザが実行できます。

コマンド **sudo**
説　明 **スーパーユーザの権限でコマンドを実行する**

書　式 **sudo** コマンド

たとえばWebサーバ「Apache」を起動するには、startを引数に**apachectl**コマンドを実行しますが、スーパーユーザ以外のユーザが実行すると権限がないためエラーとなります。

```
% apachectl start [return]
This operation requires root.
```

これをsudoコマンド経由で実行するには次のようにします。なお、sudoコマンドが実行できるのは「**管理者**」として登録されているユーザのみです。「管理者」とは、「システム環境設定」の「ユーザとグループ」で「このコンピュータの管理を許可」をチェックしたユーザです（P.018「1-3-1 macOSの管理者について」参照）。

実行時には自分のパスワードの入力が必要です。次に、apachectlコマンドをsudoコマンド経由で実行する例を示します。

```
% sudo apachectl start [return]

WARNING: Improper use of the sudo command could lead
to data loss
or the deletion of important system files. Please
double-check your
typing when using sudo. Type "man sudo" for more
information.

To proceed, enter your password, or type Ctrl-C to abort.
Password:■■■■ [return]
```

①（WARNINGメッセージ部分）

自分のパスワードを入力（セキュリティのためタイプした文字は表示されない）

①の部分は最初にsudoコマンドを実行したときにのみ表示されます。

なお、入力したパスワードはデフォルトで5分間記憶されるので、5分以内に再びsudoコマンドを実行するときにはパスワードの入力は不要です。

## 9-1-2 sudoの設定ファイルについて

sudoコマンドは、実際には一時的にほかのユーザの権限でコマンドを実行するコマンドです。ユーザを指定しないとスーパーユーザつまりroot権限で実行します。

なお、sudoの設定ファイルは「**/etc/sudoers**」です。ただし、/etc/sudoersをcatコマンドで表示しようとするとエラーになります。/etc/sudoersはスーパーユーザにしか読み書きが許可されていないファイルだからです。

したがって、/etc/sudoersの表示にはsudoコマンドが必要です。たとえばcatコマンドで表示するには次のようになります。

```
% sudo cat /etc/sudoers return
Password:■■■■ return ←自分のパスワードを入力
# sudoers file.
#
# This file MUST be edited with the 'visudo' command as
root.
# Failure to use 'visudo' may result in syntax or file
permission errors
～略～
```

### ●管理者はadminグループに属するユーザー

/etc/sudoersの最後のほうに次のような記述があります。

**「/etc/sudoers」の記述（一部分）**

```
%admin  ALL=(ALL) ALL
```

これは、「**admin**」というグループのユーザに、すべて（ALL）の権限を与えるための設定行になります。実はmacOSの管理者というのは「admin」というグループに属するユーザなのです。

# 9-2 アクセス制御を設定するパーミッション

UNIX系OSでは、ファイルシステム内のすべてのファイルやディレクトリに対して、「**所有者**」「**所有グループ**」「**その他のユーザ**」という3段階でアクセス権限を設定することができます。それぞれに対して「**読み出し**」(**r**)、「**書き込み**」(**w**)、「**実行**」(**x**) という3つの権限を設定できます。このアクセス権限のことを「**パーミッション**」と呼びます。

## 9-2-1 パーミッションの基本

まず、ファイルやディレクトリに設定されているパーミッションの意味について説明しましょう。

### ●「ls -l(エル)」コマンドでパーミッションを確認する

ターミナル上で指定したディレクトリ以下のファイルやディレクトリに現在設定されているパーミッションを確認するには、lsコマンドに詳細情報を表示する「-l」オプションを指定して実行します。次にユーザ「o2」のホームディレクトリの例を示します（表示結果は一部のみ）。

```
% ls -l return
total 16
drwx------+  3 o2     staff   102 Apr 19  2010 Desktop
drwx------+  7 o2     staff   238 May 26 13:40 Documents
drwx------+  4 o2     staff   136 Apr 19  2010 Downloads
        ～中略～
drwxr-xr-x+  5 o2     staff   170 Apr 19  2010 Public
drwxr-xr-x+  5 o2     staff   170 Apr 19  2010 Sites
-rw-r--r--   1 o2     staff     4 Sep  3  2012 sample.txt
   ↑          ↑         ↑
パーミッション  所有者   所有グループ
```

前記の「rwx------」「rw-r--r--」のような9桁の記号がパーミッションを表す記号です（左端の「**d**」はディレクトリ、「**-**」はファイルを示しています。P.049「「-l」オプションで詳細情報を表示する」参照）。3桁ごとに、「**所有者**」「**所有グループ**」「**そ**

**の他のユーザ**」に対するアクセス権になります。

次にディレクトリのパーミッションの例を示します。

**「所有者」「所有グループ」「その他のユーザ」のパーミッション**

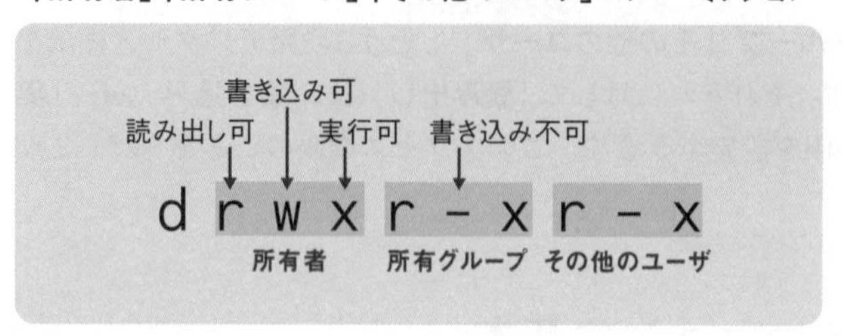


これらのパーミッションが、各ファイル、ディレクトリに対して、「所有者」「所有グループ」「その他のユーザ」の別に設定されているわけです。なお、次に説明しますが、ファイルとディレクトリでは、同じパーミッションでもできることの内容が異なるので注意が必要です。

なお、初期状態では「所有者」とはファイルの作成者、「所有グループ」はファイルの作成者のデフォルトのグループになります。上記の「ls -l」コマンドの例では、所有者は「o2」、所有グループは「staff」です。ユーザ「o2」に対して所有者の権限、「staff」グループに属するユーザに対して所有グループの権限、それ以外のユーザには「その他のユーザ」のアクセス権限が有効になるわけです。

## ●ファイルのパーミッションを理解する

ファイルの場合、**rwx**のパーミッションは次のような意味となります。

**ファイルのパーミッション**

| パーミッション | 意味 |
|---|---|
| 読み出し（r） | ファイルの内容を表示できる（rは「Read」の略） |
| 書き込み（w） | ファイルにデータを書き込める（wは「Write」の略） |
| 実行（x） | ファイルをコマンドとして実行できる（xは「eXecute」の略） |

「**読み出し**」（**r**）はファイルを閲覧できることを、「**書き込み**」（**w**）はファイルにデータを書き込めることを表します。注意していただきたいのは、「書き込み」（w）が許可されていない場合でも、ファイルの削除や名前の変更は行えるという点です。のちほど具体例を示しますが、ファイルの削除や名前の変更ができるかどうかは、それが保存されているディレクトリの「書き込み」（w）が許可されているかどうか

に依存します。

ここで、sudoの設定ファイル「/etc/sudoers」のパーミッションを確認してみましょう。

```
% ls -l /etc/sudoers return
-r--r-----  1 root  wheel  1348  5 26 21:16 /etc/sudoers
```

rootユーザとwheelグループのみ「読み出し」(r) が許可されています。したがって、macOSの通常のユーザには読み書きができないわけです。

### 実行権限が設定されているとコマンドとして実行できる

「**実行**」(**x**) は、ファイルをコマンドとして実行できるかどうかを示します。たとえば、/binディレクトリにはさまざまなコマンドが保存されていますが、これらが実行できるのは「実行」(x) が許可されているからです。

たとえば、dateコマンドの実体は「/bin/date」というファイルです。このファイルを「ls -l」コマンドで確認してみましょう。

```
% ls -l /bin/date return
-rwxr-xr-x  1 root  wheel  28368 12  3  2015 /bin/date
```

※lsコマンドのエイリアスとして「ls -F」(P.232) が設定されている場合は、実行可能形式のファイルの最後に「*」が表示されます。

「所有者」「所有グループ」「その他のユーザ」に「実行」(x) が許可されています。そのため、すべてのユーザがdateコマンドを実行できるわけです。

## ●ディレクトリのパーミッションについて

次の表にディレクトリのパーミッションの概要を示します。

**ディレクトリのパーミッション**

| パーミッション | 意味 |
|---|---|
| 読み出し (r) | ディレクトリの一覧を表示できる |
| 書き込み (w) | ディレクトリの下にファイルを作成できる、ディレクトリの下のファイルを削除できる、ファイルの名前を変更できる |
| 実行 (x) | ディレクトリの下に進める |

UNIXシステムでは、ディレクトリはファイルの一覧表が格納されている、ある種のファイルとして扱います。そのことをふまえれば「読み出し」(r)、「書き込み」

(w) の意味が理解できるでしょう。

つまり、「読み出し」(r) はその一覧表を表示できること、「書き込み」(w) は一覧表を書き換えることができるという意味になります。

したがって、「読み出し」(r) が許可されていないとlsコマンドで一覧を表示できません。また、「書き込み」(w) が許可されていないと、ディレクトリの下にファイルを作成したり、ファイルを削除したり、名前を変更したりといったことはできません（別のディレクトリにコピーすることは可能です）。

「実行」(x) は、そのディレクトリに進めないといったイメージでとらえてください。「実行」(x) が許可されていないと、たとえば、findコマンドでその下を検索したり、cdコマンドで移動したりすることはできません。もちろん、lsコマンドでその一覧を表示したり、ファイルを作成したりすることもできません。

## 9-2-2 いろいろなディレクトリのパーミッションを確認してみよう

実際にいろいろなディレクトリ／ファイルにどのようなパーミッションが設定されているかを確認してみましょう。

### ●ホームディレクトリのパーミッション

P.241のホームディレクトリの「ls -l」の実行結果を見ると、ほとんどのディレクトリは、初期状態では所有者のみに「読み出し」(r)、「書き込み」(w)、「実行」(x) が許可されていることがわかります。「その他のユーザ」は、ディレクトリの内容を表示したり、そこに移動したりすることは許されません。

Finderでほかのユーザのホームディレクトリを表示すると（次ページ図参照）、「**パブリック**」以外は禁止マーク⊖が表示されています（OSを旧バージョンからアップデートしたシステムでは任意のユーザにアクセス可能な「サイト」フォルダが存在する場合があります）。

結果を見るとわかるように自分のホームディレクトリと違って、「パブリック」以外は、「Documents」や「Desktop」のようにフォルダ名が英語で表示されています。これは、ファイル名のローカライズに必要な「.localized」にアクセスできないためです（P.069「COLUMN ローカライズされたディレクトリ名をFinder上で英語表示にするには」参照）。

**ほかのユーザのホームディレクトリ**

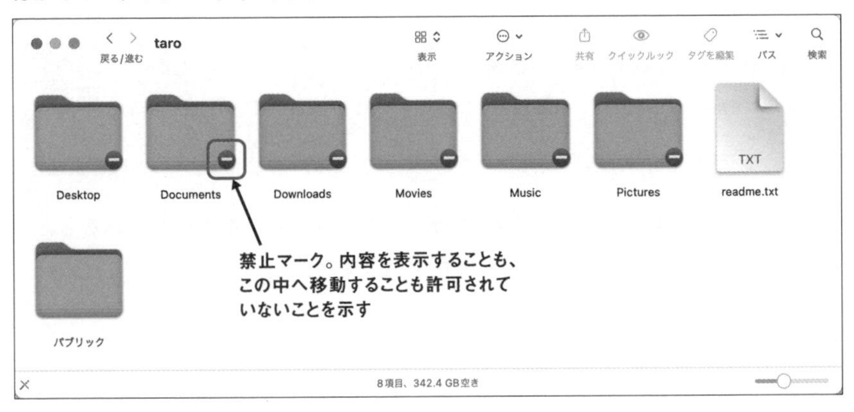


ターミナルで確認すると、「Public」(システムによっては「Sites」も) ディレクトリだけは、すべてのユーザに対して、「読み出し」(r) と「実行」(x) が許可されています。つまり閲覧することだけは可能になっています。

```
% ls -ld ~/Public return
drwxr-xr-x@ 12 o2  staff  384  3 10 14:31 /Users/o2/Public/
```

「Public」において、すべてのユーザに読み出しが許可されているのは、ファイル共有ですべてのユーザに公開するためのディレクトリだからです。

MEMO

**lsコマンドの「-d」オプション**

**ここで実行した「ls -ld」コマンドの「-d」オプションは、ディレクトリ自体の詳細情報を表示するオプションです。これを付けないとPublicディレクトリの下のファイルの一覧が表示されてしまいます。**

## ●任意のユーザが書き込めるDrop Boxディレクトリ

なお、Publicディレクトリの下の**Drop Box**ディレクトリ（「**ドロップボックス**」フォルダ）だけは特別で、「書き込み」(w) が許可され、他人がファイルを保存できるようになっています。ただし所有者以外に「読み出し」(r) は許可されていません（このディレクトリはストレージサービスのDropboxとは別のものです）。

つまり、DropBoxディレクトリには任意のユーザがファイルをアップロードできますが、どのようなファイルがアップロードされているかは確認できないわけです。

```
% ls -ld Public/Drop\ Box/ return
drwx-wx-wx  10 o2  staff  320  7 20  2018 Public/Drop
Box//
```

Finder上でほかのユーザの「ドロップボックス」フォルダを表示してみると、アイコン⓸が表示されて中身を見ることができません。

**ほかのユーザの「ドロップボックス」フォルダ**

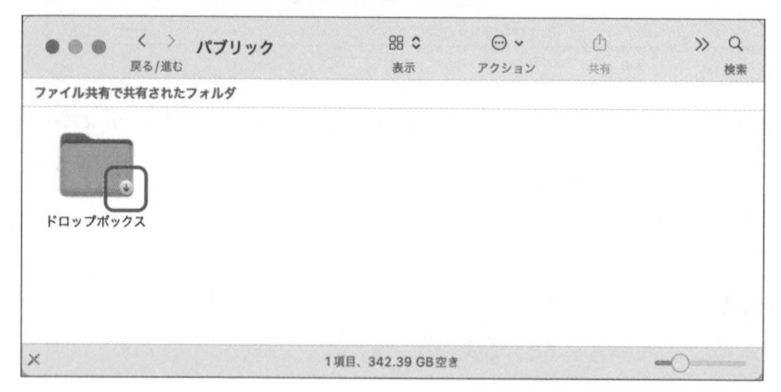


## ●自分で作成したファイルやディレクトリのパーミッション

自分で新たに作成したファイルやディレクトリのパーミッションは、それぞれ「**rw-r--r--**」「**rwxr-xr-x**」になります。試しに空のディレクトリとファイルを作成してみましょう。

```
% mkdir testDir return          ← testDirディレクトリを作成
% touch test.txt return         ← 空のtest.txtを作成 ※1
% ls -ld testDir test.txt return ← 「ls -ld」で確認
-rw-r--r--  1 o2  staff   0 27 jul 23:22 test.txt
drwxr-xr-x  2 o2  staff  68 27 jul 23:21 testDir
```

この例からわかるように、ファイルの場合は「所有グループ」と「その他のユーザ」に「読み出し」(r) のみが許可されているため、他人は見ることのみが可能になっています※2。

一方、ディレクトリの場合は「所有グループ」と「その他のユーザ」に「読み出し」(r) と「実行」(x) が許可されているため、他人はそのディレクトリに移動できますが、その下にファイルを作ったりすることはできません。

※1 ここで使用したtouchコマンドはファイルのタイムスタンプを更新するコマンドですが、存在しないファイルを指定すると空のファイルが作成されます（P.070参照）。

※2 新規に作成するファイルのパーミッションは「umask」というコマンドで設定されています。

## 9-2-3 パーミッションを設定するchmodコマンド

コマンドラインでパーミッションを設定するには**chmod**コマンドを使います。chmodコマンドを実行できるのは、そのファイル（もしくはディレクトリ）の所有者、またはスーパーユーザだけです。

コマンド **chmod**
説　明 **パーミッションを設定する**

書　式 **chmod** パーミッション パス

パーミッションの指定方法には、3桁の8進数の数値による方法と、記号による方法があります。

### ●数値でパーミッションを設定する

「所有者」「所有グループ」「その他のユーザ」のパーミッションを、それぞれ8進数の数値で指定する方法です。次のパーミッションの設定で説明しましょう。

**パーミッションの例**

```
rw-r--r--
```

まず、「r」や「w」などアクセス権がある部分を「1」、ない部分を「0」とする2進数にします。

**「r」「w」を1、「-」を0**

```
r w - r - - r - -
↓ ↓ ↓ ↓ ↓ ↓ ↓ ↓ ↓
1 1 0 1 0 0 1 0 0
```

これを3桁ずつ、つまりユーザの種類ごとにまとめて8進数で表記します。

**3桁ずつ8進数で表記**

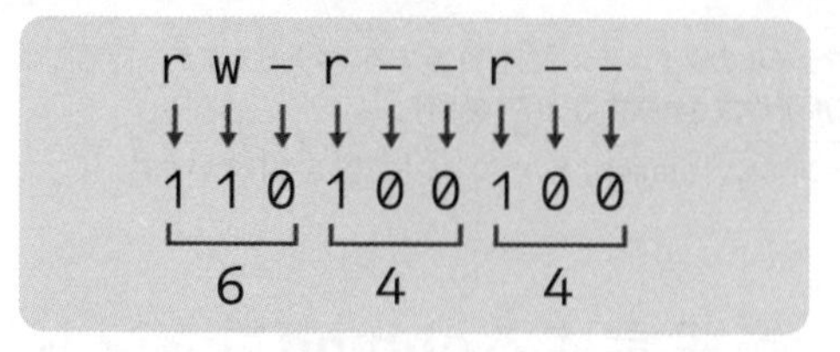


**参考：2進数、8進数、10進数の対応表**

| 2進数 | 8進数 | 10進数 |
|---|---|---|
| 0 | 0 | 0 |
| 1 | 1 | 1 |
| 10 | 2 | 2 |
| 11 | 3 | 3 |
| 100 | 4 | 4 |
| 101 | 5 | 5 |
| 110 | 6 | 6 |
| 111 | 7 | 7 |

同じように考えて、すべてを許可するパーミッションは「777」となります。

**すべてを許可するパーミッション**

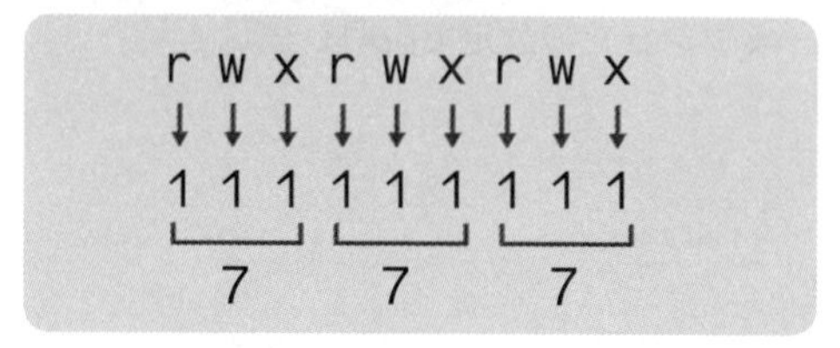


次に、カレントディレクトリの下にtestDirディレクトリを作成し、パーミッションを「777」(rwxrwxrwx) に設定する例を示しましょう。

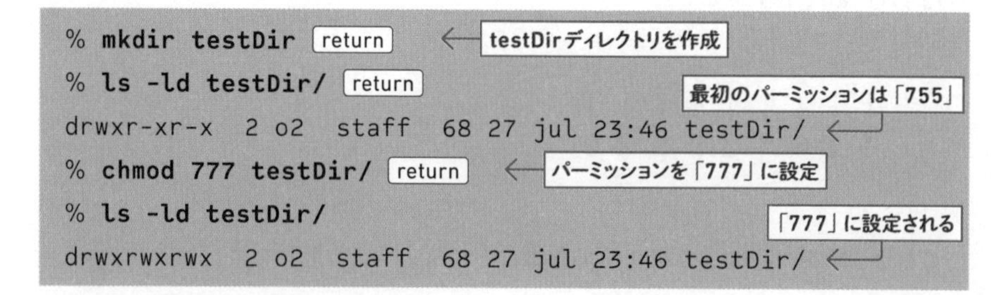

## ●記号でパーミッションを設定する

パーミッションを記号で設定する場合は、以下の書式で設定します。

**パーミッションを記号で設定**

```
<ユーザ><オペレータ><アクセス権>
```

書式を順番に説明していきましょう。

**ユーザの指定**

| ユーザ | 説明 |
|---|---|
| u | 所有者 |
| g | 所有グループ |
| o | その他のユーザ |
| a | すべて(「ugo」を指定したのと同じ) |

所有者は「**o**」ではなく「**u**」として指定する点に注意してください。

**オペレータの指定**

| オペレータ | 説明 |
|---|---|
| + | 許可を加える |
| - | 許可を取り消す |
| = | 設定する(元の設定をクリアする) |

オペレータは「**+**」「**-**」「**=**」の3種類があります。「-」は指定したアクセス権を削除します。「+」と「=」の相違に注意してください。「+」は指定したユーザに指定したアクセス権を追加します。「=」は指定したユーザのアクセス権をクリアして新たにアクセス権を設定します。

**アクセス権の指定**

| アクセス権 | 説明 |
|---|---|
| r | 読み出し(「Read」の略) |
| w | 書き込み(「Write」の略) |
| x | 実行(「eXecute」の略) |

アクセス権は、「ls -l」コマンドの表示と同じく、「r」(読み)「w」(書き)「x」(実行)

のいずれかで指定します。

次に、記号を使用したアクセス権の設定例をいくつか示しましょう。

```
% ls -l [return]
total 8
-rw-r--r--  1 o2  staff  5  4  7 22:11 myFile   ← 初期状態のアクセス権は「rw-r--r--」
% chmod g+w myFile [return]   ← 所有グループに書き込み可(w)を追加
% ls -l [return]
total 8
-rw-rw-r--  1 o2  staff  5  4  7 22:11 myFile
% chmod o-r myFile [return]   ← 「その他のユーザ」から読み出し可(r)を削除
% ls -l [return]
total 8
-rw-rw----  1 o2  staff  5  4  7 22:11 myFile
% chmod a+r myFile [return]   ← すべてに読み出し可(r)を追加
% ls -l [return]
total 8
-rw-rw-r--  1 o2  staff  5  4  7 22:11 myFile
% chmod g=r myFile [return]   ← 所有グループを読み出し可(r)だけに設定
% ls -l [return]
total 8
-rw-r--r--  1 o2  staff  5  4  7 22:11 myFile
```

## ●ディレクトリ以下のパーミッションをまとめて設定する

「**-R**」オプションを付けてchmodコマンドを実行すると、指定したディレクトリの下を順にたどってディレクトリやファイルのパーミッションをまとめて設定できます。たとえば、myDirディレクトリ以下のその他のユーザの読み出し権限を削除するには次のようにします。

```
% chmod -R o-r myDir/ [return]
```

## ●ファイルを削除できないようにするには

ファイルを削除できないようにするにはどうしたらよいでしょうか？ 単にそのファイルの書き込み権限を削除すればいいような気がします。試してみましょう。まず、test.txtというファイルの「書き込み」(w) を不可に設定します。

```
% chmod a-w test.txt [return]
% ls -l test.txt
-r--r--r--  1 o2  staff  714  1  8 21:43 test.txt
```

次に、これをrmコマンドで削除してみましょう。

```
% rm test.txt [return]
override r--r--r--  o2/staff for test.txt? y [return]  ← 「y」で削除されてしまう
```

上記2行目の「〜test.txt?」に続いて「y return」をタイプするとファイルが削除されてしまいます。

実は、ファイルを削除できるかどうかは、システム的にはそのファイルのパーミッションの書き込み可（w）には無関係です。rmコマンドは親切にも、「ファイルが書き込み不可になっているが削除してもよいか」を確認してくれたわけです。

UNIXでは、ディレクトリを「格納されているファイルの情報が書き込まれている一種のファイル」として扱います。ファイルを削除するということは、ディレクトリからそのファイルの情報を削除するという意味になります。そのため、ファイルを削除できるかどうかは、そのファイルがあるディレクトリの「書き込み」(w)が許可されているかどうかに依存するわけです。

```
% chmod a-w . [return]  ← カレントディレクトリから書き込み権限を削除
% rm test.txt [return]  ← ディレクトリ内のファイルを削除できなくなる
rm: test.txt: Permission denied
```

# 9-3 より詳細なアクセス制御が行えるACLs

UNIXの伝統的なパーミッションの仕組みでは、「所有者」「所有グループ」「その他のユーザ」という3段階でしかアクセス制御を設定できません。たとえば、そのファイルの所有者ではないが、ユーザ「taro」にだけはファイルを変更することを許可する、あるいは「project1」というグループに属するユーザにはファイルを削除することを許可する、といったことはできないわけです。そのため、最近では、個々のユーザや、グループごとにアクセス制御をよりきめ細かく設定できる「**ACLs**」(Access Control Lists) という仕組みが一般的になってきています。

## 9-3-1 ACLsのアクセス権を確認する

ACLsが設定されたファイル／ディレクトリは「ls -l」で表示される一覧のパーミッションの最後に「+」が表示されます。試しにホームディレクトリの一覧を表示してみましょう。

```
% ls -l ~ return
total 0
drwx------+  3 taro  staff   96 12 17 21:31 Desktop
drwx------+  3 taro  staff   96 12 17 21:31 Documents
drwx------+  3 taro  staff   96 12 17 21:31 Downloads
drwx------@ 31 taro  staff  992 12 17 21:32 Library
drwx------   3 taro  staff   96 12 17 21:31 Movies
drwx------+  3 taro  staff   96 12 17 21:31 Music
drwx------+  3 taro  staff   96 12 17 21:31 Pictures
drwxr-xr-x+  4 taro  staff  128 12 17 21:31 Public
-rw-r--r--   1 taro  staff    0  3  1 22:54 readme.txt
```

MEMO

**「@」は拡張属性**

**この例では、Libraryディレクトリは「+」ではなくて「@」になっていますが、これは拡張属性が設定されていることを表します（P.123「4-5 ファイルの拡張属性を操作する」参照）。**

ACLsによるアクセス権限の内容を確認するには、lsコマンドに「-le」オプションを付けて実行します。次のように実行すると、ホームディレクトリに標準で用意されているディレクトリの多くにACLsが設定されていることがわかります。

```
% ls -le ~ return
total 0
drwx------+  3 taro  staff   96 12 17 21:31 Desktop
 0: group:everyone deny delete
drwx------+  3 taro  staff   96 12 17 21:31 Documents
 0: group:everyone deny delete
```

```
drwx------+  3 taro  staff   96 12 17 21:31 Downloads
 0: group:everyone deny delete
drwx------@ 31 taro  staff  992 12 17 21:32 Library
 0: group:everyone deny delete
drwx------   3 taro  staff   96 12 17 21:31 Movies
drwx------+  3 taro  staff   96 12 17 21:31 Music
 0: group:everyone deny delete
drwx------+  3 taro  staff   96 12 17 21:31 Pictures
 0: group:everyone deny delete
drwxr-xr-x+  4 taro  staff  128 12 17 21:31 Public
 0: group:everyone deny delete
～略～
```

デフォルトでは、ホームディレクトリ内のすべてのディレクトリに「**0: group: everyone deny delete**」というアクセス権限が設定されています。これは所有者を含むすべてのユーザ（**everyone**）にファイルの削除（**delete**）を禁止する（**deny**）という設定です。たとえば、rmコマンドでDocumentsディレクトリを削除しようとすると、「Permission denied」というエラーになります。

```
% rm -r Documents/ return
rm: Documents/: Permission denied
```

「Desktop」や「Documents」など標準で用意されているディレクトリをユーザが誤って削除しないようにACLsが設定されているわけです。これらのディレクトリはコマンドラインからだけではなく、Finder上でも削除できません。

## 9-3-2 ACEを設定／解除する

ACLsによるアクセス権限のことを「**ACE**」(Access Control Entry) と呼びます。macOSでは、ACEを設定するのに、パーミッションの設定と同じくchmodコマンドを使用します。設定する場合には「**+a**」、解除する場合「**-a**」オプションを使用することに注意してください。

**ACEを設定する**

```
chmod +a "ACE" ファイル
```

**ACEを解除する**

```
chmod -a "ACE" ファイル
```

アクセス権限を許可するには、「**誰に allow 何を**」という形式でACEを指定します。たとえば、ユーザ「**naoko**」に、「**write**」(ファイルを書き換えること)を許可するには「**naoko allow write**」と記述します。なお、ACLsを設定できるのはファイルの所有者もしくはスーパーユーザだけです。

次に、カレントディレクトリのテキストファイル「test.txt」に対して、ユーザ「naoko」には書き換え(write)を、ユーザ「taro」には削除(delete)を許可する例を示します。

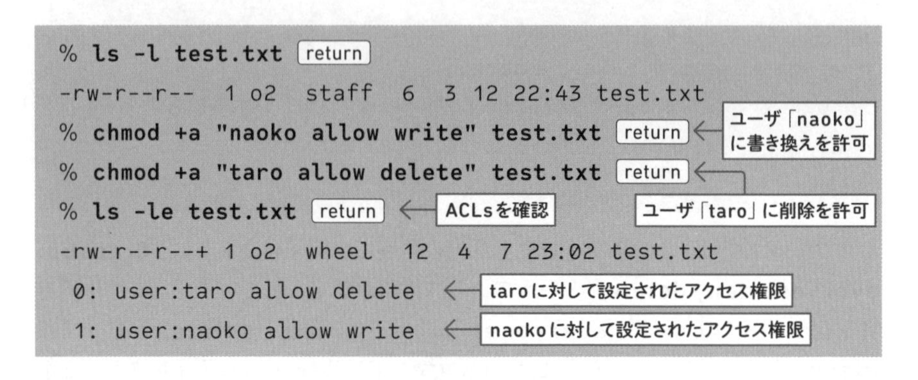


COLUMN

## FinderでACLsを設定する

ACLsはFinderでも設定できます。ファイルやフォルダを選択した状態で、「ファイル」メニューから「情報を見る」(⌘+I)を選択します。表示される「〜の情報」ダイアログの「共有とアクセス権」で設定します。

左下の+ボタンをクリックすると表示されるダイアログボックスで新たなアクセス権限を追加できます。

「情報」ダイアログでACLsを設定

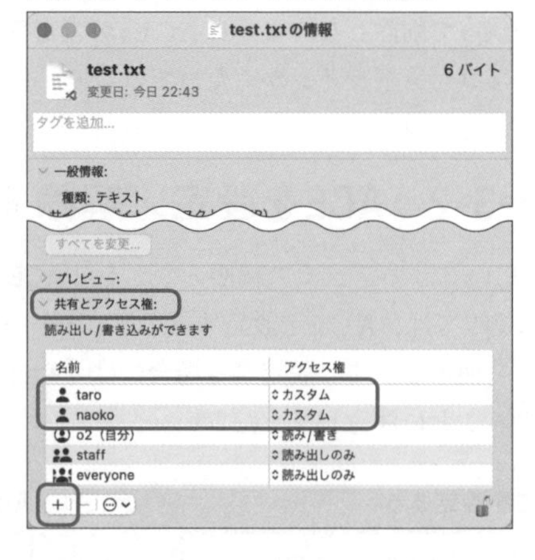

# 第10章

# シェルスクリプトを作成する

**この章では、シェルを使用したプログラムであるシェルスクリプトの作成の基礎について説明しましょう。よく使う処理をシェルスクリプトとして保存しておけば、何度でも呼び出して簡単に実行することができます。**

**ポイントはこれ！**

- シェルスクリプトの先頭に「#!/bin/zsh」を記述する
- コマンド名で実行するには実行権限を付けてコマンド検索パスに保存
- 処理を繰り返すfor文
- 文字列の一文を取り出すパターン照合演算子
- 処理を切り分けるif文

## 10-1 はじめてのシェルスクリプト

まずは、簡単な例を通して、シンプルな**シェルスクリプト**の作成方法について説明しましょう。

### 10-1-1 シェルスクリプトの基本部分を作成する

ここでは、図のように表示するプログラムをシェルスクリプトとして作成します。

**次のように表示するプログラムを作成**

```
こんにちはユーザ名さん
ただいまの時刻は15時27分です
```

←「ユーザ名」にはユーザの名前が入る

### ●コマンドラインで実行する

まず、前記の表示をコマンドラインで実行する方法について説明しておきましょう。最初の「こんにちは〜さん」と表示する部分は、**echo**コマンドと、ユーザ名を表示する**whoami**コマンドの**コマンド置換**を組み合わせます（P.206「8-1-1 コマンドの実行結果を別のコマンドの引数にするコマンド置換」）。

```
% echo "こんにちは$(whoami)さん" return
こんにちはo2さん
```

「ただいまの時刻は〜時〜分です」と表示する部分は、**date**コマンドを「"+ただいまの時刻は%H時%M分です"」を引数に実行します。

```
% date "+ただいまの時刻は%H時%M分です" return
ただいまの時刻は15時27分です
```

ここで、上記のようにdateコマンドの引数の最初に「**+**」を指定するとユーザ定義の表示が可能になります。文字列内の「**%H**」が現在の時間、「**%M**」が分に置き換えられて表示されます。

ちなみに、「**%Y**」は年、「**%m**」は月、「**%d**」は日に置き換わります。

MEMO

**dateコマンドのフォーマット**

**dateコマンドのフォーマット指定について詳しくは日時データの書式を指定する関数strftimeのオンラインマニュアルを参照してください（strftimeのマニュアルの表示にはXcodeのコマンドラインツールのインストールが必要です。P017「COLUMN Pythonバージョン3のインストールについて」参照）。**

### ●テキストファイルにコマンドを保存する

最もシンプルなシェルスクリプトは、シェルのコマンドを羅列したテキストファイルです。前述のふたつのコマンドを記述した次のようなテキストファイル「**showTime**」を作成しましょう。

**showTime**

```
echo "こんにちは$(whoami)さん"
date "+ただいまの時刻は%H時%M分です"
```

MEMO

**シェルスクリプトの拡張子**

**上記の例では後でコマンド名だけで実行できるように、拡張子なしの「showTime」として保存しています。「.sh」のような拡張子を付けてもかまいません。拡張子を付けておくと、Visual Studio Codeのようなエディタではそれがシェルスクリプトと判断され、キーワードによる色分けなどが行われます。**

### ●zshコマンドで実行する

この時点で、シェルスクリプトのファイルを実行するには、シェルである**zsh**コマンドの引数にシェルスクリプトのパスを指定します。これで新たなシェルが起動し、シェルスクリプトを実行します。

```
% zsh showTime return
こんにちはo2さん
ただいまの時刻は17時34分です
```

zshの代わりに**source**コマンドでも実行できます。

```
% source showTime return
こんにちはo2さん
ただいまの時刻は15時31分です
```

ただし、P.234「環境設定ファイルの動作を確かめるには」で説明したように、sourceコマンドで実行した場合には環境変数の設定が現在のシェルに反映される点に注意してください(ここで作成したサンプルではどちらで実行しても同じです)。

## 10-1-2 コマンド名だけで実行できるようにするには

作成したシェルスクリプトを実行するのに、いちいち「zsh ファイルのパス」として実行するのは面倒です。そこで、普通のコマンドと同じようにファイル名だけで実行できるようにする方法について説明しましょう。

### ●先頭にシェルの絶対パスを記述する

まず、スクリプトファイルを次のように変更します。

**showTime**

```
#!/bin/zsh  ←① この行を追加
echo "こんにちは$(whoami)さん"
date "+ただいまの時刻は%H時%M分です"
```

追加したのは1行目①です。スクリプトファイルでは先頭に次のような行を記述しておくことにより、コマンドラインで直接実行できるようになります。

**先頭行にシェルの絶対パスを記述**

```
#!スクリプトを実行するプログラムの絶対パス
```

この先頭行に記述し、スクリプトを実行するプログラムを指定する行のことを「**シバン**（shebang）」と言います。

この例はzsh（/bin/zsh）のスクリプトなので、次のように記述しています。

**zsh（/bin/zsh）のスクリプトの場合**

```
#!/bin/zsh
```

なお、本章で説明するスクリプトはすべてbash互換のため次のようにシバンを記述しても同じです。

**bash（/bin/bash）のスクリプトの場合**

```
#!/bin/bash
```

シバンは、シェルスクリプトに限りません。Pythonのスクリプトを記述する場合、Python本体が「/usr/bin/python」にあるときには次のように指定します。

**python（/usr/bin/python）のスクリプトの場合**

```
#!/usr/bin/python
```

## 10-1-3　シェルスクリプトに実行権限を設定する

次に、コマンドとして実行できるように**chmod**コマンドで実行権限を追加します。すべてのユーザに実行を許可するには「a+x」を指定して次のようにします。

```
% chmod a+x showTime return
% ls -l showTime return
-rwxr-xr-x  1 o2  staff  88  6 24 15:30 showTime
```

以上で準備は完了です。showTimeがカレントディレクトリにある場合、これを実行するには「**./showTime**」のようにカレントディレクトリ「.」からパスを指定します。

```
% ./showTime return
こんにちはo2さん
ただいまの時刻は15時39分です
```

カレントディレクトリに実行権限の設定されたシェルスクリプトがある場合、なぜ直接「showTime return」と実行できないのでしょうか？　実は、コマンド名だけで実行するには**コマンド検索パス**（環境変数**PATH**）に保存先のディレクトリを登録する必要があるのです。

通常はカレントディレクトリ「.」をコマンド検索パスに入れません。既存のコマンド名と同じ名前で悪さをするコマンドがカレントディレクトリにある場合に、誤ってそれを実行しないようにするためです。たとえば、何らかの理由でインターネットからdateという名前の付いた、ホームディレクトリを削除するプログラムをダウンロードしてしまった場合に、現在時刻を表示しようとして「date return」と実行したらホームディレクトリがまるごと削除されてしまった！というような事態を防ぐことができます。

### ●シェルスクリプトをコマンド検索パスに保存する

完成したシェルスクリプトを、コマンド検索パスに登録されているディレクトリに移動します。次の例では「**~/bin**」がコマンド検索パスとして登録されているものとして、そこに移動しています（P.222「8-3-3 コマンド検索パスを格納する環境変数PATH」参照）。

```
% mkdir ~/bin [return]          ← ~/binディレクトリがなければ作成する
% mv showTime ~/bin/ [return]   ← ~/binディレクトリに移動する
```

以上でコマンド名だけで実行できるようになります。

```
% showTime [return]
こんにちはo2さん
ただいまの時刻は15時45分です
```

この例では、作成したシェルスクリプトを~/binディレクトリに保存しているので、同じシステム内の他のユーザは使用できません。すべてのユーザで共有するオリジナルのコマンド保存用のディレクトリとしては「**/usr/local/bin**」を使用するとよいでしょう。なお、コマンド検索パスとして一般的な/binや/usr/binは、システムがインストールするコマンドの保存用ディレクトリなので、そこにはオリジナルのコマンドを保存すべきでない点に注意してください。

# 10-2　シェルスクリプトで引数を受け取る

コマンドラインで指定した引数を、シェルスクリプト内で受け取ることができます。引数は順に**$1**、**$2**、...といった変数に格納されます。また**$0**にはコマンドのパスが格納されます。これらの変数をシェルの「**位置パラメータ**」といいます。

**コマンド名、引数は変数に格納される**

```
% myCmd parm1 parm2 parm3
    ↓     ↓     ↓     ↓
   $0    $1    $2    $3
```

なお、「**$@**」にはすべての引数のリストが格納されます。また「**$#**」には引数の数が格納されます。

## 10-2-1 位置パラメータをテストする

次に、位置パラメータをテストするシェルスクリプトを示しましょう。

**paramTest1**

```
#!/bin/zsh
echo '$0:' $0
echo '$1:' $1
echo '$2:' $2
echo '$3:' $3
echo '$@:' $@
echo '$#:' $#
```

内容は単に、$0〜$3、$@、$#の値をechoコマンドで表示しているだけです。実行権限を付けたら実行してみましょう。

```
% chmod +x paramTest1 return  ←実行権限を設定
% ./paramTest1 apple orange green return
$0: ./paramTest1
$1: apple
$2: orange
$3: green
$@: apple orange green
$#: 3
```

注意点として引数の数（$#）には、コマンドは含まれません。上記の例は3つの引数を指定しているので「$#」の値は「3」となります。

# 10-3 for文で引数を順に処理する

$1、$2、……といった位置パラメータを使用すればコマンドラインから引数を受け取れます。スクリプト内でそれらを順に処理したいといった場合、あらかじめその数がわかっている必要があります。

それでは、引数の数を決めずに任意の数の引数を受け取れるようにするにはどうすればよいでしょう？ そのようなケースで便利なのが、指定した処理を繰り返し実行できる「**for文**」と呼ばれる制御構造です。

## 10-3-1 for文の基本的な使い方

次に書式を示します。

**for文の書式**

```
for 変数 in リスト
do
  処理
done
```

シェルスクリプトのfor文は、JavaScriptなどのfor文と動作が異なります。**in**の後に設定したリスト内の文字列を順に変数に格納して、doとdoneの間に記述した処理を行います。引数のリストは「**$@**」に格納されています。次に、forループを使用して、任意の数の引数を順に表示する例を示します。

**paramTest2**

```
#!/bin/zsh
for p in "$@"
do
    echo $p
done
```

実行権限を付けて動作を確かめてみましょう。

```
% chmod +x paramTest2 return
% ./paramTest2 blue green red return
blue
green
red
```

# 10-4 文字列の一部を取り出す／置換する

ここではbashやzshの拡張機能である変数の展開機能を紹介しましょう。変数に格納されている文字列から一部分を取り出すといったことができます。たとえば、ファイル名から拡張子を取り除くといったことが可能です。また、文字列の一部を置換する方法についても説明します。

## 10-4-1 いろいろな変数展開

次に、変数展開を行うための基本的な書式を示します。これらの書式は「**パターン照合演算子**」などと呼ばれます。

**変数の展開機能**

| 書式 | 説明 |
|---|---|
| ${変数名#パターン} | 変数に格納された文字列の先頭部分とパターンがマッチしたら、最も短く一致する部分を取り除いた残りの部分を返す |
| ${変数名##パターン} | 変数に格納された文字列の先頭部分とパターンがマッチしたら、最も長く一致する部分を取り除いた残りの部分を返す |
| ${変数名%パターン} | 変数に格納された文字列の最後の部分とパターンがマッチしたら、最も短く一致する部分を取り除いた残りの部分を返す |
| ${変数名%%パターン} | 変数に格納された文字列の最後の部分とパターンがマッチしたら、最も長く一致する部分を取り除いた残りの部分を返す |

「**${}**」の間に「**#**」「**##**」「**%**」「**%%**」という区切り文字を挟んで変数名とパターンを指定します。区切り文字によって動作が異なる点に注意してください。なお、パターンには単なる文字列だけではなく、「*」や「?」といったシェルのワイルドカードが使用できます。

パターン照合演算子は一見難しそうですが、次ページのような簡単なスクリプト「patTest」を作成して実行してみると、働きが理解できるでしょう。

**patTest**

```
#!/bin/zsh
path="/Users/o2/Music/rock.me.baby.mp3"  ←①
echo '$path = ' $path
echo
echo '${path#/*/} = ' ${path#/*/}
echo '${path##/*/} = ' ${path##/*/}
echo '${path%.*} = ' ${path%.*}          ←②
echo '${path%%.*} = ' ${path%%.*}
```

①の部分で変数pathに「/Users/o2/Music/rock.me.baby.mp3」を代入しています。この変数を使用して、②以降の部分でパターン照合演算子がどのように働くかを調べます。スクリプトが完成したら実行権限を付けて実行してみましょう。

```
% chmod +x patTest return
% ./patTest return
$path =  /Users/o2/Music/rock.me.baby.mp3

${path#/*/} =  o2/Music/rock.me.baby.mp3   ←①
${path##/*/} =  rock.me.baby.mp3           ←②
${path%.*} =  /Users/o2/Music/rock.me.baby ←③
${path%%.*} =  /Users/o2/Music/rock        ←④
```

①と②の部分では、パターンに「/*/」を指定しています。これは「/」で囲まれた任意の文字列を表しています。①と②の結果の違いに注意してください。①は区切り文字として「#」を使用しているため、最も短く一致する部分として「/Users/」が取り除かれています。②では区切り文字として「##」を使用し、最も長く一致する部分である「/Users/o2/Music/」が取り除かれてファイル名だけが残ります。

**「${path#/*/}」と「${path##/*/}」の違い**

```
                   ① ${path#/*/}
          ┌──────────────────────────┐
/Users/o2/Music/rock.me.baby.mp3
                └────────────────┘
                    ② ${path##/*/}
```

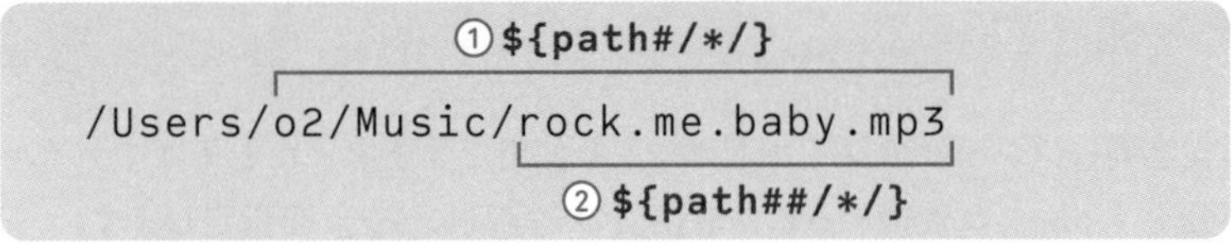

③と④とでは、パターンに「.*」を指定しています。これは「.」で始まる任意の文字列、つまり拡張子を指定しています。③では区切り文字として「%」を指定しているため、最も短く一致する「.mp3」が取り除かれます。④では区切り文字として「%%」を使用しているため、最も長く一致する「.me.baby.mp3」が取り除かれています。つまり、拡張子だけを正確に取り除きたい場合には③の区切り文字として「%」を指定した「${path%.*}」を使用する必要があるわけです。

**${path%.*}と${path%%.*}の違い**

```
          ③ ${path%.*}
┌────────────────────────────┐
/Users/o2/Music/rock.me.baby.mp3
└────────────────────┘
     ④ ${path%%.*}
```

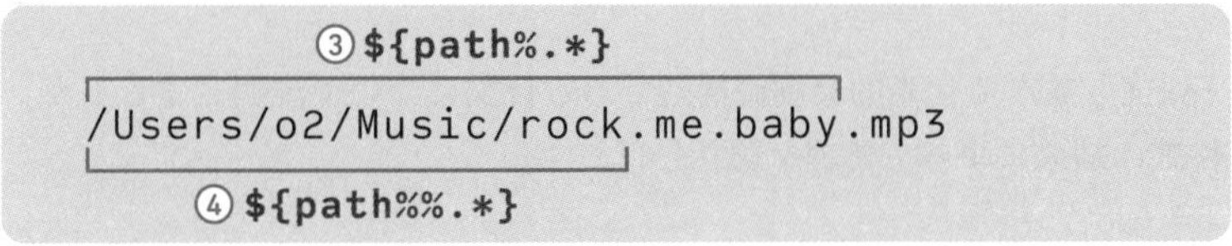

## 10-4-2 変数内の文字列置換機能について

zshおよびbashでは次の書式を使用することにより、変数内の文字列を置換して展開することができます。

**変数の文字列置換機能**

| 書式 | 説明 |
| --- | --- |
| ${変数/検索文字列/置換文字列} | 検索文字列にマッチした文字列を置換後の文字列で置き換える(最初の文字列のみ置換) |
| ${変数//検索文字列/置換文字列} | 検索文字列にマッチした文字列を置換後の文字列で置き換える(すべての文字列を置換) |

実際に試してみましょう。

```
% fruits="apple orange apple" return
% echo ${fruits/apple/APPLE} return
APPLE orange apple
```

```
% echo ${fruits//apple/APPLE} return
APPLE orange APPLE
```

置換前の文字列にはシェルのワイルドカードを使用できます。たとえばファイルの拡張子部分を「.png」に変換するには置換前の文字列に「.*」を指定します。

```
% file1="dog.jpg" return
% echo ${file1/.*/.png} return
dog.png
```

# 10-5 if文で処理を切り分ける

続いて、for文と並んで代表的な制御構造である**if文**について説明しましょう。if文は、**条件式**の結果によって処理を切り分けます。

## 10-5-1 if文を使ってみよう

次にシェルにおけるif文の書式を示します。

**if文の書式**

```
if 条件式
then
 条件が成り立ったときの処理
else
 条件が成り立たなかったときの処理
fi
```

次に、if文を使用して引数の数を調べ、引数が0個の場合には「引数がありません」、そうでなければ引数の数を表示するスクリプト例「ifTest1」を示します。

**ifTest1**

```
#!/bin/zsh
if [ $# = 0 ] ←①
then
    echo "引数がありません" ←②
else
    echo "引数の数: $#" ←③
fi
```

①のif文の条件式「**[ $# = 0 ]**」で引数の数「$#」が「0」であるかを調べています。0であれば条件式が成立し、②で「引数がありません」と表示します。そうでなければ条件式が成立しないと判断され、③で引数の数を表示しています。

次にifTest1をテストする例を示します。

```
% chmod +x ifTest1 return
% ./ifTest1 hello return
引数の数: 1
% ./ifTest1 hello world return
引数の数: 2
% ./ifTest1 return
引数がありません
```

## 10-5-2 「[」はコマンド

上記「ifTest1」の①のif文では条件式に「**[ $# = 0 ]**」を指定していますが、最初の「**[**」は実はシェルの組み込みコマンドです。「[」から「]」までの引数を条件式として、調べるコマンドなのです。①の例では「$#」「=」「0」、そして「]」が、「[」コマンドの引数です。

**上記「ifTest1」のif文①のコマンドと引数**

| [ | $# | = | 0 | ] |
|---|---|---|---|---|
| ↓ | ↓ | ↓ | ↓ | ↓ |
| コマンド | 引数1 | 引数2 | 引数3 | 引数4 |

この例の「**$# = 0**」では引数の数「$#」が「0」であれば条件式が成立します。各引数の間には、区切り文字として半角スペースが必要な点に注意してください。「[」の後や「]」の前のスペースは忘れがちなので気をつけましょう。「[$#＝0]」のようにするとエラーになります。

なお、「[」の代わりに**test**コマンドを使用しても同じです。

**testコマンドでも記述できる**

```
if [ $# = 0 ]
```

|| 同じ

```
if test $# = 0
```

# 10-6 画像フォーマット変換スクリプトを作成する

さて、この章のまとめとして、引数として指定したJPGファイルのフォーマットをPNGに変換する例を示しましょう。任意の数の引数を受け取れるようにします。また、新たにPNGフォーマットのファイルを作成し、元のJPGファイルはそのまま残すものとします。

## 10-6-1 画像処理コマンドsipsについて

ここでは、画像フォーマット変換コマンドとして、macOSオリジナルの画像処理コマンド**sips**を使用します。

コマンド **sips**
説　明 **画像フォーマットを変換する**

書　式 **sips -s format** フォーマット 入力ファイルのパス␣➡
**--out** 出力ファイルのパス

半角スペースを入れて改行せずに続けて「--out」以降を入力

たとえばカレントディレクトリのdog1.jpgをdog1.pngに変換するには次のようにします。

```
% sips -s format png dog1.jpg --out dog1.png return
```

```
/Users/o2/Pictures/test/dog1.jpg
  /Users/o2/Pictures/test/dog1.png
```

## 10-6-2 JPGをPNGに変換するシェルスクリプトを作成する

次に、引数として渡されたJPGフォーマットのファイルをPNGフォーマットに変換するシェルスクリプト「jpgToPng1」を示します。

**jpgToPng1**

```
#!/bin/zsh
for f in "$@"  ←①
do
    if [ ${f##*.} = "jpg" ]  ←②
    then
        sips -s format png $f --out ${f%.jpg}.png  ←③
    else
        echo "JPEG形式ではありません: $f"
    fi
done
```

①の**for文**で引数を変数fに順に格納しています。

②でそれぞれの引数の拡張子が「**.jpg**」であるかを調べています。そうであれば③で**sips**を実行し、PNGに変換しています。パターン照合演算子を使用して拡張子を「.jpg」から「.png」に変更している点に注目してください。

次にjpgToPng1を使用して、figsディレクトリ以下のすべてのJPGファイルをPNG形式に変更する例を示します。

```
% chmod +x jpgToPng1 [return]
% ./jpgToPng1 figs/*.jpg [return]
/Users/o2/Pictures/test/figs/cat.jpg
  /Users/o2/Pictures/test/figs/cat.png
～略～
```

**figsディレクトリ以下のすべてのJPGファイルをPNG形式に変更**

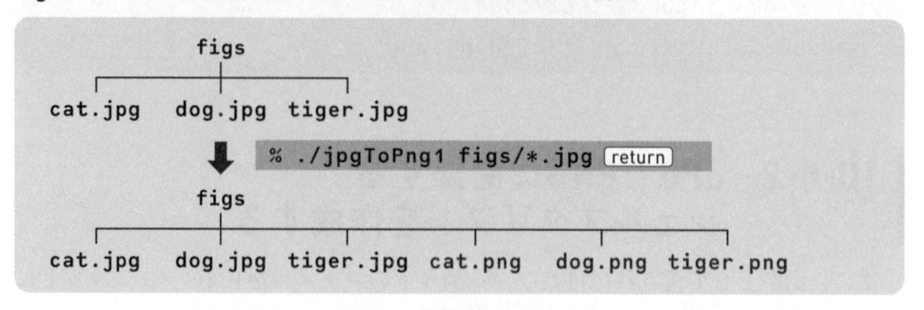


この例では、「figs/*.jpg」のように引数にはワイルドカード「*」も指定しています。ワイルドカードはシェルによって展開されるので、シェルスクリプトには、マッチするすべてのファイルのパスが順に渡されます。

## ●存在しないファイルを指定してもエラーにならないようにする

jpgToPng1は、引数で指定したファイルが存在しないとsipsコマンドの実行時にエラーとなり、sipsからのエラーメッセージが表示されてしまいます。

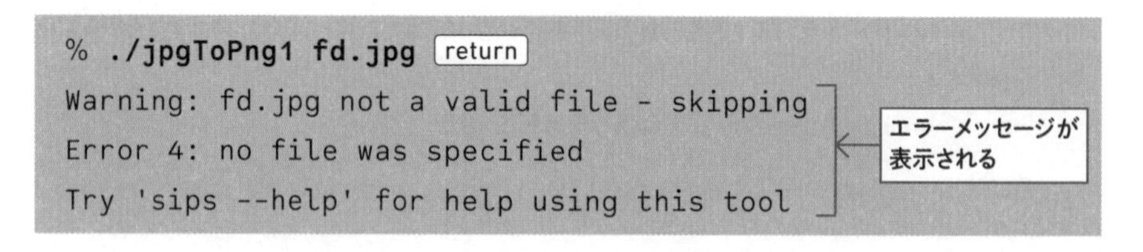


スクリプトを変更して、ファイルが存在しない場合に「ファイルが見つかりません: ファイルのパス」と日本語のメッセージを表示するようにしてみましょう。それには、次のようにしてif文でファイルが存在するかをチェックします。

**jpgToPng2**

```
#!/bin/zsh
for f in "$@"
do
    if [ -f $f ]  ←①
    then                                              ② この部分は同じ
        if [ ${f##*.} = "jpg" ]
        then
            sips -s format png $f --out ${f%.jpg}.png
        else
            echo "JPEG形式ではありません: $f"
        fi
    else
        echo "ファイルが見つかりません: $f"  ←③
    fi
done
```

①が追加したif文です。「**-f ファイル**」はファイルが存在しているかどうかを調べる指定です。ここでは「**-f $f**」により、for文でひとつずつ取り出したファイル「$f」が存在しているかどうかを判断しています。存在していれば条件式が成立すると判断され、②の変換処理が行われます。存在していなければ、③で「ファイルが見つかりません:ファイルのパス」と表示します。

次に、存在しないファイル「nofile.jpg」と、存在するファイル「dog1.jpg」のふたつを引数にjpgToPng2を実行した例を示します。

```
% ./jpgToPng2 nofile.jpg dog1.jpg [return]
ファイルが見つかりません: nofile.jpg
/Users/o2/Pictures/test/dog1.jpg
  /Users/o2/Pictures/test/dog1.png
```

## 10-6-3 sipsでいろいろな画像処理を行う

sipsコマンドの機能は画像フォーマットの変換だけではありません。本章の最後にシェルスクリプトから離れて、sipsの便利な機能について説明しておきましょう。

●画像情報を表示する

たとえば「**-g all**」オプションを指定すると、サイズやフォーマットなど画像ファイルに含まれるさまざまな情報が確認できます。

```
% sips -g all guitar.png return
/Users/o2/Pictures/Images/guitar.png
  pixelWidth: 1200
  pixelHeight: 1200
  typeIdentifier: public.png
  format: png
  formatOptions: default
  dpiWidth: 72.000
  dpiHeight: 72.000
  samplesPerPixel: 4
  bitsPerSample: 8
  hasAlpha: yes
  space: RGB
  profile: sRGB IEC61966-2.1
  creation: 2014:11:04 12:56:56
  ～以下略～
```

●サイズを変更する

「**-z 高さ 幅**」オプションを実行することで画像サイズを変更できます。単位はピクセルです。たとえば、guitar.pngを高さ200ピクセル、幅300ピクセルにするには次のようにします。

```
% sips -z 200 300 guitar.png return
/Users/o2/Pictures/Images/guitar.png
  /Users/o2/Pictures/Images/guitar.png
```

また、「**-Z 最大値**」オプションを指定すると縦横比を保ったまま縦、横の最大値を指定できます。たとえばdog1.jpgの縦、横の長いほうの最大値を100ピクセルにするには次のようにします。

```
% sips -Z 100 dog1.jpg return
```

注意点として、sipsコマンドは引数で指定したファイルを直接書き換えます。別のファイルに書き出したい場合には、「**--out ファイルのパス**」を指定してください。たとえば、処理結果を「organSmall.png」に書き出すには次のようにします。

```
% sips -z 200 300 organ.png --out organSmall.png return
/Users/o2/Pictures/Images/organ.png
  /Users/o2/Pictures/Images/organSmall.png
```

このほかにもsipsには画像の回転、反転、切り取り、アイコンの追加などいろいろな機能があります。詳しくはオンラインマニュアルやネットの情報を参照してください。

COLUMN

## ファイルの種類を調べるfileコマンド

ファイルの種類を調べるには**file**コマンドが便利です。

コマンド **file**

説　明 **ファイルの種類を表示する**

書　式 **file** ファイルのパス

たとえば、zshで記述したシェルスクリプトの場合には次のように表示されます。

```
% file jpgToPng1 return
jpgToPng1: Paul Falstad's zsh script text
executable, Unicode text, UTF-8 text
```

画像のフォーマットなども確認できます。

```
% file test.png return ← PNGファイル
test.png: PNG image data, 1364 x 966, 8-bit/color
RGBA, non-interlaced
```

```
% file IMG_4160.jpg return ← JPGファイル
IMG_4160.jpg: JPEG image data, JFIF standard 1.01
% file photo.html return ← HTMLファイル
photo.html: HTML document text, Unicode text, UTF-8
text
```

実行可能形式のファイルの場合には、M1などAppleシリコン用（arm64eおよびarm64）なのか、Intel CPU用（x86_64）なのか、もしくは**ユニバーサルバイナリ形式**（2つのバイナリを同じファイル内に保存しどちらのアーキテクチャでも動作するバイナリファイル）なのかがわかります。

**Intel CPU用バイナリ**

```
% file /usr/local/bin/nkf return
/usr/local/bin/nkf: Mach-O 64-bit executable x86_64
```

**ユニバーサルバイナリ**

```
% file /bin/date return
/bin/date: Mach-O universal binary with 2
architectures: [x86_64:Mach-O 64-bit executable
x86_64] [arm64e:Mach-O 64-bit executable arm64e]
/bin/date (for architecture x86_64):    Mach-O 64-
bit executable x86_64
/bin/date (for architecture arm64e):    Mach-O 64-
bit executable arm64e
```

**Appleシリコン用バイナリ**

```
% file /opt/homebrew/bin/lv return
/opt/homebrew/bin/lv: Mach-O 64-bit executable arm64
```

# 第11章

# ジョブとプロセスを操作する

**シェルから見た実行中のコマンドを「ジョブ」といいます。一方、システムから見た実行中のプログラムの最小単位を「プロセス」といいます。この節では、複数のジョブを実行する方法や、ジョブ／プロセスにシグナル（指令）を送る方法など、ジョブとプロセスの取り扱いについて説明します。**

**ポイントはこれ！**

- ターミナルでは同時に複数のジョブを実行できる
- バックグラウンドジョブとして実行するにはコマンド名のあとに「&」を付ける
- プロセスの一覧を表示するpsコマンド
- プロセスにシグナルを送るkillコマンド
- 名前でシグナルを送るkillallコマンド

## 11-1 フォアグラウンドジョブとバックグラウンドジョブ

ターミナルで実行されたコマンドは、シェルからは「**ジョブ**」として管理されています。まず、シェルに用意されているジョブ制御機能について説明しましょう。複数のジョブを同時に実行したり、実行中のジョブを一時停止／再開したりできます。

## 11-1-1 GUIアプリをフォアグラウンドジョブとして実行する

ジョブはターミナルの前面で実行される「**フォアグラウンドジョブ**」と、背面で実行される「**バックグラウンドジョブ**」に大別されます（バックグラウンドではターミナルにプロンプトが表示される）。ひとつのターミナルのウインドウあるいはタブ内で、同時に実行可能なフォアグラウンドジョブはひとつだけですが、バックグラウンドジョブは複数実行させることが可能です。

ここでは実行状態が確認しやすいように、**XQuartz**（P.350「COLUMN XQuartzについて」参照）に用意されている**xeyes**というGUIアプリを例に説明しましょう。このアプリは、カーソルを目玉が追うというシンプルな動きをします。たとえば「xeyes return」のように実行したとしましょう。すると、xeyesはフォアグラウンドジョブとなり、アプリを終了するまでプロンプトは表示されません。

**XQuartz上のアプリxeyes**

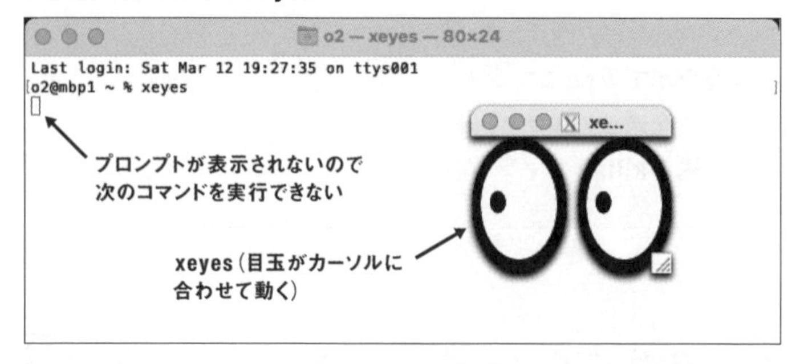


**MEMO**

### アプリの終了方法

**コマンドラインで起動したアプリを強制終了するには control + C を押します。**

## 11-1-2 「&」を付けてバックグラウンドジョブとして実行する

コマンドをバックグラウンドジョブとして実行するには、コマンドの最後に「**&**」を記述します。すると、コマンドの終了を待たずにすぐにプロンプトが戻り、次のコマンドを受け付けられる状態となります。

**xeyesをバックグラウンドジョブとして実行**

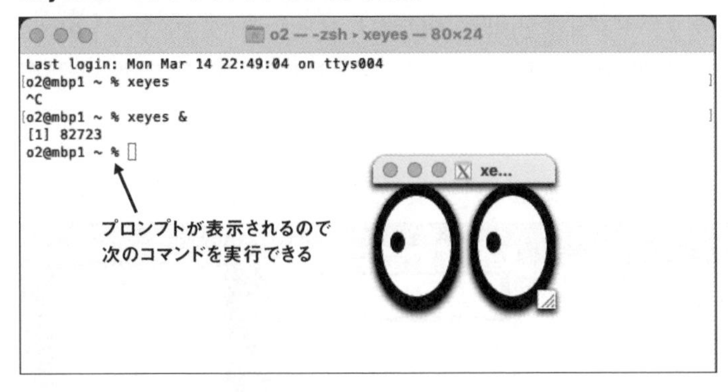


コマンドラインの次の行に表示されている「[ ]」で囲まれた番号は、シェル内でジョブを識別するために使用される「**ジョブ番号**」です。その後ろの番号は後述するプロセスを識別する「**プロセスID**」です。

※「xeyes」と「&」の間にスペースを空けずに「xeyes& return 」としても同じです。

なお、zshの場合、アプリの「閉じる」ボタンをクリックするなどしてバックグラウンドジョブを終了すると完了のメッセージが表示されます。

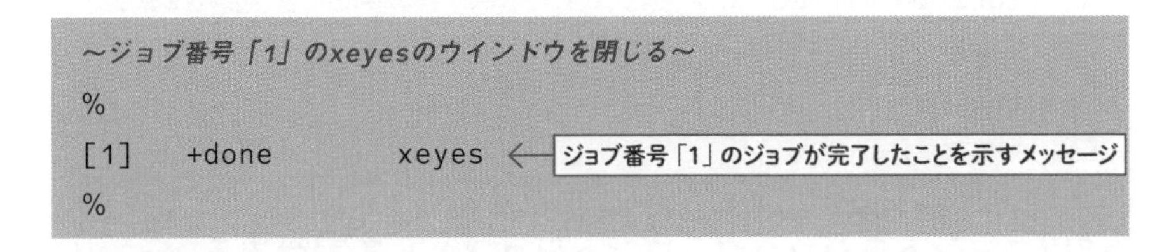


MEMO

**bashの場合**

**bashの場合、アプリのウィンドウを閉じてからターミナルで return を押したタイミングで完了のメッセージが表示されます。**

## ●複数のバックグラウンドジョブを同時に実行する

複数のバックグラウンドジョブを同時に実行することも可能です。次に**xeyes**、**xclock**、**xcalc**の3つのGUIアプリをバックグラウンドジョブとして実行した例を示します。

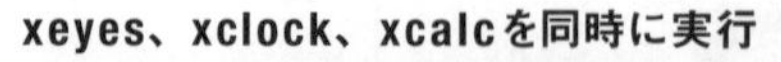
**xeyes、xclock、xcalcを同時に実行**

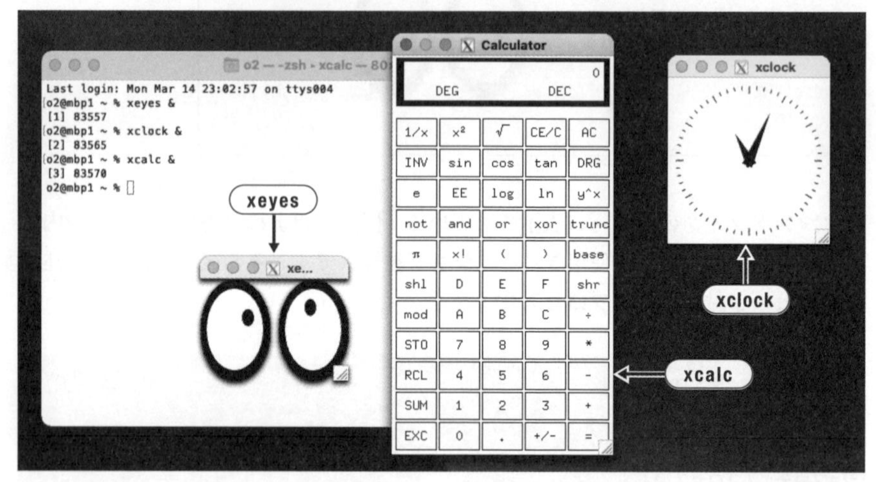


この場合、実行した順にジョブ番号が増えていきます。

```
% xeyes & return
[1] 83557
% xclock & return
[2] 83565
% xcalc & return
[3] 83570
```

## ●CUIコマンドをバックグラウンドジョブとして実行する

lsやpwdといった普通のCUIコマンドの場合、実行結果を表示してすぐにプロンプトが戻ります。実行時間が短いコマンドではバックグラウンドジョブにするメリットはあまりありません。

バックグラウンドにするとメリットがあるのは**find**コマンドで深いディレクトリを検索する場合などです。

たとえば、カレントディレクトリ以下（ファイル数膨大、その下のディレクトリ階層も深い）で、サイズが100M以上のファイルを検索して、結果をout.txtに保存する、という処理をバックグラウンドジョブにするには次のようにします。

```
% find . -size +100M > out.txt & return
[2] 4518
```

ただし、許可のないディレクトリがある場合にはエラーメッセージがターミナルに表示されてしまいます。エラーメッセージを破棄したい場合には標準エラー出力を「**/dev/null**」（P.141「入力をすべて飲み込む「/dev/null」」参照）にリダイレクトするとよいでしょう。

```
% find . -size +100M > out.txt 2> /dev/null & return
[1] 41065
```

## 11-1-3 フォアグラウンドジョブとバックグラウンドジョブを切り替える

フォアグラウンドジョブとして実行中のコマンドを、バックグラウンドジョブに切り替えることができます。ジョブを一時停止（サスペンド）させてから、バックグラウンドジョブに切り替える**bg**コマンドを実行します。

コマンド **bg**

説　明 **一時停止中のジョブをバックグラウンドジョブにする**

書　式 **bg** [%ジョブ番号]

フォアグラウンドジョブを一時停止させるには control + Z を押します。

```
% xeyes return
^Z  ← control + Z で一時停止（目玉が動かなくなる）
zsh: suspended  xeyes  ← ジョブが一時停止
```

現在実行中もしくは一時停止中のジョブの一覧を確認するには**jobs**コマンドを使用します。

コマンド **jobs**
説　明 **現在実行されているジョブの一覧を表示する**

書　式 **jobs** [オプション]

```
% jobs return
[1]  + suspended  xeyes
```

左側に表示されている番号がジョブを識別するためのジョブ番号です。この例ではジョブ番号1のxeyesが一時停止（suspended）しています。

続いて、bgコマンドを、一時停止中のジョブ番号を指定して実行します。

```
% bg %1 return
[4]+ xeyes &
```

以上でxeyesがバックグラウンドジョブとして再開します。xeyesの場合、再び目玉がマウスカーソルを追うようになります。

```
% jobs return
[1]  + running    xeyes
```

← xeyesがrunningになった

## 11-1-4 現在実行中のすべてのジョブを確認する

2つのxeyesと、電卓を表示するxcalc、Xのロゴを表示するxlogoの合計4つのコマンドをバックグラウンドジョブとして実行しているとします。その状態でjobsコマンドを実行した結果を次に示します。

```
% jobs return
[1]   Running                    xeyes &
[3]   Running                    xcalc &
[4]-  Running                    xeyes &
[5]+  Running                    xlogo &
```


先頭に「+」と表示されているのが「**カレントジョブ**」です。たいていの場合、最後に実行したジョブがカレントジョブとなります。ただし、一時停止中のフォアグラウンドジョブがある場合にはそれがカレントジョブになります。

カレントジョブは、fgコマンド（後述）やbgコマンドを引数なしで実行した場合の対象となるジョブです。

なお、先頭に「-」と表示されているのはひとつ前のカレントジョブということで「**プリビアスジョブ**」と呼ばれます。

## ●バックグラウンドジョブをフォアグラウンドにする

バックグラウンドジョブをフォアグラウンドジョブに切り替えるには**fg**コマンドを使用します。

コマンド **fg**

説　明 **指定したジョブをフォアグラウンドジョブにする**

書　式 **fg** [%ジョブ番号]

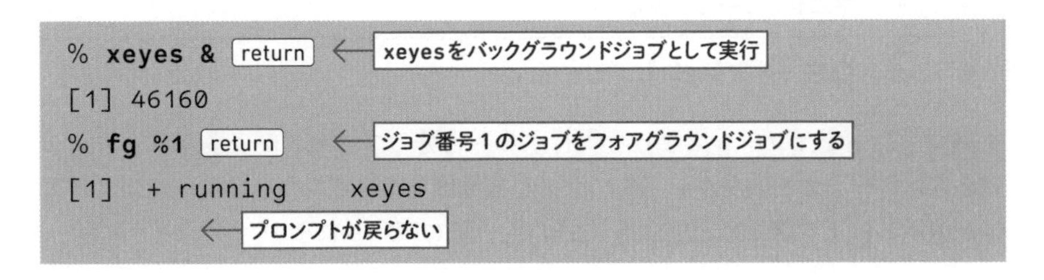


bgコマンドと同じく、引数を指定しないと、カレントジョブが対象となります。

プリビアスジョブをフォアグラウンドジョブにするには、fgコマンドの引数に「**%-**」を指定します。

```
% jobs return
[1]    running    xeyes
[2]  - running    xeyes    ← プリビアスジョブ
[3]  + running    xclock
% fg %- return            ← プリビアスジョブをフォアグラウンドジョブに
[2]  - running    xeyes
                          ← プロンプトが戻らない
```

# 11-2 プロセスはシステムから見たプログラムの実行単位

ジョブはひとつのシェルから見た実行単位ですが、システム全体から見た実行中のプログラムの最小単位を「**プロセス**」といいます。また、それぞれのプロセスには「**プロセスID**」(PID) という一意の番号が割り振られます。ターミナルのウインドウを複数開いた場合、ジョブ番号はそれぞれのターミナルで1から割り当てられますが、プロセスIDはシステム全体で重複がない番号となります。

## 11-2-1 プロセスの一覧を表示する

現時点で実行されているプロセスの一覧を表示するには**ps**コマンドを使用します。

コマンド **ps**
説　明 **プロセスの一覧を表示する**

書　式 **ps** [オプション]

psコマンドをオプションなしで実行すると自分のプロセスが表示されます。このとき、ターミナルのウインドウ／タブを複数開いている場合にはすべてのプロセスが表示されます。また、シェル (zsh) も一覧に表示されます。

```
% ps return
  PID TTY           TIME CMD
39464 ttys000    0:00.32 -zsh
46160 ttys000    0:02.27 xeyes
46176 ttys000    0:00.07 xclock
46557 ttys001    0:00.06 -zsh
 9140 ttys002    0:00.05 /bin/zsh --login
19258 ttys003    0:00.84 /bin/zsh -l
```

プロセスID　ターミナル名

結果を見るとわかるように、別のターミナル内で実行中のプロセスも表示されます。

なお、「% find . -name "*.jpg" 2> /dev/null | cat -n > jpeglist & return」のように、複数のコマンドをパイプで実行した場合、ジョブではコマンド全体でひとつのジョブとなりますが、プロセスでは「find . -name *.jpg」と「cat -n」の2つに分かれ、それぞれが個別のプロセスとなります。

```
% find . -name "*.jpg" 2> /dev/null | cat -n > jpeglist & return
[1] 46660 46661
% jobs return
[1]  + running    find . -name "*.jpg" 2> /dev/null | cat
-n > jpeglist  ←ジョブとしてはひとつ
% ps return
  PID TTY           TIME CMD
46636 ttys000    0:00.08 -zsh
46660 ttys000    0:02.94 find . -name *.jpg  ┐
46661 ttys000    0:00.16 cat -n              ┘←プロセスとしては2つ
 9140 ttys002    0:00.05 /bin/zsh --login
19258 ttys003    0:00.84 /bin/zsh -l
```

## ●システム全体のプロセスの一覧を表示する

psコマンドに「**-axw**」オプションを付けて実行すると、自分のプロセスだけでなく、システムのプロセスを含めたプロセスの一覧を表示できます。

```
% ps -axw return
  PID TTY           TIME CMD
    1 ??        15:54.30 /sbin/launchd
   10 ??         1:05.04 /usr/libexec/kextd
   11 ??         1:53.16 /usr/sbin/DirectoryService
   12 ??         0:17.17 /usr/sbin/notifyd
   13 ??         0:03.85 /usr/sbin/diskarbitrationd
   14 ??         1:33.04 /usr/libexec/configd
   15 ??         1:20.78 /usr/sbin/syslogd
～略～
 4947 ttys001    0:00.02 -bash
 5126 ttys001    0:00.00 ps -axw
```

「**TTY**」のフィールドのターミナル名が「**??**」になっているプロセスが多数あることに注目してください。これらは、ターミナルに依存しない主にシステム関連のプロセスで、「**デーモンプロセス**」などと呼ばれます。

「**デーモン**」とは物騒な名前のように感じるかもしれませんが、どちらかというと精霊的とか守護神的な意味合いです。見えないところで動作している縁の下の力持ち的存在といったイメージです。なお、デーモンプロセスは「syslogd」のように名前の最後に「d」の付くものが多くあります。

## 11-2-2　プロセスの状況を監視する

psコマンドではその時点でのプロセスの一覧が表示されますが、プロセスの状態の変化をリアルタイムで監視したいといった場合には**top**コマンドが便利です。

コマンド　**top**
説　明　**プロセスを監視する**

書　式　**top** [オプション]

topコマンドを実行すると、負荷やメモリの使用状況とシステムの情報とプロセスの状態がリアルタイムで表示されます。終了するには[Q]を押します。

**topコマンドの実行例**

```
o2 — top — 80×24
Processes: 459 total, 4 running, 1 stuck, 454 sleeping, 3026 threads   23:07:41
Load Avg: 6.08, 5.35, 5.34  CPU usage: 9.64% user, 8.71% sys, 81.63% idle
SharedLibs: 360M resident, 72M data, 16M linkedit.
MemRegions: 370483 total, 2104M resident, 110M private, 2236M shared.
PhysMem: 15G used (3646M wired), 70M unused.
VM: 168T vsize, 3778M framework vsize, 1562070138(416) swapins, 1573024973(0) sw
Networks: packets: 154381083/119G in, 125222021/23G out.
Disks: 238548421/26T read, 184801249/25T written.

PID    COMMAND      %CPU TIME     #TH    #WQ  #PORT MEM    PURG   CMPRS  PGRP
53468  WindowServer 31.1 11:40:53 24     6    5913- 2934M+ 0B     438M-  53468
83168  backupd      27.0 01:28.27 9      8/1  118   32M-   0B     20M-   83168
0      kernel_task  24.3 65:54:38 616/10 0    0     3312K  0B     0B     0
54106  Spotify Help 10.1 93:59.52 24/2   1    500   351M   0B     83M-   53648
53700  DMMbookviewe 9.1  04:36:47 33     7    453   547M   0B     251M   53700
83766  top          6.6  00:00.81 1/1    0    30    7921K+ 0B     0B     83766
54507  qemu-system- 3.9  01:48:20 5      0    20    2536M  0B     2474M- 54430
53668  Activity Mon 3.7  22:55.05 5      3    358+  66M+   0B     39M-   53668
17615  com.apple.We 3.5  53:04.14 8      1    123   539M   0B     183M   17615
198    coreaudiod   1.8  08:03:07 10     1    9515  157M   0B     141M   198
53648  Spotify      1.8  33:16.31 42     1    573   203M   0B     172M-  53648
509    sysmond      1.8  85:03.21 3      2    19    5217K  0B     2560K- 509
173    bluetoothd   1.7  01:59:36 10     4    268   10M    0B     4400K  173
104    logd         1.6  88:20.89 4      3    1475  68M+   0B     54M    104
```

なお、macOSの「**アクティビティモニタ**」アプリ（「アプリケーション」→「ユーティリティ」フォルダ）を使用しても、プロセスの一覧、CPUやメモリ、ディスクの利用状況を表示できます。

**アクティビティモニタでプロセスの状況を表示**

プロセスを選択し、左上の「停止」ボタン⊗をクリックすることにより、プロセスを終了できます。

**プロセスを終了**

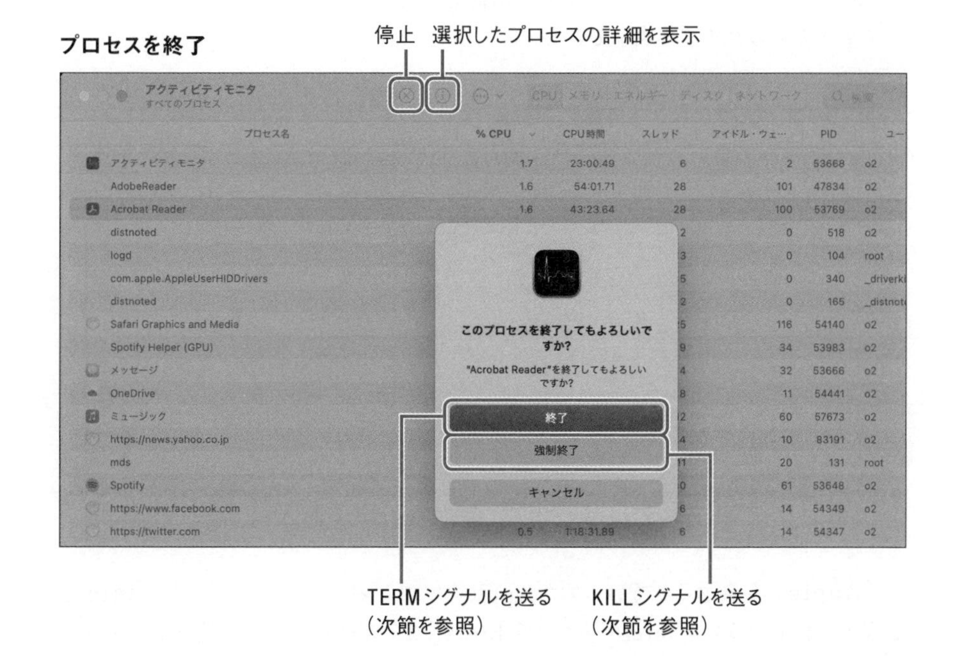

「選択したプロセスの詳細を表示」ボタン①をクリックすると、プロセスの詳しい情報が表示されます。

**プロセスの詳細**

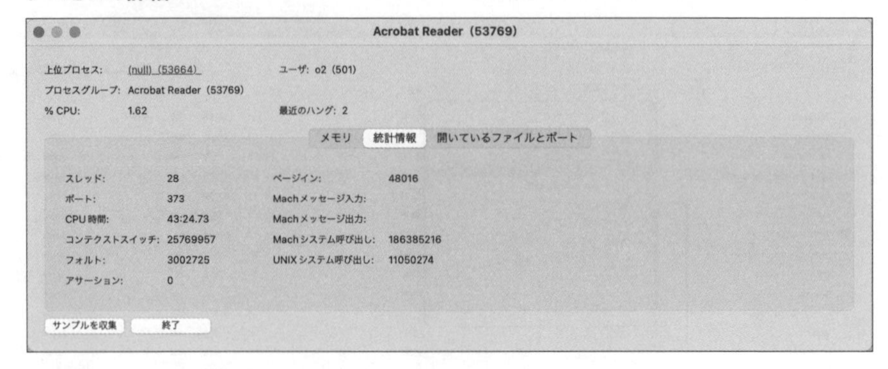


## ●実行中のアプリがAppleシリコンのネイティブアプリかIntelアプリかを調べる

アクティビティモニタの見出し部分を右クリックすることにより、表示する情報を選択できます。

Appleシリコンのシステムの場合、「**種類**」を表示すると、実行中のアプリのアーキテクチャのタイプを表示できます。

**Appleシリコンのシステムで「種類」を表示**

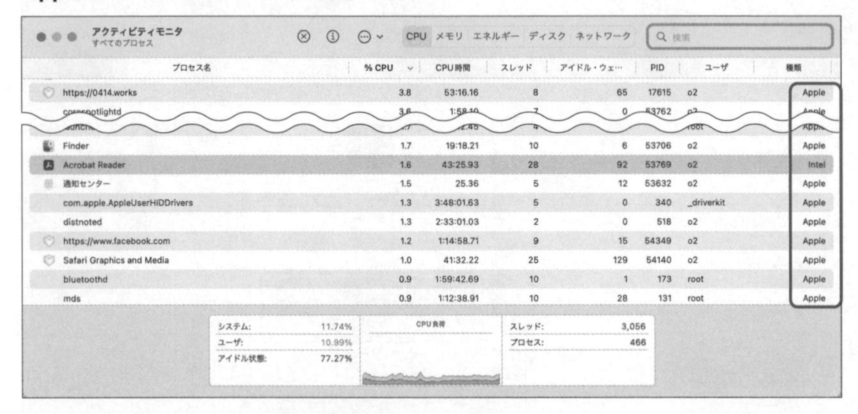


「**Apple**」と表示されているのがAppleシリコンのネイティブアプリ、「**Intel**」と表示されているのがIntelバイナリをRosetta 2で変換して動作しているアプリに

なります。

なお、Intel Macの場合、Appleシリコンネイティブのアプリは実行できないため表示項目の「種類」を選択できません。

# 11-3 ジョブやプロセスにシグナルを送る killコマンド

**kill**コマンドを使用すると、ジョブやプロセスに「**シグナル**」と呼ばれる指令を送ることができます。

コマンド **kill**

説　明 **ジョブ／プロセスにシグナルを送る**

書　式① **kill** [-シグナル名] %ジョブ番号

書　式② **kill** [-シグナル名] プロセスID

## 11-3-1 TERMシグナルで ジョブやプロセスを終了する

フォアグラウンドジョブとして実行中のジョブは control + C で終了できます。ただし、control + C はバックグラウンドジョブには機能しません。

バックグラウンドジョブを強制終了するには、killコマンドを使用します。killコマンドは、引数でシグナル名を指定しないと、プロセスまたはジョブコマンドに対して「終了してください」とお願いするシグナルを送ります。これは「**TERMシグナル**」(terminateの略) と呼ばれています。

次にバックグラウンドジョブとして実行中のxeyesを終了する例を示します。

```
% xeyes & return
[4] 4984                          ← ジョブ番号は4
% kill %4 return                  ← ジョブ番号4にTERMシグナルを送る
[4]+  Terminated: 15        xeyes ← xeyesが終了した
```

シグナル名「TERM」を明示的に指定するには次のようにします。

```
% kill -TERM %4 return
```

また、ジョブ番号の代わりにプロセスIDで指定してもかまいません。その場合、プロセスIDの前に「%」はつけません。

```
% kill 4984 return
```

## 11-3-2 KILLシグナルでジョブやプロセスを強制終了する

TERMシグナルは、ジョブやプロセスに対して「終了してください」と穏便にお願いするだけなので、暴走しているコマンドはTERMシグナルを受け付けない場合があります。そのような場合は、「**KILL**シグナル」という強制終了のためのシグナルを試してみてください。

```
% find ~/Documents -mtime -1 -type f > newfiles & return   ← バックグラウンドジョブを実行
[4] 4998
% kill -KILL %4 return   ← 「ジョブ4」にKILLシグナルを送る
[4]+  Killed: 9                    find ~/Documents -mtime -1
-type f > newfiles   ← 強制終了された
```

なお、各シグナルにはシグナル番号が割り当てられています。KILLシグナルには9番が割り当てられているため、「-KILL」の代わりに「-9」を指定しても強制終了できます。

```
% kill -9 %4 return   ← 「ジョブ4」にKILLシグナルを送る
```

MEMO

**システムプロセスにシグナルを送るには**

**ほかのユーザのプロセスや、システムのプロセスにもシグナルを送ることができます。ただしその場合にはスーパーユーザ権限が必要なので、sudoコマンド経由で行う必要があります（P.238「9-1 スーパーユーザ権限で実行するsudoコマンド」参照）。**

### ●シグナルの一覧を表示する

シグナルの一覧は、killコマンドに「-l」オプションを指定して実行すると確認できます。

```
% kill -l [return]        ←シグナルリストを表示
HUP INT QUIT ILL TRAP ABRT EMT FPE KILL BUS SEGV SYS PIPE
ALRM TERM URG STOP TSTP CONT CHLD TTIN TTOU IO XCPU XFSZ
VTALRM PROF WINCH INFO USR1 USR2
```

## 11-3-3 プロセス名でシグナルを送れるkillallコマンド

killコマンドの場合、対象となるジョブ／プロセスのジョブ番号やプロセスIDを調べる必要があります。次に説明する**killall**コマンドはプロセス名でシグナルを送ることができます。

コマンド **killall**
説　明 **プロセス名でシグナルを送る**

書　式 **killall** [-シグナル名] プロセス名

killallコマンドは、同じ名前の実行中のプロセスすべてにシグナルを送ります。たとえば、xeyesを3つ実行中の場合に、次のようにすると、すべてのxeyesにTERMシグナルを送ることができます。

```
% xeyes & [return]
[5] 5012
% xeyes & [return]
[6] 5013
% xeyes & [return]
[7] 5014
% killall xeyes [return]    ←すべてのxeyesを終了
[5]   Terminated: 15            xeyes
[6]-  Terminated: 15            xeyes
[7]+  Terminated: 15            xeyes
```

killallコマンドはmacOSのGUIアプリにシグナルを送るのにも使用できます。たとえばWebブラウザ「Safari」を終了するには次のようにします。

```
% killall Safari return
```

次のようにするとDockを再起動します。

```
% killall Dock return
```

これだとDockが終了してしまいそうですが、Dockは終了すると自動で再起動されます。

同様に、Finderを再起動したければ次のようにします。

```
% killall Finder return
```

macOSのGUI画面を管理するデーモンプロセスに「**WindowServer**」があります。画面がフリーズした場合、外部からSSH（P.391「第18章 SSHでセキュアな通信を実現」参照）でリモートログインし、WindowServerにKILLシグナルを送ると復旧できるケースがあります。

```
% sudo killall -KILL WindowServer return
```

上記のコマンドを実行すると、WindowServerが再起動し再びログイン画面が表示されます。

# 第12章

# ユーザーとグループ管理

**UNIXは、当初からマルチユーザシステムを目指して開発されたOSです。これは、複数のユーザが同時にログインして、それぞれが別の仕事をこなせることを意味します。UNIXをベースとするmacOSも同様で、必要に応じて複数のユーザやグループを登録、管理していくことが可能です。**

**ポイントはこれ！**

- ユーザは少なくともひとつのグループに属する
- 管理者はadminグループに属する
- 一般ユーザのプライマリグループはstaff
- ターミナル上でほかのユーザに移行するsuコマンド
- 所有者変更はchownコマンド／所有グループ変更はchgrpコマンド

## 12-1　ユーザとグループの仕組みを知ろう

UNIX系OSでは、複数のユーザをまとめた「**グループ**」という管理単位があります。各ユーザは少なくともひとつのグループに属します。ファイルやディレクトリには、所有者、所有グループ、その他といった単位でパーミッション（アクセス権限）を設定できました。所有グループに属しているユーザには、所有グループのパーミッションが有効になるわけです。

### 12-1-1　属しているグループを確認する

現在自分が属しているグループを確認するには**groups**コマンドを使用します。

コマンド **groups**

説　明　**属するグループを表示する**

書　式　**groups**

次に管理者でログインした状態で**groups**コマンドを実行した結果を示します。

```
% groups return
staff develop everyone localaccounts admin _lpadmin com.
apple.access_ssh com.apple.sharepoint.group.1 com.apple.
sharepoint.group.3 com.apple.sharepoint.group.2 _appstore
_lpoperator _developer _analyticsusers com.apple.access_
ftp com.apple.access_screensharing-disabled com.apple.
access_remote_ae
```

デフォルトで、多くのグループに属していることが確認できます。たとえば、「com.apple.sharepoint.group.番号」といった長い名前のグループがありますが、これはファイル共有や画面共有機能で使用される特別なグループです。

### ●管理者はadminグループに属している

macOSでは、管理者として登録されているユーザは「**admin**」というシステム管理用のグループにも属しています。システムのインストール時に登録したユーザは管理者となります。

P.238「9-1 スーパーユーザ権限で実行するsudoコマンド」で説明したようにadminグループに属するユーザは、スーパーユーザの権限でコマンドを実行する**sudo**コマンドを使用できます。

### ●一般ユーザのプライマリグループはstaff

groupsコマンドで最初に表示されるのが、ユーザのデフォルトのグループで、これを「**プライマリグループ**」といいます。管理者を含む一般ユーザのプライマリグループは「**staff**」です。ユーザがファイルを作成すると、プライマリグループが所有グループとなります。

次に**touch**コマンドで空のファイルを作成し、それを「ls -l」コマンドで表示してファイルの詳細情報を確認する例を示します（touchコマンドはファイルのタイムスタンプを更新するコマンドですが、存在しないファイルを引数に実行すると空のファイルが作成されます）。

```
% touch test.txt return  ←空のファイルを作成
% ls -l test.txt return
-rw-r--r--  1 o2  staff  0  8  4 00:35 test.txt
                    ↑
            所有グループはプライマリグループ
```

## 12-1-2 ユーザIDとグループIDについて

ユーザ名、グループ名はシステムの内部では、それぞれ「**ユーザID**」(**uid**)、「**グループID**」(**gid**) というID番号で管理されています。自分のユーザIDとグループIDは**id**コマンドで確認することができます。

コマンド **id**

説　明 **ユーザIDとグループIDを表示する**

書　式 **id**

次の例は、管理者での実行例です。

```
% id return
uid=501(o2) gid=20(staff) groups=20(staff),507(develop),12
(everyone),61(localaccounts),80(admin),98(_
lpadmin),399(com.apple.access_ssh),701(com.apple.
sharepoint.group.1),703(com.apple.sharepoint.
group.3),702(com.apple.sharepoint.group.2),33(_
appstore),100(_lpoperator),204(_developer),250(_
～略～
```

最初の「**uid**」で表示されているのがユーザIDです。macOSでは、ユーザIDはシステムに登録した順に「**501**」番から割り振られていきます。その次の「**gid**」では、ユーザのプライマリグループの「ID（グループ名）」が表示されます。その次の「groups」では、ユーザの属するすべてのグループの「ID（グループ名）」がカンマ「,」区切りで表示されます。

なお、500番以下のユーザIDはシステム用に使用します。たとえば、スーパーユーザ（root）のユーザIDは「0」です。そのほかにもサーバ管理などのためのユーザIDが用意されています。

### ●スーパーユーザのグループ

**スーパーユーザ**（root）にもプライマリグループがあります。グループID「0」の**wheel**グループがスーパーユーザのプライマリグループです。システムのディレクトリやファイルの多くは所有者が「**root**」、所有グループが「**wheel**」になっています。

試しに、CUIコマンドの保存先である/binディレクトリの一覧を確認してみましょう。

```
% ls -l /bin return
total 5168
-rwxr-xr-x  1 root  wheel    22464 12  3  2015 [
-r-xr-xr-x  1 root  wheel   628496 12  3  2015 bash
-rwxr-xr-x  1 root  wheel    23520 12  3  2015 cat
～略～
```

## 12-1-3 suコマンドでほかのユーザに移行する

続いて、ターミナル上でほかのユーザに移行する**su**コマンドについて説明しましょう。

コマンド **su**

説　明 **別のユーザに移行する**

書　式 **su [-] ユーザ名**

suコマンドの実行には、移行するユーザのパスワードを入力する必要があります。このとき、「**-**」オプションを指定して実行した場合、環境変数やホームディレクトリなどの環境を含めてそのユーザに移行します。つまりそのユーザでログインしたのと同じ状態になります。それに対して「-」オプションを指定しなかった場合には、カレントディレクトリなどの環境はそのままです。

次に、ユーザ「o2」でログインした状態で、ユーザ「naoko」に移行する例を示します。

**「-」オプションを指定しないで移行**

**「-」オプションを指定して移行**

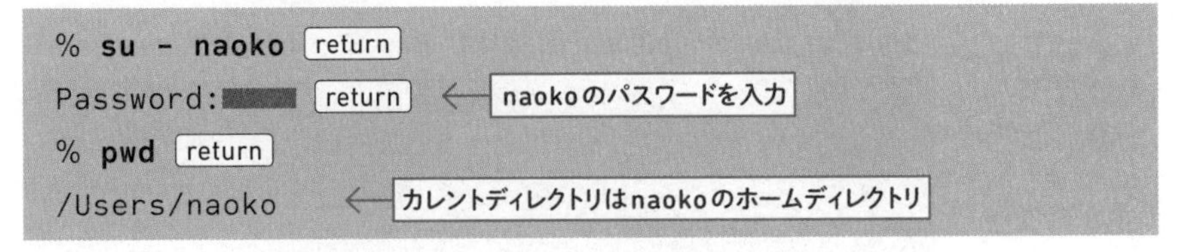


### ●スーパーユーザに移行できる?

実はsuコマンドをユーザ名なしで実行するとスーパーユーザに移行できます。ただし、デフォルトではスーパーユーザのパスワードが設定されていないため移行できません。

「sudo passwd root return」でrootのパスワードを設定すれば、suコマンドを使用してスーパーユーザに移行できるようになりますが、お勧めしません。スーパーユーザでしか実行できないコマンドを実行するには、sudoコマンドを使うというのがmacOSの流儀だからです。なお、macOSに限らず最近のLinuxディストリビューションも、スーパーユーザの権限が必要なコマンドをsudo経由で実行することが推奨されています。

# 12-2 「システム環境設定」でユーザ/グループを追加/削除する

macOSではGUIアプリ「システム環境設定」の「**ユーザとグループ**」でユーザ/グループの管理が行えます。ここではユーザとグループの追加と削除方法について説明しましょう。

## 12-2-1 ユーザを追加する

ユーザを追加するには、あらかじめ左下の鍵のアイコンをクリックしてロックを外しておきます。その後、次のようにします。

①左下の[+]ボタンをクリックします。

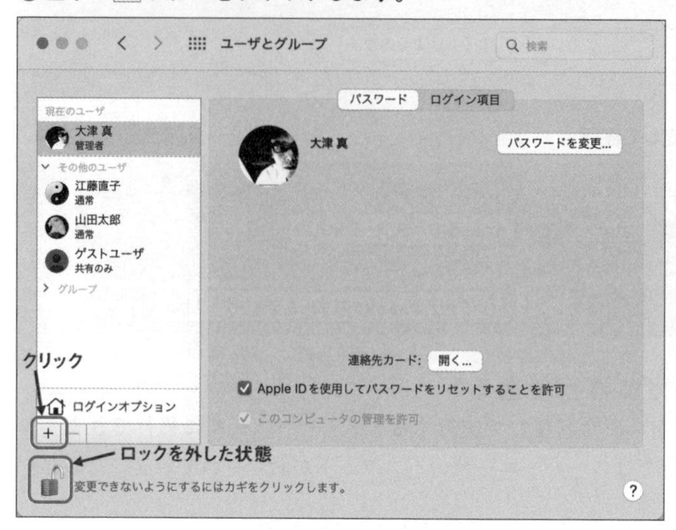


②表示されるダイアログでアカウントの情報を入力します。

ユーザを管理者にするには「新規アカウント」で「管理者」を選択して、「ユーザを作成」ボタンをクリックします。

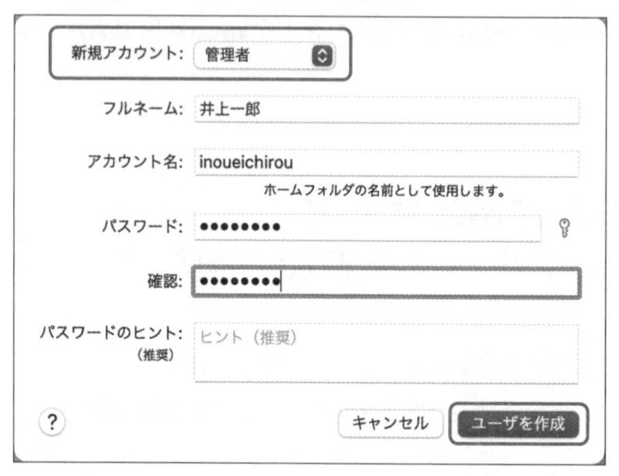


MEMO

**登録後に管理者にする**

**ユーザ登録後に一般ユーザを管理者にするには「ユーザとグループ」でユーザを選択し「このコンピュータの管理を許可」をチェックします（P.018参照）。**

**③管理者として新たにユーザが登録されます。**

次の例ではユーザ「井上一郎」を管理者として登録しています。

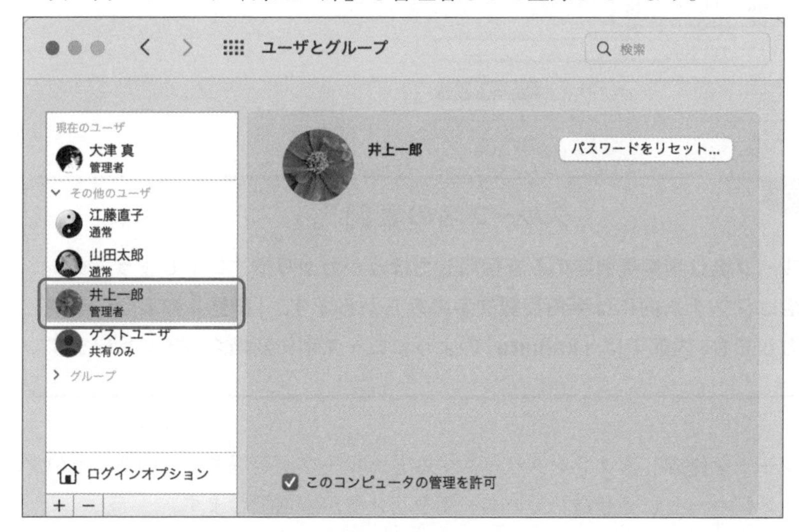


**MEMO**

**「アカウント」の由来**

**なぜユーザ情報のことを「アカウント」というのでしょうか。それは、その昔1台のコンピュータを複数のユーザでシェアしていた時代に、ログインした時間に応じて課金（アカウンティング）を行っていたからです。**

ユーザを作成すると、/Usersディレクトリにユーザ名のホームディレクトリが作成され、その下にDocumentsやMusicといったディレクトリが用意されます。

```
% ls /Users/inoueichirou return
Desktop/    Downloads/  Movies/     Pictures/
Documents/  Library/    Music/      Public/
```

## 12-2-2　グループを追加する

新規グループを追加するには、ユーザの追加の場合と同じく左下の[+]ボタンをクリックします。表示されるダイアログの「新規アカウント」で「グループ」を選択し、「フルネーム」でグループ名を設定します。

**グループを作成**

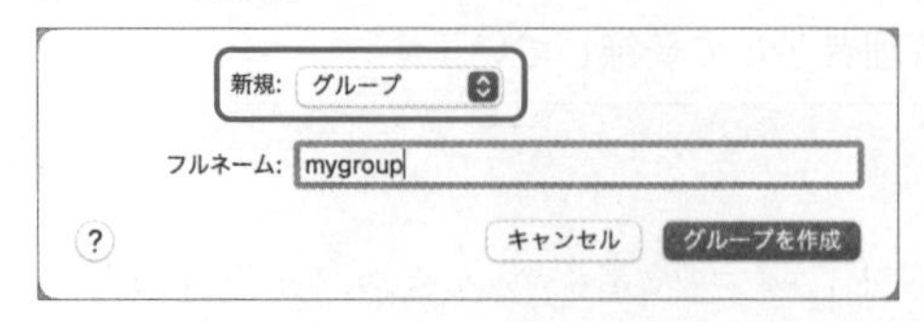


MEMO

**グループ名の表記**

**グループ名は半角英数字のみを使用したほうがわかりやすいでしょう。グループ名はシステム的には半角英数文字のみだからです。「開発」のように漢字で入力しても、内部では「kaihatu」のようにローマ字に変換されてしまいます。**

「グループを作成」ボタンをクリックするとグループが登録されるので、そのグループのメンバーとして登録したいユーザをリストから選択します。

**グループのメンバーを登録**

## 12-2-3 ユーザ/グループを削除する

既存のユーザ/グループを削除するには、「システム環境設定」ダイアログボックスの「ユーザとグループ」でユーザ/グループを選択し、左下の[-]ボタンをクリックします。

ユーザ／グループを削除

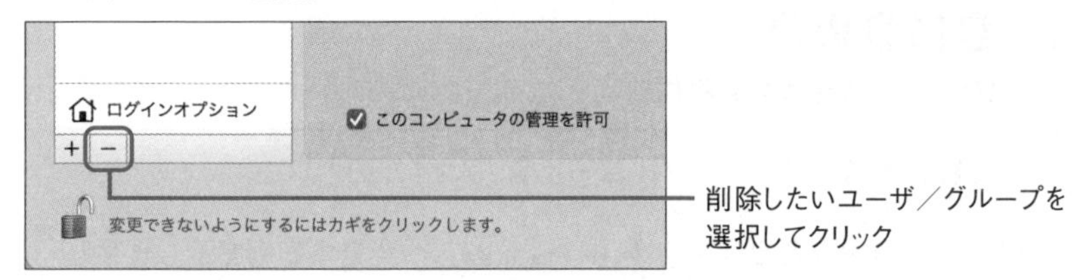


ユーザを削除する場合には、表示されるダイアログボックスで、ホームディレクトリを保存するかをどうかを選択し「ユーザを削除」ボタンをクリックします。

ユーザを削除する場合はホームディレクトリの扱いを選択

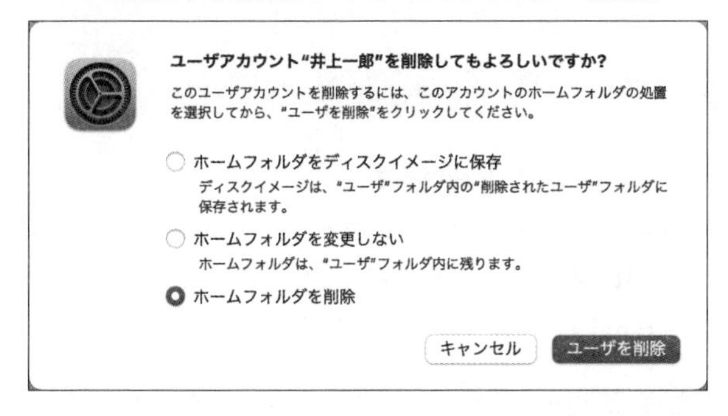


# 12-3 ファイルの所有者と所有グループを変更する

新規のファイルを作成した状態では、ファイルの所有者は作成したユーザ、所有グループはファイルを作成したユーザのプライマリグループになっています。これらはそれぞれ、**chown**コマンド、**chgrp**コマンドで変更できます。

## 12-3-1 所有者を変更する

ファイルやディレクトリの所有者を変更するには**chown**コマンドを使用します。所有者を変更するにはスーパーユーザの権限が必要です。また、管理者として登録されているユーザである必要があります。

コマンド **chown**

説　明　**ファイルの所有者を変更する**

書　式　**chown** [オプション] ユーザ名 ファイルのパス

次に「hello.txt」の所有者を「o2」から「tanaka」へ変更する例を示します。

```
% ls -l hello.txt return                              現在の所有者は「o2」
-rw-r--r--  1 o2  staff  17  8  4 13:27 hello.txt  ←
% sudo chown tanaka hello.txt return  ← 所有者を「tanaka」に変更
Password:■■■■ return ← パスワードを入力
% ls -l hello.txt return
-rw-r--r--  1 tanaka  staff  17  8  4 13:27 hello.txt
```

### ●ディレクトリ以下の所有者を丸ごと変更する

指定したディレクトリ以下を順にたどって、すべてのファイル／ディレクトリの所有者をまるごと変更するには「**-R**」オプションを指定して実行します。たとえば、samples以下の所有者をすべて「tanaka」に変更するには次のようにします。

```
% sudo chown -R tanaka samples/ return
```

## 12-3-2　所有グループを変更する

所有グループを変更するには**chgrp**コマンドを使います。所有グループを変更できるのは、ファイルの所有者かスーパーユーザだけです。また、ファイルの所有者が変更する場合には、所有者が変更後のグループに属している必要があります。

コマンド **chgrp**

説　明　**ファイルの所有グループを変更する**

書　式　**chgrp** [オプション] ユーザ名 ファイルのパス

次に、hello.txtの所有グループをdevelopに変更する例を示します。

```
% ls -l hello.txt return
-rw-r--r--  1 o2  staff  17  8  4 13:27 hello.txt
```

```
% chgrp develop hello.txt return
% ls -l hello.txt return
-rw-r--r--  1 o2  develop  17  8  4 13:27 hello.txt
```

chownコマンドと同様に「**-R**」オプションを指定すれば、ディレクトリ下の所有グループを丸ごと変更できます。

## 12-3-3 所有者と所有グループをまとめて変更する

chownコマンドの引数を「ユーザ名:グループ名」の形式で指定すれば所有者と所有グループをまとめて変更することができます。たとえばsamplesディレクトリ以下の所有者を「o2」、所有グループを「develop」に変更するには次のようにします。

```
% sudo chown -R o2:develop samples return
```

COLUMN

### defaultsコマンドで アプリケーションを設定する

macOSアプリケーションの多くは、「ユーザデフォルト」と呼ばれるデータベースに初期設定などの情報を保管しています。**defaults**コマンドを使用するとユーザデフォルトの内容を変更できます。

コマンド **defaults**
説　明 **ユーザデフォルトを操作する**

書　式 **defaults** サブコマンド

次に、defaultsコマンドの基本的なサブコマンドを示します。

**defaultsコマンドのサブコマンド**

| サブコマンド | 説明 |
|---|---|
| read | ユーザデフォルトの値を表示する |
| write | ユーザデフォルトの値を変更する |
| delete | 値を削除する |
| find | 指定した文字列とマッチするキーや値を検索する |

たとえば、「Finder」メニューの「ゴミ箱を空にする」でゴミ箱を空にしようとすると、デフォルトでは右図の確認ダイアログが表示されます。

**「ゴミ箱を空にする」の確認ダイアログ**

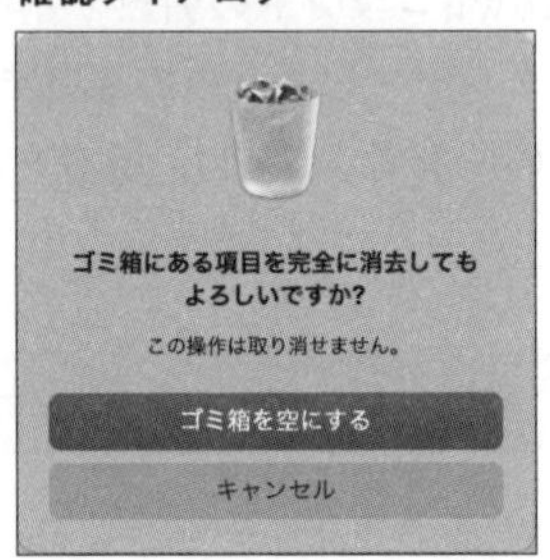


これを確認なしに削除するには、次のようにdefaultsコマンドを実行し、killallコマンドでFinderを再起動します。

```
% defaults write com.apple.finder WarnOnEmptyTrash␣➡
-bool NO return    ← Finderのユーザデフォルトを変更する
% killall Finder return    ← Finderを再起動する
```

半角スペースを入れて改行せずに続けて入力

元に戻すには次のようにします。

```
% defaults write com.apple.finder WarnOnEmptyTrash␣➡
-bool YES return
% killall Finder return    ← Finderを再起動する
```

半角スペースを入れて改行せずに続けて入力

なお、ユーザデフォルトの設定は、OSやアプリケーションのバージョンに依存する部分が大きいので最新情報はネットなどで検索するようにしてください。

# 第13章

# macOSのサービスを管理する

**macOSでは、システムの初期化、定期的なプログラムの実行、ネットワークサーバなどのサービスの管理をlaunchdと呼ばれるプログラムが担当します。この章では、launchdの概要と、そのフロントエンドであるlaunchctlコマンドを使用したサービスの制御方法について説明しましょう。**

ポイントはこれ！

- サービスを集中管理するlaunchd
- システム全体で実行されるサービスを「デーモン」という
- ユーザがログイン中に提供されるサービスを「エージェント」という
- launchdを制御するlaunchctlコマンド
- 周期的に処理を行うperiodic

## 13-1　サービスを集中管理するlaunchd

**launchd**は、macOSに用意されているさまざまなサービスを集中管理するプログラムです。まず、launchdの概要と、launchdが管理する「**デーモン**」と「**エージェント**」という2種類のサービスについて説明しましょう。

### 13-1-1　init、cron、スーパーサーバを置き換えるlaunchd

現在実行中のプログラムの最小単位であるプロセスには、「**プロセスID**」(**PID**)と呼ばれる、システム内で重複のない番号が割り当てられます。伝統的なUNIX系のOSでは、システムの起動時に「**init**」というプロセスが起動し、rcスクリプトなどと呼ばれるスクリプト群を実行して、システムの初期化を行っていました。

initのプロセスIDは「1」で、それ以降に起動するプロセスは、すべてその子孫となります。

また、ネットワークサービスの起動の管理には「**スーパーサーバ**」と呼ばれるプロセスが使用され、ログのローテーション（一定量や一定期間のログを残す仕組み）などの定期的な処理の実行には「**cron**」と呼ばれるプロセスが使用されていました。

ただし、それらは今となっては設計が古く、プロセスを並列に処理できないため起動に時間がかかる、設定ファイルが複雑である、などの問題点が指摘されていました。その解決策として、Mac OS X v10.4以降で登場したのが、それらの処理を統括して管理する「**launchd**」です。

**launchd**

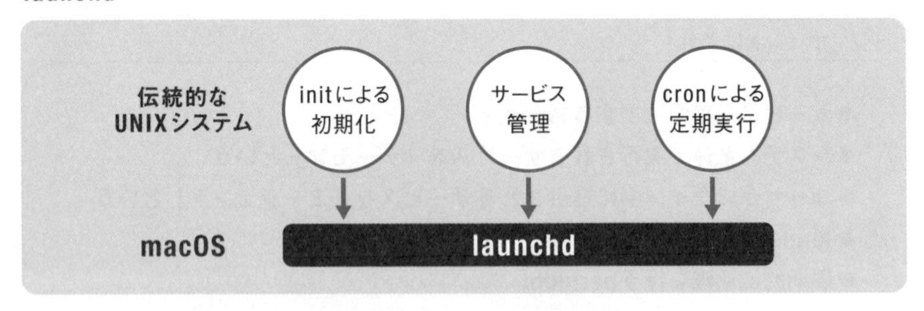


「ps -axw」コマンドで確認してみると、プロセスIDが1のプロセスとしてlaunchdが起動していることがわかります。

```
% ps -axw return
  PID TTY           TIME CMD
    1 ??       207:28.20 /sbin/launchd ←①
   98 ??        53:09.71 /usr/libexec/logd
   99 ??         2:51.88 /usr/libexec/UserEventAgent
(System)
  100 ??         0:14.14 /Library/PrivilegedHelperTools/
com.bombich.ccchelpe
～略～
```

システムを立ち上げると、①のプロセスIDが1のlaunchdが最初に起動します。プロセスには親子関係があり、ほかのすべてのプロセスは、launchdの子孫のプロセスとなります。

この、launchdは、元々はAppleによって開発されたプログラムですが、オープンソースとして公開され、現在ではFreeBSDなどにも移植されています。

MEMO

**プロセスの親子関係を表示する**

**プロセスの親子関係はpstree（P.339「14-3-2 プロセスの親子関係を表示する「pstree」」）を使用するとわかりやすく表示できます。**

## 13-1-2 デーモンとエージェントについて

launchdが管理するサービスは、「**デーモン**」と「**エージェント**」の2種類に大別されます。「デーモン」(daemon) は、Webサーバのようなネットワークサーバ、ログの管理を行うサービスといったシステム全体で実行されるサービスです。それに対して、「エージェント」(agent) はそれぞれのユーザがログイン中に個別に提供されるサービスです。たとえば、Finder、Dock、iCloudの同期といったユーザごとのサービスがエージェントとなります。

### ●デーモン、エージェントのための設定ファイル

launchdの管理するデーモン、エージェントのための設定ファイルは、サービスごとに個別のファイルとして用意され、次のようなディレクトリに保存されています。

**デーモンおよびエージェントの設定ファイルの保存ディレクトリ**

| ディレクトリ | 説明 |
|---|---|
| /System/Library/LaunchDaemons | macOS標準のデーモン |
| /Library/LaunchDaemons | サードパーティ、ユーザがインストールしたデーモン |
| /System/Library/LaunchAgents | macOS標準のエージェント |
| /Library/LaunchAgents | サードパーティ、ユーザがインストールしたエージェント |
| /Users/ユーザ名/Library/LaunchAgents/ | ユーザ別に用意されたエージェント |

macOS標準のデーモンの設定ファイルは/System/Library/LaunchDaemonsディレクトリ以下に、デーモンごとにplistファイルとして保存されています。

```
% ls /System/Library/LaunchDaemons/ return
bootps.plist
com.apple.AirPlayXPCHelper.plist
com.apple.AppleCredentialManagerDaemon.plist
com.apple.AppleQEMUGuestAgent.plist
com.apple.AssetCache.builtin.plist
com.apple.AssetCacheLocatorService.plist
～略～
org.apache.httpd.plist
～略～
```

設定ファイルの名前には、開発元のドメイン名を逆さにしたものに、サービス名を加えたものがしばしば使用されます。たとえば、Apple（apple.com）の提供する、SMBプロトコルを使用したファイル共有サービス「**smbd**」の設定ファイルは「**com.apple.smbd.plist**」です。一方、「**org.apache.httpd.plist**」は、apache.orgが提供するWebサーバApacheの設定ファイルです。

macOS標準のエージェントの設定ファイルは、/System/Library/LaunchAgentsディレクトリに保存されています。

```
% ls /System/Library/LaunchAgents/ return
com.apple.AMPArtworkAgent.plist
com.apple.AMPDeviceDiscoveryAgent.plist
～略～
com.apple.Dock.plist
～略～
```

たとえば、**com.apple.Dock.plist**はDockの設定ファイルです。

MEMO

### plistファイル

**拡張子が「.plist」のファイルを「plistファイル」といいます。macOSのシステムやアプリの設定ファイルはplistファイルがよく使用されます。plistファイルは、元々はmacOSの前身のNextStepから引き継いだものです。その記述形式は、独自のものでしたが、最近ではXML形式が主流になっています。**

# 13-2 launchdの設定ファイルを見てみよう

実際に、いくつかのサービスの**launchd**の設定ファイルの概要について説明していきましょう。

## 13-2-1 Webサーバ「Apache」の設定ファイル

次に、/System/Library/LaunchDaemonsディレクトリに保存されたWebサーバ「Apache」の設定ファイル「**org.apache.httpd.plist**」を示します。

**org.apache.httpd.plist**

```
<?xml version="1.0" encoding="UTF-8"?>
<!DOCTYPE plist PUBLIC "-//Apple//DTD PLIST 1.0//EN"
"http://www.apple.com/DTDs/PropertyList-1.0.dtd">
<plist version="1.0">
<dict>
	<key>Disabled</key>
	<true/>
	<key>Label</key>                                ┐
	<string>org.apache.httpd</string>               ┘←①
	<key>EnvironmentVariables</key>
	<dict>
		<key>XPC_SERVICES_UNAVAILABLE</key>
		<string>1</string>
		<key>OBJC_DISABLE_INITIALIZE_FORK_SAFETY</
key>
		<string>YES</string>
	</dict>
	<key>ProgramArguments</key>
②→	<array>
		<string>/usr/sbin/httpd-wrapper</string>←③
```

次ページ3行目まで

```
                <string>-D</string>
                <string>FOREGROUND</string>   ←④
        </array>
        <key>OnDemand</key>
        <false/>                              ←⑤
</dict>
```

XML形式の設定ファイルは、基本的に**<key>**タグによるキーと、その値の組み合わせで構成されます。

①はサービスを識別する**Label**キーの設定です。通常、設定ファイルの名前から拡張子の「.plist」を除いたものがLabelとなります。

②の**ProgramArguments**キーは、実際のプログラムを設定するキーです。プログラムと引数を配列（array）として指定します。

③は起動されるプログラムのパスが「/usr/sbin/httpd-wrapper」であることを示しています。Apacheのプログラム本体は「httpd」です。/usr/sbin/httpd-wrapperはラッパープログラム※でこれを介してhttpdが起動されます。

※内部で元のプログラムを呼び出して、付加的な処理を加えるプログラム。ラッパーは「包み込む」という意味。

④はhttpdを起動するときのオプションの設定です。

⑤の**OnDemand**キーは、サービスをオンデマンド、つまりクライアントからの要求があったときに起動するかどうかの指定です。「true」の場合にはオンデマンド型のサービス、「false」の場合には常に起動している常駐型のサービスとなります。

MEMO

### Disabledキー

**Mountain LionまでのLaunchDaemonsでは、plistファイルのDisabledキーでサービスの有効／無効を切り替えていましたが、現在ではDisabledキーの設定は無視されます。**

## 13-2-2 locateデータベースを更新するための設定ファイル

デーモンは指定した周期で実行させることができます。次に、**locate**コマンドで参照するlocateデータベースを更新する設定ファイル「**/System/Library/LaunchDaemons/com.apple.locate.plist**」を示します（P.178「6-2 高速検索が可能なlocateコマンド」参照）。

**com.apple.locate.plist**

```
<?xml version="1.0" encoding="UTF-8"?>
<!DOCTYPE plist PUBLIC "-//Apple Computer//DTD PLIST
1.0//EN" "http://www.apple.com/DTDs/PropertyList-
1.0.dtd">
<plist version="1.0">
<dict>
        <key>Label</key>
        <string>com.apple.locate</string>
        <key>Disabled</key>
        <true/>
        <key>ProgramArguments</key>
        <array>
                <string>/usr/libexec/locate.updatedb</
string> ←①
        </array>
        <key>ProcessType</key>
        <string>Background</string>
        <key>KeepAlive</key>
        <dict>
                <key>PathState</key>
                <dict>
                        <key>/var/db/locate.database</
key>
                        <false/>
                </dict>
```

```
        </dict>
        <key>StartCalendarInterval</key>
        <dict>
                <key>Hour</key>
                <integer>3</integer>
                <key>Minute</key>                 ←②
                <integer>15</integer>
                <key>Weekday</key>
                <integer>6</integer>
        </dict>
        <key>AbandonProcessGroup</key>
        <true/>
</dict>
</plist>
```

①では、**ProgramArguments**キーでlocateデータをアップデートするプログラムが「/usr/libexec/locate.updatedb」であることを指定しています。

②では**StartCalendarInterval**キーのHour（時）、Minute（分）、Weekday（曜日）により何曜日の何時何分に実行するかを指定しています。この例では毎週日曜日の午前3時15分に実行するように設定されています。

## 13-3 launchdを制御するlaunchctlコマンド

launchdが管理するサービスの制御を行うコマンドとして、**launchctl**コマンドが用意されています。

コマンド **launchctl**

説　明 **サービスを制御する**

書　式 **launchctl** サブコマンド

## 13-3-1 launchctlコマンドのサブコマンド

次の表に、launchctlコマンドでシステムのサービス（システムドメインのサービス）を制御するための基本的なサブコマンドを示します。

**launchctlの基本的なサブコマンド**

| 引数 | 説明 |
|---|---|
| bootstrap system 設定ファイルのパス | サービスの設定ファイルを読み込む |
| bootout system 設定ファイルのパス | サービスの設定ファイルを無効にする |
| enable system/サービス名 | サービスを有効にする※ |
| disable system/サービス名 | サービスを無効にする |
| kikstart [-k] system/サービス名 | サービスを起動する（-kオプションを指定するとすでにサービスが起動していた場合に再起動する） |
| list | すべてのサービスの実行状況を表示する |
| print system | システムのサービスの情報を表示する |
| print-disabled system | システム内で無効なサービスの一覧を表示する |

※たとえば、Apacheの場合はサービス名に「org.apache.httpd」と指定します。

たとえば、サービスの状態（有効／無効）の一覧は「**print-disabled system**」をサブコマンドに指定して実行するとわかります。

```
% sudo launchctl print-disabled system [return]
disabled services = {
        "com.apple.AEServer" => true
        "com.apple.DirectoryServices" => false
        ～略～
}
```

「**false**」が現在有効なサービス、「**true**」が無効なサービスです（逆ではないので注意してください）。たとえばSSHが有効かどうかを調べるには、出力をパイプでgrepコマンドに渡して絞り込むとよいでしょう。SSHが有効の場合には次のように表示されます。

```
% launchctl print-disabled system | grep openssh [return]
        "com.openssh.sshd" => false ←SSHが有効
```

## 13-3-2 launchctlコマンドで SSHサーバを起動する

安全なリモートログインを実現するサービスにSSHがあります（P.391「第18章SSHでセキュアな通信を実現」参照）。SSHサーバの有効／無効の切り替えは「システム環境設定」→「共有」→「リモートログイン」でも行えますが、ここではlaunchctlコマンドを使用する方法について説明します。

### ●SSHサーバの設定ファイル

まず、SSHサーバの設定ファイルを確認しておきましょう。SSHサーバのlaunchdの設定ファイルは、**/System/Library/LaunchDaemons/ssh.plist**です。

**/System/Library/LaunchDaemons/ssh.plist**

```
<?xml version="1.0" encoding="UTF-8"?>
<!DOCTYPE plist PUBLIC "-//Apple//DTD PLIST 1.0//EN"
"http://www.apple.com/DTDs/PropertyList-1.0.dtd">
<plist version="1.0">
<dict>
        <key>Disabled</key>
        <true/>
        <key>Label</key>
        <string>com.openssh.sshd</string> ←①
        <key>Program</key>
        <string>/usr/libexec/sshd-keygen-wrapper</
string> ←②
        <key>ProgramArguments</key>
        <array>
                <string>sshd-keygen-wrapper</string>
        </array>
        <key>Sockets</key>
        <dict>
                <key>Listeners</key>
                <dict>
```

```
                        <key>SockServiceName</key>
                        <string>ssh</string>
                        <key>Bonjour</key>
                        <array>
                                <string>ssh</string>
                                <string>sftp-ssh</
string>
                        </array>
                </dict>
        </dict>
        <key>inetdCompatibility</key>  ┐
        <dict>                         │
                <key>Wait</key> ┐      │
                <false/>        ┘←④    │←③
                <key>Instances</key>   │
                <integer>42</integer>  │
        </dict>                        ┘
～略～
```

①のLabelキーで設定されている「com.openssh.sshd」がSSSサーバの実際のサービス名になります。

②のProgramキーの「/usr/libexec/sshd-keygen-wrapper」がSSHサーバを起動するためのラッパープログラム（P.308の※参照）です。

③のinetdCompatibilityは、かつてUNIX系OSで広く使用されていたスーパーサーバ「inetd」と同様にサーバを起動するための指定です。これを設定するとオンデマンド（クライアントから接続があった時点）でSSHサーバが起動します。

また、④のようにWaitキーがFalseになっていると、同時に複数のクライアントからの接続を受け付けます。

## ●SSHサーバを起動する

続いて、launchctlコマンドでSSHサーバを起動してみましょう。実行にはスーパーユーザの権限が必要なのでsudoコマンド経由で実行します。

SSHサーバを有効にするには、まず「**launchctl enable**」コマンドを実行します。

```
% sudo launchctl enable system/com.openssh.sshd [return]
Password:■■■■ [return]  ←パスワードを入力
```

次に、設定ファイルを読み込む「launchctl bootstrap」コマンドを実行します。

```
% sudo launchctl bootstrap system /System/Library/Launch➡
Daemons/ssh.plist [return]
```
半角スペースを入れずに改行せずに次行の「Daemons」以降を続けて入力

最後に、listを引数にlaunchctlコマンドを実行して「com.openssh.sshd」が一覧に表示されることを確認します。ただし、以下ではgrepで出力を絞り込んでいます。

```
% sudo launchctl list | grep sshd [return]
-       0       com.openssh.sshd
```

## ●SSHサーバに接続する

以上で準備は完了です。SSHサーバに接続してみましょう。なお、macOSからローカルのSSHサーバに接続するには引数にlocalhostを指定して実行します。切断するにはexitコマンドを実行します。

```
% ssh localhost [return]
～略～
Are you sure you want to continue connecting (yes/no/
[fingerprint])? yes [return]  ←「yes」を入力
～略～
(o2@localhost) Password:■■■■ [return]  ←パスワードを入力
Last login: Wed Jun 22 11:22:15 2022
o2@mbp1 ~ % whoami [return]  ←ログイン完了。コマンドを実行
o2
o2@mbp1 ~ % exit [return]  ←切断
Connection to localhost closed.
```

## ●SSHサーバを無効にする

SSHサーバを無効にするには**bootout**を引数にlaunchctlコマンドを実行します。

```
% sudo launchctl bootout system /System/Library/Launch➡
Daemons/ssh.plist return
```

半角スペースを入れずに改行せずに次行の「Daemons」以降を続けて入力

# 13-4 periodicにより一定周期で処理を行う

前述のcom.apple.locate.plist（P.309）は、**StartCalendarInterval**キーを使用して一定周期で実行するプログラムをデーモンとして設定する例でした。この方法では実行間隔や時間を細かく指定できます。

別の方法として、作成済みスクリプトを1日、1週間、1か月といった一定周期で、実行させせることもできます。伝統的なUNIX系OSでは、cronあるいはanacronと呼ばれるプログラムが一定周期で実行するスクリプトの処理を担当していましたが、macOSではlaunchdから起動される**periodic**というサービスに統合されています。

## 13-4-1 periodicの設定ファイルを見てみよう

periodic設定ファイルは、/System/Library/LaunchDaemonsディレクトリに保存されている、「**com.apple.periodic-daily.plist**」(毎日)、「**com.apple.periodic-weekly.plist**」(毎週)、「**com.apple.periodic-monthly.plist**」(毎月)になります。

次に、1日ごとに処理を行うcom.apple.periodic-daily.plistのリストを示します。

**com.apple.periodic-daily.plist**

```
<?xml version="1.0" encoding="UTF-8"?>
<!DOCTYPE plist PUBLIC "-//Apple//DTD PLIST 1.0//EN" "http://
www.apple.com/DTDs/PropertyList-1.0.dtd">
<plist version="1.0">
<dict>
        <key>Label</key>
        <string>com.apple.periodic-daily</string>
        <key>ProgramArguments</key>
        <array>
```

```
		①→ <string>/usr/libexec/periodic-wrapper</string>
		   <string>daily</string>      ←②
	</array>
	<key>LowPriorityIO</key>
	<true/>
	<key>Nice</key>
	<integer>1</integer>
	<key>LaunchEvents</key>
	<dict>
		<key>com.apple.xpc.activity</key>
		<dict>
			<key>com.apple.periodic-daily</key>
			<dict>
				<key>Interval</key>          ┐
				<integer>86400</integer>     ┘←③
				<key>GracePeriod</key>
				<integer>14400</integer>
				<key>Priority</key>
				<string>Maintenance</string>
～略～
```

①がコマンドの指定で、②がその引数です。これで「**/usr/libexec/periodic-wrapper**」が「**daily**」を引数に実行されます。

③のIntervalキーが実行する周期の設定で、この例では86,400秒（=24時間）ごとに実行されます。

この設定ファイルによって**/etc/periodic/daily**ディレクトリに保存されたシェルスクリプトが1日ごとに実行されます。

```
% ls /etc/periodic/daily/ return
110.clean-tmps      199.clean-fax       420.status-network
130.clean-msgs      310.accounting      430.status-rwho
140.clean-rwho      400.status-disks    999.local
```

シェルスクリプトのファイルの先頭には「110」のような番号があります。これはシェルスクリプトが実行される順番の優先順位を表し、若い番号から順に実行されます。たとえば、「**110.clean-tmps**」は、**/tmp**ディレクトリ以下の一時的なファイルを消去するスクリプトです。最後に実行される「**999.local**」は、ローカルのシェルスクリプトを実行するためのファイルです。

また、ここまで取り上げたもの以外にも定期実行されるスクリプトがあります。**/etc/daily.local**、**/etc/weekly.local**、**/etc/monthly.local**といったスクリプトがあれば、それぞれ毎日、毎週、毎月1回ずつ実行されます。

## 13-4-2 rsyncを使用してバックアップを1日1回自動で行う

続いて、launchdで管理される**periodic**サービスを使用して、毎日1回、**rsync**というコマンドでバックアップを行う方法について説明しましょう。

macOSにはTime Machineという優れたバックアップソフトウェアが用意されています。Time Machineはシステム全体の差分バックアップを自動的に行うのであれば便利なのですが、特定のフォルダのみをバックアップするといったことは行えません。指定したディレクトリ単位の差分バックアップを行うには**rsync**コマンドを使用します。

### ● rsyncコマンドの使い方

rsyncを使ってディレクトリ単位でバックアップする場合の書式を示します。

コマンド **rsync**

説　明 **差分バックアップを実行する**

書　式 **rsync** [オプション] 元のディレクトリのパス バックアップ先のディレクトリのパス

次に、rsyncの基本的なオプションを示します。

**rsyncの基本的なオプション**

| オプション | 説明 |
|---|---|
| -a | アーカイブモード（-rlptgoDを指定したのと同じ） |
| -g | グループを維持する |
| -u | 更新されたファイルのみコピーする |

（次ページへ続く）

(前ページからの続き) rsyncの基本的なオプション

| オプション | 説明 |
|---|---|
| -E | 拡張属性、リソースフォーク、ACLsを維持する |
| -l | シンボリックリンクを維持する |
| -n | 実際にバックアップを行わず、結果のみ表示する |
| -o | 所有者を維持する |
| -p | パーミッションを維持する |
| -r | 再帰的にコピーする |
| -t | タイムスタンプを維持する |
| -v | 実行状況を表示する |
| -D | 特殊なファイルをコピーする |
| --delete | 元のディレクトリで削除されたファイルを、バックアップ先でも削除する |

通常の使い方では、基本的なオプションをすべて指定する「**-a**」を指定します。さらに、Macの拡張属性を保持したければ「**-E**」オプションを指定すればよいでしょう。

たとえば、Chap6ディレクトリ以下を、外付けハードディスク「/Volumes/Ext」のmyBkupディレクトリ以下にコピーするには次のようにします。

```
% rsync -aE Chap6 /Volumes/Ext/myBkup/ return
```

これ以降、同じコマンドを実行すると追加、変更があったファイルのみがコピーされます。

```
% rsync -aE Chap6 /Volumes/Ext/myBkup/ return
```

このとき、コピー元のディレクトリの指定の最後に、スラッシュ「/」を付けるか付けないかで挙動が異なるので注意してください。

「Chap6」のように最後にスラッシュ「/」を付けないと、ディレクトリが作成されてコピーされます。

```
% rsync -aE Chap6 /Volumes/Ext/myBkup/ return
```

**コピー元ディレクトリ末尾に「/」を付けない場合**

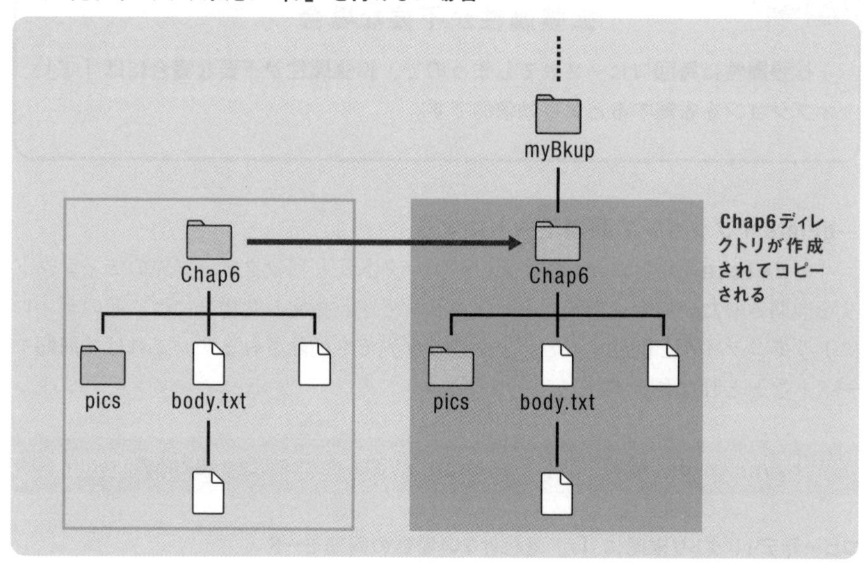


「Chap6/」のようにスラッシュ「/」を付けた場合には、コピー先にコピー元のディレクトリの中身がコピーされます。

```
% rsync -aE Chap6/ /Volumes/Ext/myBkup/ return
```

**コピー元ディレクトリ末尾に「/」を付けない場合**

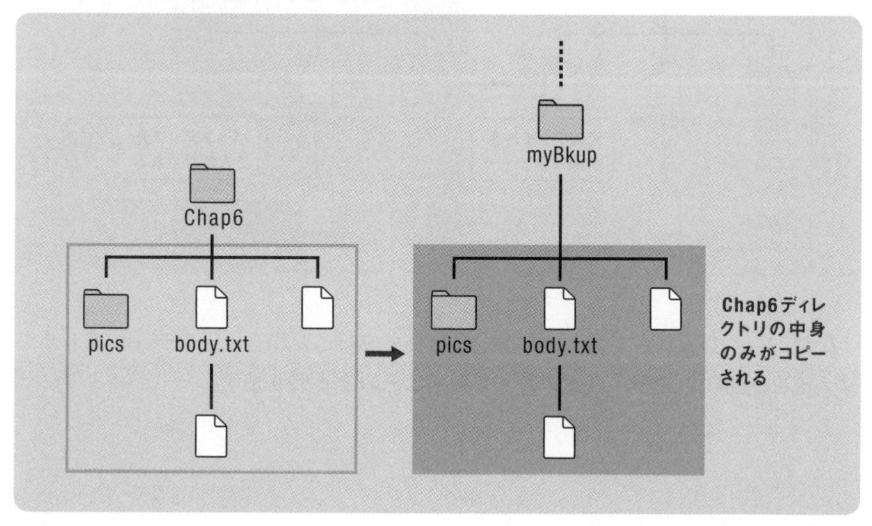

MEMO

**拡張属性が不要な場合**

**拡張属性は毎回コピーされてしまうので、拡張属性が不要な場合には「-E」オプションを省略するとより効率的です。**

### --deleteオプションで同期モードにする

「**--delete**」オプションは、元のディレクトリとバックアップ先のディレクトリを同期させたい場合に指定するオプションです。指定した場合には、元のディレクトリでファイルを削除するとバックアップ先でも削除されます。これは「同期モード」などと呼ばれます。

```
% rsync --delete -avE ~/Chap6 /Volumes/Ext/myBkup/ return
```

**コピー元ディレクトリ末尾に「/」を付けない場合の同期モード**

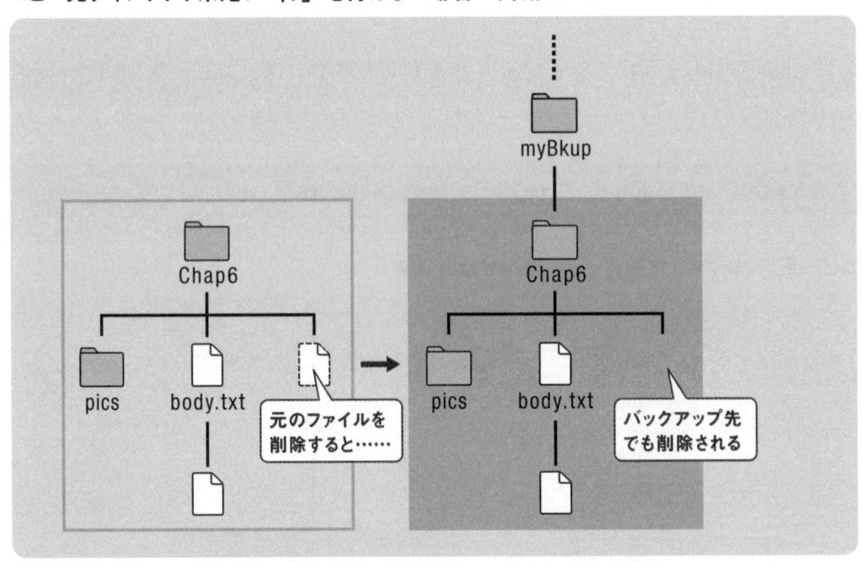


なお、「--delete」オプションを指定しないで実行した場合、元のディレクトリでファイルを削除しても、バックアップ先ではそのまま残ります。

## 13-4-3 毎日1回rsyncによるバックアップを行う

launchdで管理される**periodic**サービスを使用して、毎日1回、rsyncによるバックアップを行う方法について説明しましょう。ここでは、/Users/o2/Pictures/Photoディレクトリを、/Volumes/SD1ディレクトリにバックアップする例で説明します（/Volumes/SD1には外部ディスクがマウントされているものとします）。

前述（P.315-317）のようにperiodicにより毎日1回処理を行うには**/etc/daily.local**スクリプトに処理を記述します。macOS 10.13 High Sierra以前は、/etc/daily.localに次のようにrsyncコマンドを記述すればOKでした。

```
rsync -aE --delete /Users/o2/Pictures/Photo /Volumes/SD1/
```

ただし、macOS 10.14 Mojave以降ではプライバシー保護機能のため、プログラムからのディスクアクセスが厳しく制限されます。たとえば、外部ボリュームなどへバックアップするようなrsyncコマンドをlaunchd経由で実行すると「Operation not permitted」といったエラーになります。回避策はいくつかありますが、ここではmacOSの「**スクリプトエディタ**」でrsyncによるバックアップコマンドをMacアプリとして作成する方法を説明します。作成したアプリは「システム環境設定」→「セキュリティとプライバシー」で、外部ボリュームへのディスクアクセスを許可するようにします。

### ●スクリプトエディタでアプリを作成する

「**スクリプトエディタ**」(「アプリケーション」→「ユーティリティ」フォルダ) は、Appleオリジナルのスクリプトである**AppleScript**を作成するためのエディタです。作成したスクリプトの拡張子を「**.app**」とすることで通常のMacアプリとして実行できます。ここでは、「**myBackup1.app**」といった名前のアプリを作成し、内部でrsyncコマンドを呼び出します。

**①シェルスクリプトエディタを起動し、内部でrsyncを実行するAppleScriptのスクリプトを作成します。**

```
on run
        do shell script "rsync -aE --delete /Users/o2➡
/Pictures/Photo /Volumes/SD1/" ←①
end run
```

半角スペースを入れずに改行せずに次行の「/Pictures」以降を続けて入力

①の「do shell script」は、シェルのコマンドを実行するAppleScriptの命令です。ここでrsyncコマンドを実行します。

**②作成したスクリプトを適当なフォルダ（次の例では「/Users/o2/bin」）に「myBackup1.app」として保存します。**

「**ファイルフォーマット**」を「**アプリケーション**」にすると自動的に拡張子が「**.app**」となります。

## ●作成したスクリプトを/etc/daily.localから呼び出す

次に、作成したアプリを呼び出す処理を**/etc/daily.local**に記述します。編集にはスーパーユーザの権限が必要なので、次のようにsudoコマンド経由でエディタ（次の例ではviエディタ）を起動します。

/etc/daily.localには、**open**コマンド（P.126「4-6-1 openコマンドでファイルを開く」）を使用して、作成したmyBackup1.appを実行する命令を記述します。

**/etc/daily.local**

```
open /Users/o2/bin/myBackup1.app
```

## ●/etc/daily.localをコマンドラインでテストする

/etc/daily.localは、periodicから起動されるため1日待たないと正しく動作するかわかりません。

これを、コマンドラインで手動でテストするには、**periodic**コマンドを**daily**を引数に呼び出します。

```
% sudo periodic daily return
Password:■■■■ return ←パスワードを入力
```

初めて実行すると、外部ボリュームにアクセスを許可するかどうかを確認するダイアログボックスが表示されるので「OK」ボタンをクリックします。

**外部ボリュームにアクセスを許可する**

この後、「システム環境設定」→「セキュリティとプライバシー」→「プライバシー」→「ファイルとフォルダ」を選択すると、「myBackup1.app」が「リムーバブルボリューム」にアクセスを許可する設定が登録されていることを確認できます。

**「myBackup1.app」から「リムーバブルボリューム」へのアクセスが許可されている**

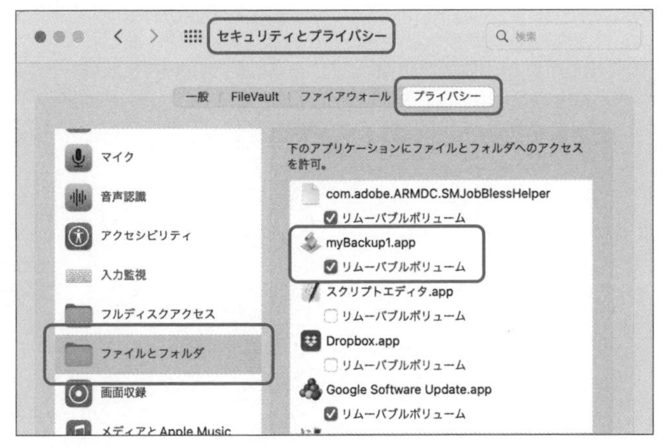

これ以降、毎日1回差分バックアップが行われるようになります。

MEMO

**毎週／毎月1回実行するには**

**毎週1回実行する処理をテストするには「weekly」を引数にperiodicを実行します。同様に、毎月1回実行する処理をテストするには「monthly」を引数として実行します。**

## ●ログファイルについて

launchdによる毎日の結果の**ログ**は、**/var/log**ディレクトリの**daily.out**に保存されるので、tailコマンドなどで表示してエラーがないか確認するとよいでしょう。

同様に、毎週、毎月の処理のログは/var/logのweekly.out、monthly.outに保存されます。

```
% ls -l /var/log/*.out return
-rw-r--r--  1 root  wheel  1210197  9 22 11:00 /var/log/
daily.out
-rw-r--r--  1 root  wheel     3923  9  9 15:55 /var/log/
monthly.out
-rw-r--r--  1 root  wheel     5859  9 22 12:12 /var/log/
weekly.out
```

# 第3部

# 開発・運用系ツールを活用する

# 第14章

# Homebrewでパッケージ管理

**オープンソースのUNIXソフトウェアは膨大にあります。文字コード変換ツール「nkf」やグラフィックソフト「ImageMagick」などはWebデザイナーやプログラマーにも愛用者が多いツールです。この章ではパッケージ管理システムHomebrewを使って、それらをインストールする方法について説明します。**

ポイントはこれ！

- Homebrewは扱いやすいパッケージ管理ツール
- パッケージのインストール情報などを「フォーミュラ」ファイルで管理
- フォーミュラを操作するbrewコマンド
- Homebrewでさまざまな便利ツールをインストール可能
- CaskでGUIアプリをインストール

## 14-1 Homebrewの概要を知ろう

現在では、macOS用に独自形式のUNIXソフトウェアのパッケージを提供するオープンソースのプロジェクトがいくつかあります。この節では、それらの中から、インストールの手軽さで人気の**Homebrew**を紹介しましょう。

### 14-1-1 Homebrewの特徴

Homebrewは日本語では「自家醸造のビール」のような意味ですが、バージョン管理システム**Git**と、プログラミング言語**Ruby**を中心に構成されたパッケージ管理システムです。次のような特徴があります。

- インストールが簡単で高速
- 一般ユーザの権限でパッケージをインストールできる
- システムにあらかじめ用意されているライブラリなどのリソースを利用するため、必要なディスク容量が少なくて済む

**Homebrewのオフィシャルサイト（https://brew.sh/index_ja.html）**

## ●パッケージのインストール先について

実際のインストールの前に、パッケージがインストールされるディレクトリについて説明しておきましょう。Homebrewでインストールされるコマンド本体やライブラリの保存先はIntel MacとAppleシリコンのマシンでは異なります。

### Intel Macの場合

Intel Macの場合、**/usr/local/Cellar**以下にパッケージ名のディレクトリが作成され、その下に保存されます。

```
% ls /usr/local/Cellar return
cowsay          jpeg        libtool     pkg-config    wget
fortune         lame        lv          pstree        xz
freetype        libpng      nkf         sl
imagemagick     libtiff     openssl     tree
```

上記のように/usr/local/Cellarディレクトリにコマンドが保存されていますが、それをコマンド検索パス（環境変数PATH）に加える必要はありません。ユーザ

がインストールしたコマンドのデフォルトの保存場所である**/usr/local/bin**に、自動的にシンボリックリンクが張られるからです。たとえば**pstree**コマンドをインストールした場合、/usr/local/bin/pstreeは、「../Cellar/pstree/2.39/bin/pstree」のシンボリックリンクになります。

```
% ls -l /usr/local/bin/pstree return
lrwxr-xr-x  1 o2  admin  32  2 11 16:37 /usr/local/bin/
pstree -> ../Cellar/pstree/2.39/bin/pstree
```

**Appleシリコンの場合**

Appleシリコンの場合、**/opt/homebrew/Cellar**にコマンドごとのディレクトリが用意されます。

```
% ls /opt/homebrew/Cellar return
inetutils/  libidn/   lv/   nkf/    pstree/
```

**/opt/homebrew/bin**ディレクトリにシンボリックリンクが置かれます。

```
% ls -l /opt/homebrew/bin/pstree return
lrwxr-xr-x  1 o2  admin  32  2 11 17:00 /opt/homebrew/bin/
pstree@ -> ../Cellar/pstree/2.39/bin/pstree
```

なお、後ほど説明するように/opt/homebrew/binをコマンド検索パス（環境変数PATH）に加える必要があります。

MEMO

**Finkプロジェクト**

**Homebrewと同じくUNIX用ソフトウェアパッケージをmacOSに提供するプロジェクトにFink（http://www.finkproject.org）があります。**

## 14-1-2 Homebrewのインストールと基本設定について

Homebrewの実行のためには、アップルが無償で提供する統合開発環境「**Xcode**」の**コマンドラインツール**が必要です。あらかじめXcodeがインストールされていない場合は、Homebrewのインストール時に自動でインストールされます（インストールされない場合、手動でインストールするには「xcode-select --install return」を実行してください）。

### ● Homebrewをインストールする

Homebrewのインストーラはプログラム言語Rubyのスクリプトです。コマンドラインで、次のようにしてインストールします（次のコマンドは、Homebrewのオフィシャルサイトのトップページからコピペすれば簡単に入力できます）。

```
% /bin/bash -c "$(curl -fsSL https://raw.githubusercontent➡
.com/Homebrew/install/HEAD/install.sh)" return

==> Checking for `sudo` access (which may request your
password)...
Password:■■■■ return
～略～
/local/Cellar
/usr/local/Caskroom
/usr/local/Frameworks

Press RETURN to continue or any other key to abort: return
～略～
```

半角スペースを入れずに改行せずに次行の「.com」以降を続けて入力

← パスワードを入力

### ● Appleシリコンの環境設定ファイルの設定

Appleシリコンの場合、zshの環境設定ファイル「**~/.zprofile**」に、Homebrewの環境変数を設定する行を加えます。

**~/.zprofileに以下の行を追加**

```
eval "$(/opt/homebrew/bin/brew shellenv)"
```

次に、ログインし直すか、あるいはコマンドラインで次のように実行します。

```
% eval "$(/opt/homebrew/bin/brew shellenv)" return
```

これで/opt/homebrew/binがコマンド検索パス（環境変数PATH）に加えられます。

# 14-2 Homebrewの管理コマンド「brew」を使用する

Homebrewのパッケージを操作するコマンドは**brew**です。

コマンド **brew**
説　明 **Homebrewを操作する**

書　式 **brew** サブコマンド

## 14-2-1 brewコマンドの基本操作

brewコマンドは、sudoコマンドを使わずに一般ユーザの権限で実行できます。「**-v**」オプションを指定して実行すると、現在のバージョンを確認できます。

```
% brew -v return
Homebrew 3.4.2
Homebrew/homebrew-core (git revision db1154b4d2a; last
commit 2022-02-11)
Homebrew/homebrew-cask (git revision b19f5548c8; last
commit 2022-02-11
```

インストール後に、まずは**doctor**サブコマンドを実行し、環境に不具合がないか調べます。

```
% brew doctor return
～略～
Warning: Your Homebrew is outdated.
You haven't updated for at least 24 hours. This is a long
time in brewland!
To update Homebrew, run `brew update`.
```

上記の実行結果は、「Homebrewをアップデートしなさい」というメッセージです。

## ● Homebrewをアップデートする

Homebrewをアップデートするには**update**サブコマンドを実行します。

```
% brew update return
Updated 2 taps (homebrew/core and homebrew/cask).
==> New Formulae
aarch64-elf-binutils       go@1.17                 opendht
aarch64-elf-gcc            gst-plugins-rs          postgraphile
～略～
You have 12 outdated formulae installed.
You can upgrade them with brew upgrade
or list them with brew outdated.
```

上記の結果はパッケージを作成するための**フォーミュラ**の12個が古くなっている（outdated）ことを示しています。フォーミュラ（Formula）とはパッケージのインストール手順などが記述されたファイルです。通常は「フォーミュラ名＝パッケージ名」と考えてよいでしょう。

Homebrewをアップデートし、古くなっているフォーミュラが見つかった場合、**upgrade**サブコマンドでフォーミュラをアップグレードします。

```
% brew upgrade return
==> Upgrading 12 outdated packages:
little-cms2 2.13 -> 2.13.1
gnu-getopt 2.37.3 -> 2.37.4
icu4c 69.1 -> 70.1
～略～
```

## ●パッケージをインストールする

Homebrewのパッケージをインストールするには、**install**サブコマンドを次の書式で実行します。

**パッケージのインストール**

```
brew install フォーミュラ名
```

たとえば、実行するごとに英語の格言をランダムに表示する**fortune**コマンドをインストールするには次のようにします。

```
% brew install fortune return
==> Downloading https://ghcr.io/v2/homebrew/core/fortune/
manifests/9708-4
##########################################################
############### 100.0%
==> Downloading https://ghcr.io/v2/homebrew/core/fortune/
blobs/sha256:9412148af6d5be4f3256e
～略～
```

インストールされたfortuneコマンドは、実行するごとに格言が表示されます。

```
% fortune return
Barbie says, Take quaaludes in gin and go to a disco right
away!
But Ken says, WOO-WOO!! No credit at "Mr. Liquor"!!
% fortune return
... My pants just went on a wild rampage through a Long
Island Bowling Alley!
```

MEMO

**日本語fortune**

**日本語のfortune用データを公開している有志の方もいるので興味のある方はネットで検索してみてください。**

### インストール先を確認する

コマンドのインストール先は**Appleシリコン**と**Intel Mac**で異なります。fortuneの例で確認してみましょう。Appleシリコンのシステムでは**/opt/homebrew/Cellar/fortune**以下にfortuneコマンドがインストールされ、/opt/homebrew/bin/fortuneにシンボリックリンクが作られます。

```
% ls -l /opt/homebrew/bin/fortune return
lrwxr-xr-x  1 o2  admin  34  2 11 20:31 /opt/homebrew/bin/
fortune@ -> ../Cellar/fortune/9708/bin/fortune
```

Intel Macでは、**/usr/local/Cellar/fortune**以下にインストールされ、/usr/local/bin/fortuneにシンボリックリンクが作られます。

```
% ls -l  /usr/local/bin/fortune return
lrwxr-xr-x  1 o2  admin  34  3 19 23:27 /usr/local/bin/
fortune -> ../Cellar/fortune/9708/bin/fortune
```

## ●パッケージを削除する

パッケージを削除するには**uninstall**サブコマンドを使用します。

**パッケージの削除**

```
brew uninstall フォーミュラ名
```

fortuneコマンドを削除するには次のようにします。

```
% brew uninstall fortune return
Uninstalling /opt/homebrew/Cellar/fortune/9708... (82
files, 2.5MB)
```

## ●フォーミュラの情報を表示する

これまで説明したようにHomebrewでは、各パッケージをインストールするための情報を「**フォーミュラ**」と呼ばれるファイルで管理しています。フォーミュラ・ファイルの実体は拡張子が「.rb」のRuby言語のスクリプトです。

Appleシリコンの場合には**/opt/homebrew/Library/Taps/homebrew/homebrew-core/Formula**ディレクトリに保存され、Intel Macの場合には

/usr/local/Homebrew/Library/Taps/homebrew/homebrew-core/Formulaディレクトリに保存されています。

```
% ls /opt/homebrew/Library/Taps/homebrew/homebrew-core➡
/Formula return
a2ps.rb          libpoker-eval.rb
a52dec.rb        libpq.rb
～略～
```

半角スペースを入れずに改行せずに次行の「/Formula」を続けて入力

個々のフォーミュラの情報を表示するには**info**サブコマンドを使用します。

**フォーミュラの情報を表示**

```
brew info フォーミュラ名
```

たとえば、**fortune**の情報を表示するには次のようにします。

```
% brew info fortune return
fortune: stable 9708 (bottled)
Infamous electronic fortune-cookie generator
https://www.ibiblio.org/pub/linux/games/amusements/
fortune/!INDEX.html
/opt/homebrew/Cellar/fortune/9708 (82 files, 2.5MB) *
  Poured from bottle on 2022-02-11 at 20:31:22
From: https://github.com/Homebrew/homebrew-core/blob/HEAD/
Formula/fortune.rb
～略～
```

## 14-2-2 Homebrewのサブコマンドを活用しよう

次の表に、Homebrewに用意されているさまざまなサブコマンドの中から、よく使うコマンドをまとめておきます。

**Homebrewの主なサブコマンド**

| コマンド | 説明 |
|---|---|
| brew doctor | Homebrewの環境を診断する |
| brew help | サブコマンドの一覧を表示する |
| brew install フォーミュラ名 | パッケージをインストールする |
| brew uninstall フォーミュラ名 | パッケージをアンインストールする |
| brew options フォーミュラ名 | パッケージのインストール時に指定できるオプションを表示する |
| brew list | インストール済みパッケージの一覧を表示する |
| brew home フォーミュラ名 | パッケージのWebサイトを表示する |
| brew outdated | 最新ではないパッケージを一覧表示する |
| brew search キーワード | パッケージを検索する |
| brew upgrade | インストール済みのすべてのパッケージを最新のものに更新する |
| brew upgrade フォーミュラ名 | 指定したフォーミュラのパッケージを更新する |
| brew update | Homebrew本体を更新する |
| brew cat フォーミュラ名 | フォーミュラファイルの中身を表示する |

以降では、便利なサブコマンドをいくつか実行してみます。

## ●コマンドのヘルプを表示する

**help**サブコマンドを引数なしで実行すると、サブコマンドの一覧と基本的な使い方が表示されます。

```
% brew help return
Example usage:
  brew search TEXT|/REGEX/
  brew info [FORMULA|CASK...]
  brew install FORMULA|CASK...
  brew update
  brew upgrade [FORMULA|CASK...]
  ～略～
Troubleshooting:
  brew config
  brew doctor
  brew install --verbose --debug FORMULA|CASK
```

```
Contributing:
  brew create URL [--no-fetch]
  brew edit [FORMULA|CASK...]
～略～
```

helpコマンドの引数にコマンドを指定して実行するとコマンドの説明とオプションが表示されます。

```
% brew help update return
Usage: brew update [options]
～略～
      --merge                          Use git merge to apply
updates (rather than
                                       git rebase).
      --preinstall                     Run on auto-updates
(e.g. before brew
                                       install). Skips some
slower steps.
  -f, --force                          Always do a slower,
full update check (even
                                       if unnecessary).
  -v, --verbose                        Print the directories
checked and git
                                       operations performed.
  -d, --debug                          Display a trace of all
shell commands as they
                                       are executed.
  -h, --help                           Show this message.
```

## ●パッケージを検索する

キーワードでパッケージを検索するには**search**サブコマンドを使用します。

**パッケージの検索**

```
brew search キーワード
```

たとえば、「**png**」をキーワードに検索するには次のようにします（キーワードでは大文字／小文字は区別されません）。

```
% brew search png return
==> Formulae
apng2gif     libpng✔     ptipng      pngcheck     pngquant   pig
apngasm      libspng     oxipng      pngcrush     svg2png    peg
～略～
==> Casks
pngyu                                             tinypng4ma
```

「✔」が付いているのはインストール済みのパッケージです。

## ●インストール済みパッケージの一覧を表示する

インストール済みパッケージの一覧を表示するには、**list**サブコマンドを使用します。

**インストール済みパッケージの一覧を表示**

```
brew list
```

次に実行例を示します。

```
% brew list return
==> Formulae
aom                  jpeg-xl        mpdecimal
brotli               libde265       nkf
ca-certificates      libffi         openexr
docbook              libheif        openjpeg
～略～
==> Casks
alfred   firefox
```

一覧には、まず、フォーミュラでインストールされたパッケージが表示され、その後ろに後述するCaskでインストールされたパッケージが表示されます。なお、「**--versions**」オプションを指定して実行するとバージョン番号も表示されます。

```
% brew list --versions return
aom 3.2.0_2
brotli 1.0.9
ca-certificates 2022-02-01
docbook 5.1_1
～略～
```

# 14-3 インストールしておきたい定番コマンド

Homebrewを使用して、これだけはインストールしておきたい定番UNIXコマンドをいくつか紹介しておきましょう。

## 14-3-1 ファイルの階層構造を表示する「tree」

**tree**はディレクトリの階層構造をわかりやすく表示してくれるコマンドです。次のようにしてインストールします。

```
% brew install tree return
```

コマンド **tree**

説　明 **ファイルの階層構造を表示する**

書　式 **tree** ディレクトリのパス

次に実行例を示します。

```
% tree samples return
samples
├── dog1.jpg
├── figs
│   ├── cat.jpg
│   └── tiger.png
├── flower.png
```

```
├── myDir
│   ├── oldFiles
│   │   └── MC4-3.txt
～略～
4 directories, 20 files
```

treeコマンドを使用するとファイルの階層構造が一目瞭然ですが、階層が深くなると、かえってわかりにくくなるケースがあります。

## 14-3-2 プロセスの親子関係を表示する「pstree」

macOSのプロセスにはlaunchdを頂点とする親子関係があります。それをわかりやすく表示するのが**pstree**コマンドです。次のようにインストールします。

```
% brew install pstree return
```

コマンド **pstree**

説　明 **プロセスの階層構造を表示する**

書　式 **pstree** [オプション]

引数を指定しないで実行した場合、すべてのプロセスが表示されます。

```
% pstree return
-+= 00001 root /sbin/launchd
 |--= 00098 root /usr/libexec/logd
 |--= 00099 root /usr/libexec/UserEventAgent (System)
 |--= 00100 root /Library/PrivilegedHelperTools/com.
bombich.ccchelper
 |--= 00102 root /System/Library/PrivateFrameworks/
Uninstall.framework/Resource
 |--= 00103 root /System/Library/Frameworks/CoreServices.
framework/Versions/A/F
～略～
```

「**-s 文字列**」オプションを指定すると、指定した文字列を含むプロセスの親子関係のみが表示されます。

```
% pstree -s httpd return
-+= 00001 root /sbin/launchd
 \-+= 32426 root /usr/sbin/httpd -D FOREGROUND
   |--- 03443 _www /usr/sbin/httpd -D FOREGROUND
   |--- 32439 _www /usr/sbin/httpd -D FOREGROUND
   \--- 71948 _www /usr/sbin/httpd -D FOREGROUND
```

## 14-3-3 文字エンコーディング／改行コードを変換する「nkf」

**nkf**は定番の文字エンコーディング／改行コードの変換コマンドです。次のようにインストールします。

```
% brew install nkf return
```

コマンド **nkf**

説　明 **文字エンコーディング／改行コードを変換する**

書　式 **nkf** オプション ファイルのパス

次にnkfの主なオプションを示します。

**nkfコマンドの主なオプション**

| オプション | 説明 |
| --- | --- |
| -j | JISコードに変換する |
| -e | 日本語EUCコードに変換する |
| -s | ShiftJISコードに変換する |
| -w | Unicode (UTF-8) コードに変換する |
| -Lu | 改行コードをUNIX標準のLFにする |
| -Lw | 改行コードをWindows標準のCRLFにする |
| -Lm | 改行コードを旧Mac標準のCRにする |
| --guess | 文字エンコーディングと改行コードを調べる |
| --overwrite | 引数のファイルに直接上書きする |

| オプション | 説明 |
|---|---|
| -E | 入力の文字エンコーディングを日本語EUCとする |
| -S | 入力の文字エンコーディングをShiftJISとする |
| -W | 入力の文字エンコーディングをUTF-8とする |

nkfでは、入力の文字エンコーディングは自動判別されるため、通常は特に指定する必要はありません。また、出力は標準出力に送られるので、ファイルに保存したい場合には標準出力のリダイレクション「**>**」を使います。あるいは、「**--overwrite**」オプションを指定して元のファイルを上書きします。

**例1）myFile.txtの文字エンコーディングと改行コードを調べる**

```
% nkf --guess myFile.txt return
UTF-8 (CRLF)
```

**例2）myFile2.txtの文字エンコーディングをUTF-8に、改行コードをLFにする（元のファイルを書き換える）**

```
% nkf -w -Lu --overwrite myFile2.txt return
```

**例3）inFile1.txtを文字エンコーディング「ShiftJIS」、改行コードを「CRLF」にしてwin.txtに書き出す**

```
% nkf -s -Lw inFile1.txt > win.txt return
```

**例4）inFile2.txtの文字エンコーディングをJISに変換して「jis.txt」に書き出す（改行コードの変換は行わない）**

```
% nkf -j inFile2.txt > jis.txt return
```

## 14-3-4　多言語対応のページャ「lv」

macOSの標準ページャであるlessコマンドで表示できるのは、UTF-8のファイルのみです。ほかの文字エンコーディングのファイルを表示したい場合には多言語対応のページャ**lv**をインストールしておくとよいでしょう。

```
% brew install lv return
```

次に書式を示します。

コマンド **lv**

説　明 **テキストファイルをページごとに表示する**

書　式 **lv [オプション] テキストファイルのパス**

ファイルの文字エンコーディングは自動認識されるので、通常指定する必要はありません。

**lvの実行例**

```
Chap1 — lv c1.md — 80×24
■第1部 コマンドの基本操作を理解する

第1章 ターミナルでコマンドを実行する
macOSの基本部分は「Darwin」と名付けられたオープンソースのUNIXシステムです。美し
いGUIの影に隠れた縁の下の力持ち的な存在といえるでしょう。第1章ではその概要と、ma
cOSにおけるユーザ管理の基礎知識について説明します。

★ポイント
・macOSの基幹OSはUNIXシステム
・ターミナルではさまざまなUNIXコマンドが実行可能
・ユーザは一般ユーザとスーパーユーザ（root）に大別される
・SIPによりスーパーユーザでも重要なシステムファイルは変更できない

# macOSの基本部分はUNIXシステム
macOS（旧OS X）の基本部分であるDarwin（ダーウィン）は、安定性に定評があるOS（オ
ペレーティングシステム）の代表であるUNIX（ユニックス）システムです。UNIXは、その
堅牢性から特にインターネットのサーバや研究開発分野では欠かせないOSとなっています
。まずは、UNIXとはどんなものか、そして、UNIXへの入り口となるターミナルのコマンド
ラインを使用するメリットについて説明しましょう。

## UNIXの歴史についてざっと…
UNIXの歴史は古く、1969年にアメリカのAT&T社のベル研究所で開発が開始されました。も
ちろんパソコンなどない時代なので、動作環境は個人ではとても所有できないほど高価な
c1.md:
```

## 14-3-5 定番ダウンローダ「wget」

**wget**は便利なダウンローダ（インターネットからファイルをダウンロードするツール）です。macOSにはcurlというダウンローダが標準で搭載されていますが、wgetのほうが高機能です。以下のようにインストールします。

```
% brew install wget return
```

次に書式を示します。

コマンド **wget**

説　明　**ファイルをダウンロードする**

書　式　**wget [オプション] URL**

ダウンロードしたファイルはカレントディレクトリ以下に保存されます。http://www.o2-m.com/index.htmlをダウンロードしてカレントディレクトリに同じ名前で保存するには次のようにします。

```
% wget http://www.o2-m.com/index.html return
```

## ●WebやFTPサイトのミラーリングを行う

wgetコマンドでは、指定したURL以下を丸ごとダウンロードする、いわゆる「ミラーリング」が可能です。たとえば、FTPサーバ「o2ftp.example.com」にユーザ「o2」、パスワード「password」で接続し、Picturesディレクトリ以下を丸ごとダウンロードするには次のようにします。

```
% wget -m ftp://o2:password@o2ftp.example.com/Pictures return
```

これ以降、同じURLを指定してwgetコマンドを実行すると、変更されたファイルのみがダウンロードされます。

Webサイトをミラーリングすることも可能です。この場合、リンクをたどって必要なファイルをダウンロードします。

次に、「http://www.o2-m.com/g-machine/index.html」を起点にダウンロードするには次のようにします。この例では親ディレクトリへのリンクはたどらない「**-np**」オプションを指定しています。

```
% wget -np -m http://www.o2-m.com/g-machine/index.html return
～略～
終了しました --2022-06-26 12:21:48--
経過時間: 0.4s
ダウンロード完了: 12 ファイル、203K バイトを 0.03s で取得 (6.73 MB/s)
```

## ●wgetの基本的なオプション

次の表にwgetに用意されている基本的なオプションをまとめておきます。

**wgetの主なオプション**

| オプション | 説明 |
|---|---|
| -r | 指定したディレクトリ以下のすべてのファイルを、ディレクトリ構造を保ったままダウンロードする |
| -N | ローカル側とリモート側のファイルのタイムスタンプを比較し、変更されたものだけをダウンロードする |
| -m | ミラーリングを行う（-rと-Nを同時に指定したのと同じ） |
| -l 数値 | ダウンロードするディレクトリの深さ。デフォルトでは「5」。「0」を指定すると無限大になる |
| -t 数値 | リトライ回数の指定 |
| -b | バックグラウンドで実行する |
| -o ファイル | ログをファイルに書き込む |
| -np | 親のディレクトリはたどらない |
| -nd | ディレクトリを作成せず、すべてカレントディレクトリにダウンロードする |
| -L | 相対リンクのみをたどる |
| -A リスト | 取得するファイルの拡張子を指定する |
| -R リスト | 取得しないファイルの拡張子を指定する |
| -D リスト | ファイルをダウンロードするドメインのリストを指定する |
| -H | ほかのホストへのリンクもたどる |

## 14-3-6　グラフィックツール「ImageMagick」

**ImageMagick**は、UNIX系OSの世界では有名なフリーのグラフィックソフトです。フォーマットやサイズ変換、あるいは画面ショットの作成などのちょっとしたグラフィック処理に重宝します。macOSには同様な役割のsipsコマンドが標準搭載されていますが、ImageMagickを好むユーザも少なくありません。

ImageMagickにはコマンドラインツールだけでなく、GUIのコマンドも用意されています。それらを使用するには、あらかじめXQuartz（P.350「COLUMN XQuartzについて」参照）をインストールした上で、次のようにインストールします。

```
% brew install tlk/imagemagick-x11/imagemagick return
==> Downloading https://ghcr.io/v2/homebrew/core/libpng/
manifests/1.6.37
##########################################################
############### 100.0%
==> Downloading https://ghcr.io/v2/homebrew/core/libpng/
```

```
blobs/sha256:40b9dd222c45fb7e2ae3d5
==> Downloading from https://pkg-containers.
githubusercontent.com/ghcr1/blobs/sha256:40b9dd
################################################################
################ 100.0%
～略～
```

※本稿執筆時点では、ImageMagickの最新バージョンにフォーミュラが対応していないため、GUI版のImageMagickのインストールに失敗します。その場合は、次のようにしてCUI版をインストールしてください。ただし、CUI版ではdisplayサブコマンド（以下の「displayサブコマンドを使用する」参照）は使用できません。

```
% brew install imagemagick [return]
```

ImageMagickバージョン7は、**magick**コマンドにサブコマンドを指定して処理を行います。

コマンド **magick**
説　明 **グラフィックファイルを処理する**

書　式 **magick** [オプション] サブコマンド

次にmagickの主なサブコマンドを示します。

**magickの主なサブコマンド**

| コマンド名 | 説明 |
|---|---|
| animate | 引数で指定したイメージを順に切り替えて表示する |
| composite | イメージを合成する |
| convert | イメージのフォーマットやサイズなどを変換したりフィルタリングしたりする |
| display | イメージを表示し、編集する |
| identify | イメージ情報を表示する |
| import | ウインドウの画像をキャプチャする |
| mogrify | 複数のイメージを同時に変換する |
| montage | イメージの一覧を作成する |

## ● displayサブコマンドを使用する

**display**サブコマンドはXQuartz上で動作するGUIコマンドです。次のように実行するとXQuartzが起動し、サンプルイメージが表示されます（displayの後にイメージファイルを指定するとそのファイルが開かれます)。

```
% magick display & return
```

イメージが表示されたら、その上でマウスの左ボタンをクリックするとツールメニューが表示されます。

**ImageMagickの起動画面**

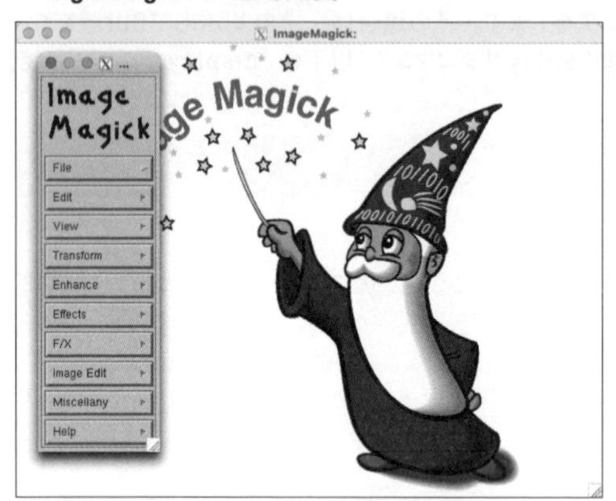


各メニューの役割をまとめておきます。

**displayサブコマンドのメニュー**

| メニュー | 説明 |
|---|---|
| File | ファイルを開く/保存するなど、ファイル操作に関するコマンド |
| Edit | カット、コピー、アンドゥなどの編集関連のコマンド |
| View | 表示の拡大、縮小など |
| Transform | 回転、反転など |
| Enhance | 明るさ、ガンマ、イコライズ、グレースケール変換などの画像補正 |
| Effects | エンボスやブラーなどの基本的なエフェクト |
| F/X | オイルペイントなどの特殊効果 |
| ImageEdit | イメージにフレームやボーダーを加える、文字や図形を描画する |
| Miscellany | イメージ情報やヒストグラムの表示、スライドショーなど |

「F/X」→「Wave」の実行例

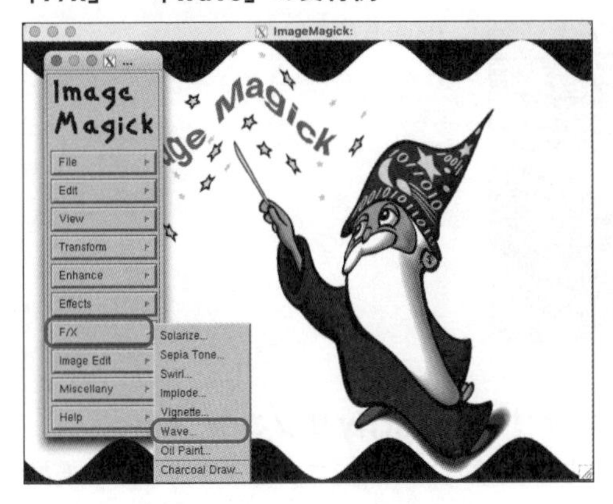


## ● convertサブコマンドでイメージを変換する

**convert**サブコマンドはイメージのフォーマットやサイズなどを変換します。このとき、変換後のイメージのフォーマットは拡張子から自動で判断されます。次の例はJPEG形式のイメージ「dog1.jpg」をPNG形式に変換し、「dog1.png」という名前で保存します。さらに「**-resize**」オプションで変換後のサイズを指定し、「**-colorspace GRAY**」オプションでグレースケールに変換しています。

```
% magick convert -resize 500x600 -colorspace GRAY dog1. ➡
jpg dog1.png return
```

半角スペースを入れずに改行せずに次行の「jpg」以降を続けて入力

### イメージをタイル上に配置する

**convert**サブコマンドで、元のファイル名の先頭に「**tile:**」を指定すると、イメージをタイル上に配置することができます。次の例はサイズ300×300ピクセルの「flower.png」をタイル状に並べた600×600ピクセルのイメージを作成し、「flower-tile.jpg」という名前で保存します。

```
% magick convert -size 600x600 tile:flower.png flower-➡
tile.jpg return
```

英小文字の「x」

半角スペースを入れずに改行せずに次行の「tile」以降を続けて入力

**操作結果の例**

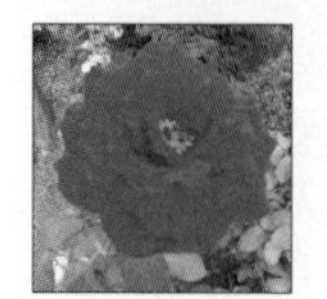

flower.png

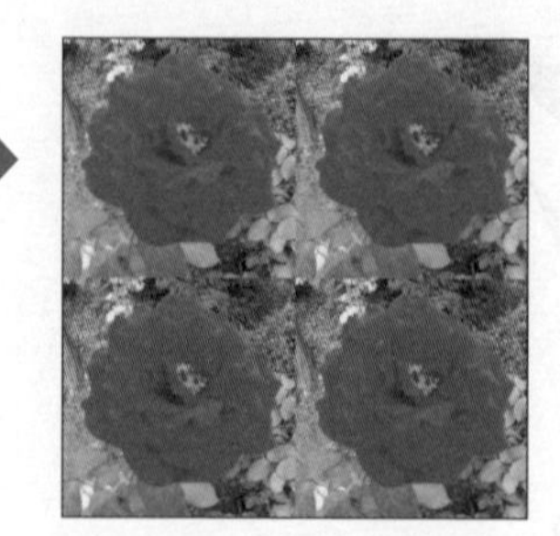

flower-tile.jpg

### ●複数のイメージをまとめて変換するmogrifyサブコマンド

**mogrify**サブコマンドを使用すると、複数のイメージファイルをまとめて変換できます。次の例は、カレントディレクトリのPNG形式のイメージファイル「*.png」をすべてJPG形式に変換します。

```
% magick mogrify -format jpg *.png return
```

> MEMO
>
> **mogrify使用上の注意**
>
> **mogrifyは元のファイルを直接変更します。ただし、フォーマットを変換する「-format」オプションを指定した場合には、元のファイルはそのままで、新たに指定したフォーマットのファイルが作成されます。**

## 14-4　GUIアプリを管理するHomebrew Cask

GUIアプリケーションを管理するためのHomebrewの拡張機能に「**Homebrew Cask**」があります（Caskは樽の意味）。Apple StoreにないGUIアプリの場合、公式サイトにアクセスしてディスクイメージをダウンロードした後、インストーラを起動してインストールを行うというのが一般的な流れです。Homebrew Caskを使用するとコマンド一発でインストールできます。またアンインストールも簡単です。

### 14-4-1　Caskアプリを検索する

インストール可能なCaskアプリを検索するには「**--cask**」オプションを指定し

て「**brew search**」コマンドを実行します。たとえば、「zoom」をキーワードに検索するには次のようにします。

```
% brew search --cask  zoom return
==> Casks
logicalshift-zoom           zoom                    zoomus
photozoom-pro               zoom-for-it-admins
rightzoom                   zoom-outlook-plugin
```

## 14-4-2　Caskアプリをインストールする

Caskのアプリをインストールするには「--cask」オプションを指定して「**brew install**」コマンドを実行します。たとえば、macOS標準のSpotlightより使いやすく高機能と評判の検索アプリ「**Alfred**」をインストールするには次のようにします。

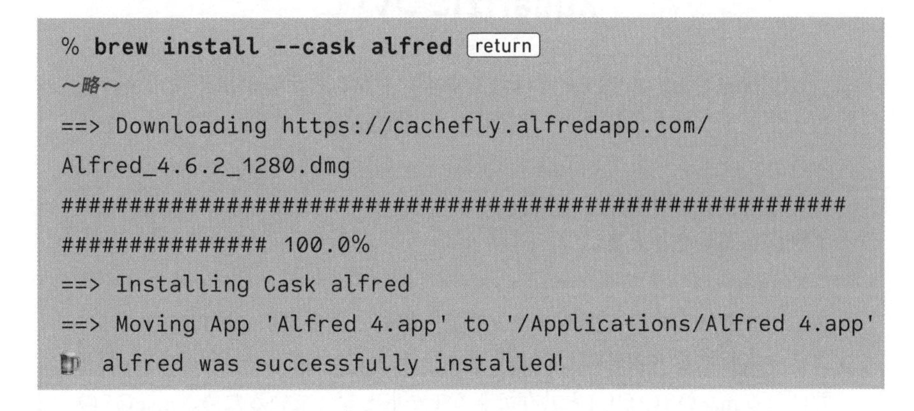

```
% brew install --cask alfred return
～略～
==> Downloading https://cachefly.alfredapp.com/
Alfred_4.6.2_1280.dmg
##########################################################
############### 100.0%
==> Installing Cask alfred
==> Moving App 'Alfred 4.app' to '/Applications/Alfred 4.app'
🍺 alfred was successfully installed!
```

以上でAlfredが「アプリケーション」フォルダにインストールされました。そのアイコンをクリックすると、Alfredを起動できます。

**Alfredの検索画面**

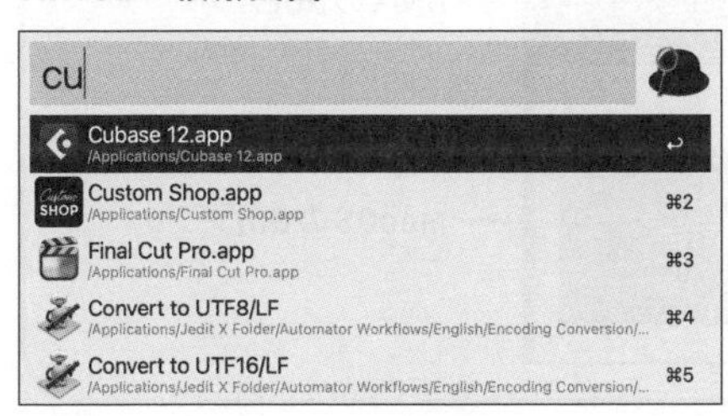

## 14-4-3 Caskアプリを削除する

フォーミュラでインストールしたアプリと同様に**uninstall**サブコマンドでCaskアプリを削除できます。

```
% brew uninstall alfred [return]
==> Uninstalling Cask alfred
==> Backing App 'Alfred 4.app' up to '/usr/local/Caskroom/alfred/4.6.2,1280/Alfred 4.app'
==> Removing App '/Applications/Alfred 4.app'
==> Purging files for version 4.6.2,1280 of Cask alfred
```

COLUMN

### XQuartzについて

UNIX系OSではX11と呼ばれるウインドウシステムが広く使用されていますが、これをmacOSに移植したのが**XQuartz**です。XQuartzをインストールすることで、X11上で動作するGUIプログラムをmacOSで動作させることが可能です。XQuartzは「https://www.xquartz.org」からダウンロードできます。

XQuartzは「アプリケーション」→「ユーティリティ」フォルダにインストールされます。ダブルクリックでも起動できますがUNIXのGUIアプリを実行すると自動的に起動します。デフォルトでルートレスモードと呼ばれるmacOSのGUIと共存できるモードとなっているため、macOSのGUIアプリとUNIXのGUIアプリを同じ画面で開くことができます。

**ルートレスモードのXQuartz。UNIXのGUIアプリとmacOSのGUIアプリが共存**

第15章

# ソースをダウンロードしてコンパイルする

**この章では、Homebrewなどのパッケージシステムを使わずに、オープンソースソフトのソースファイルをダウンロードし、自分でコンパイルしてインストールする方法について説明します。内容的には多少高度になりますがソフトウェア開発に興味のある方は参考にしていただければと思います。**

ポイントはこれ！

- configureスクリプトで環境に応じたMakefileを作成する
- Makefileはコンパイルやインストールの手順が記述されたファイル
- 設定に従ってコンパイルを行うmakeコマンド
- インストールを行う「make install」コマンド
- GitHubはバージョン管理システムGitを使用した、ソースコードを公開するWebサービス

## 15-1 ソースファイルをコンパイルするために

UNIX用ソフトウェアをコンパイルしてインストールする例として、ここでは、ターミナルで動作する高機能FTPクライアントである**NcFTP**（http://www.ncftpd.com/ncftp）を取り上げます。NcFTPは、履歴機能、ファイル名の補完機能、ブックマーク機能、バッチ処理、バックグラウンド機能などを備えた、ターミナルで動作する高機能FTPクライアントです。macOSには、FTPクライアントとしてftpコマンドが搭載されていますが、NcFTPのほうが各段に便利です。

## 15-1-1　インストールまでの流れ

ソースファイルで配布されるUNIX用ソフトウェアの多くには、「**configure**」というシェルスクリプトが用意されています。configureは、コンパイルの手順が記述されたファイル「**Makefile**」を作成するためのスクリプトです。Makefileは、ライブラリやコンパイラなどの相違を吸収できるように作られます。configureスクリプトが用意されている場合の、ソースの取得からインストールまでの基本的な流れは次のようになります。

① 圧縮されたソースファイルをダウンロードして展開する
② configureスクリプトを実行しMakefileを作成する
③ makeコマンドでコンパイルする

ここで、Makefileとは、コンパイルに必要なライブラリの場所や依存関係、コンパイル手順、インストール先などさまざまな情報が記述されたファイルです。configureスクリプトを実行すると、システムを調べてコンパイラやライブラリを探し出し、その環境にあったMakefileを自動作成してくれます。

なお、自分でコンパイルを行うためには、あらかじめmacOSの開発環境である**Xcode**をApp Storeからインストールしておいてください。

## 15-1-2　ソースファイルをダウンロードして展開する

まずは、NcFTPのオフィシャルサイト（http://www.ncftpd.com/ncftp）から、NcFTPクライアントの圧縮されたソースファイルをダウンロードしましょう。本書執筆時点での最新版はバージョン3.2.6です。圧縮形式は数種類用意されていますが、ここでは「ncftp-3.2.6-src.tar.gz」をダウンロードして適当なディレクトリに展開します。コマンドラインで解凍するにはtarコマンドに「-xvzf」オプションを付けて実行します。

```
% tar -xvzf ncftp-3.2.6-src.tar.gz return
x ncftp-3.2.6/
x ncftp-3.2.6/autoconf_local/
x ncftp-3.2.6/autoconf_local/acconfig.h
～略～
```

NcFTPのソースファイルはC言語で記述されています。そのソースファイルは展開後のncftpディレクトリ以下に保存されています。

```
% ls ncftp-3.2.6/ncftp return
Makefile.in      ls.c         pref.h        spool.c
bookmark.c       ls.h         preffw.c      spool.h
bookmark.h       main.c       progress.c    spoolutil.c
cmdlist.c        main.h       progress.h    syshdrs.h
～略～
```

# 15-2 コンパイルしてインストールを実行する

ソースファイルが準備できたら、コンパイルを行ってインストールしてみましょう。

## 15-2-1 configureスクリプトによるMakefileの生成

展開したncftp-3.2.6ディレクトリの下に移動し、configureスクリプトを実行してMakefileを作成します。Xcode 13の場合は、**CFLAGS**変数に「-Wno-implicit-function-declaration」を設定する必要があります。

```
% cd ncftp-3.2.6 return
% CFLAGS=-Wno-implicit-function-declaration ./configure return
creating cache ./config.cache
checking if you set and exported the environment variable
CC... no (you may want to do that since configure scripts
look for gcc first)
checking for environment variable CFLAGS... no (we will
choose a default set for you)
～略～
```

MEMO

**./configure**

**「./configure return」のように先頭に「./」を付けて実行する点に注意してください。デフォルトでコマンド検索パスにカレントディレクトリ「.」が入っていないためです。**

configureスクリプトの実行が完了すると、**Makefile**が作成されます。

```
% ls -l Makefile return
-rw-r--r--  1 o2  staff  5388  2 12 16:32 Makefile
```

このMakefileはテキストファイルですが、シェルスクリプトではなく独自形式の内容になっています。

MEMO

**configureのオプション**

**configureにはいろいろなオプションがあります。「./configure --help return」で確認してみましょう。**

## 15-2-2 makeコマンドでコンパイルする

Makefileを利用したコンパイルは、**make**コマンドで行います。

コマンド **make**

説　明 **Makefileの設定に従ってコンパイルなどの処理を行う**

書　式 **make**

Makefileが保存されたディレクトリでmakeコマンドを引数なしで実行すると、Makefileに記述された手順に従ってコンパイル&リンクが行われ、オブジェクトが生成されます。

```
% make return
```

```
Compiling DStrCat.c:                                          [OK]
Compiling DStrFree.c:                                         [OK]
～略～
```

コンパイルが完了すると、binディレクトリに多数のファイルが生成されます。

```
% ls -l bin return
total 3080
-rwxr-xr-x  1 o2  staff  367128  2 12 16:45 ncftp
-rwxr-xr-x  1 o2  staff  280696  2 12 16:45 ncftpbatch
-rwxr-xr-x  1 o2  staff  179728  2 12 16:45 ncftpbookmarks
-rwxr-xr-x  1 o2  staff  262456  2 12 16:45 ncftpget
-rwxr-xr-x  1 o2  staff  211224  2 12 16:45 ncftpls
-rwxr-xr-x  1 o2  staff  262632  2 12 16:45 ncftpput
lrwxr-xr-x  1 o2  staff      10  2 12 16:45 ncftpspooler
-> ncftpbatch
```

「**ncftp**」が、NcFTPクライアントの中心となるコマンドです。ncftp本体のほかに、ブックマークの管理ツール「**ncftpbookmarks**」や、ファイルをまとめてダウンロードする「**ncftpget**」といったユーティリティも生成されます。

## 15-2-3 「make install」コマンドでインストールする

コンパイルが終わったら、**make**コマンドの引数に「**install**」を指定して実行します。

```
% sudo make install return
Password:■■■■ ← パスワードを入力
～略～
Done installing NcFTP.
```

以上で、**/usr/local/bin**ディレクトリにNcFTPのコマンド群がインストールされます。

```
% ls /usr/local/bin/ncft* [return]
/usr/local/bin/ncftp              /usr/local/bin/ncftpls
/usr/local/bin/ncftpbatch         /usr/local/bin/ncftpput
/usr/local/bin/ncftpbookmarks     /usr/local/bin/ncftpspooler
/usr/local/bin/ncftpget
```

MEMO

**ncftpのマニュアル**

**コマンドだけでなくマニュアルもインストールされます。「man ncftp [return]」で表示できます。**

## 15-2-4 ncftpコマンドを起動してみよう

インストールが完了したら、**ncftp**コマンドを起動してFTPサーバに接続してみましょう。次に、NcFTPの匿名FTPサーバ「ncftp.com」に接続してファイルをダウンロードする例を示します。

```
% ncftp ncftp.com [return]
NcFTP 3.2.6 (Feb 02, 2011) by Mike Gleason (http://www.
NcFTP.com/contact/).
Connecting to 209.197.102.38...
ncftpd.com NcFTPd Server (licensed copy) ready.
Logging in...
You are user #2 of 16 simultaneous users allowed.

Logged in anonymously.
Logged in to ncftp.com.
ncftp / > ls [return]  ←ディレクトリの一覧を表示
gnu/         ncftp/       unixstuff/
libncftp/    ncftpd/      winstuff/
ncftp / > cd ncftp [return]  ←ディレクトリを移動
ncftp /ncftp > ls [return]  ←一覧を表示
binaries/                              ncftp-3.2.6-src.tar.xz
```

```
ncftp-1.9.5.tar.gz                  ncftp-3.2.6-src.zip
ncftp-2.4.3.tar.gz                  older_versions/
ncftp-3.2.6-src.tar.gz              snapshots/
ncftp /ncftp > get ncftp-3.2.6-src.tar.gz return   ← getコマンドでダウンロード
ncftp-3.2.6-src.tar.gz:                574.83 kB   61.12 kB/s
ncftp /ncftp > exit return   ← exitコマンドで接続解除

You have not saved a bookmark for this site.

Would you like to save a bookmark to:
    ftp://ncftp.com/ncftp/

Save? (yes/no) yes return   ← 接続先をブックマークとして保存
Enter a name for this bookmark, or hit enter for "ncftp":
Bookmark "ncftp" saved.
```

ncftpではシェルと同じようにtabキーによるディレクトリ名やコマンド名の補完機能が使えます。また、接続先をブックマークとして記録することもできます。それには、目的のFTPサイトに接続した状態で「**bookmark** return」を実行します。

なお、ブックマークの一覧はncftpを起動し「**bookmarks** return」とすると以下のように表示され、ブックマークを確認／編集できます。

**ブックマークの一覧**

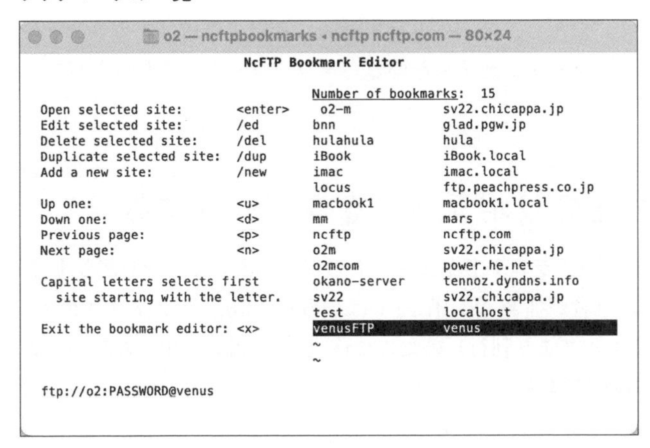

**MEMO**

**ncftpのインストール**

**ncftpは前節で紹介したHomebrewを使ってインストールすることもできます。**

# 15-3 GitHubからソースファイルをダウンロードする

この章の最後に、GitのオンラインサービスであるGitHubからソースファイルをダウンロードして、コンパイルする方法について説明しましょう。

## 15-3-1 GitHubの概要

ソフトウェアのソースコードや一般的なドキュメントのバージョン管理を行うソフトウェアに**Git**（ギット）があります。バージョン管理システムは、ドキュメントの途中の段階を記録しておいて、後から変更点を確認する、前の状況に戻すといったことを効率的に行えるようにしたシステムです。

Gitは、元々はLinuxカーネルのソースコードを管理するシステムとして開発されましたが、現在ではさまざまな分野で広く使用されています。そのGitを活用したオンラインサービスに**GitHub**があります。GitHubは、多くのオープンソースソフトウェアの開発に利用されています。

GitHubには無料プランと有料プランがありますが、ほとんどすべての機能が無料プランで利用可能です。ただし、GitHubを本格的に利用するにはアカウントの登録が必要です。ですが、ソースファイルを閲覧／ダウンロードするだけならアカウント登録は不要です。

## 15-3-2 GitHubのリポジトリをクローンする

GitHubに用意されたプログラムやドキュメントの保管場所のことを**リポジトリ**と呼びます。ここでは、筆者が拙著『SwiftUIではじめるiPhoneアプリプログラミング入門』（2020年ラトルズより刊行）のために作成したiPhone用のお絵かきアプリ「Oekaki」を例に説明します。

### お絵かきアプリ「Oekaki」

Oekakiアプリの Xcode用プロジェクトのリポジトリは「https://github.com/makotoo2/Oekaki」です。

### Webブラウザで開いたリポジトリ

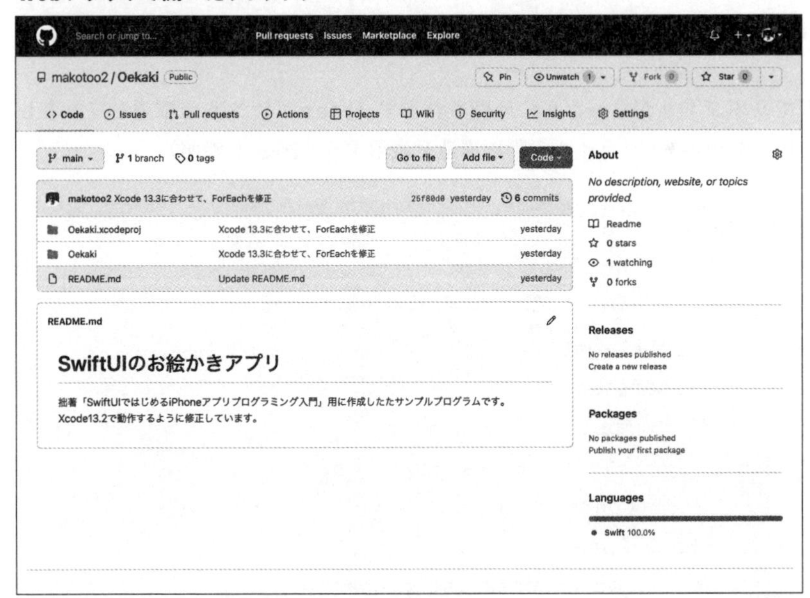


Git および GitHub の操作を行う **git** コマンドは、macOS に標準で用意されています。

コマンド **git**

説　明　**GitおよびGitHubを操作する**

書　式　**git** [オプション] サブコマンド

リポジトリをローカルにダウンロードすることを**クローン**すると言います。クローンするには**clone**サブコマンドにリポジトリのURLを指定して実行します。

```
% git clone https://github.com/makotoo2/Oekaki return
Cloning into 'Oekaki'...
remote: Enumerating objects: 48, done.
remote: Counting objects: 100% (48/48), done.
remote: Compressing objects: 100% (36/36), done.
remote: Total 48 (delta 10), reused 40 (delta 6), pack-
reused 0
Receiving objects: 100% (48/48), 41.77 KiB | 3.80 MiB/s,
done.
Resolving deltas: 100% (10/10), done.
```

これでリポジトリがローカルに展開されます。**tree**コマンドで確認してみましょう（P.338「14-3-1 ファイルの階層構造を表示する「tree」」参照）。

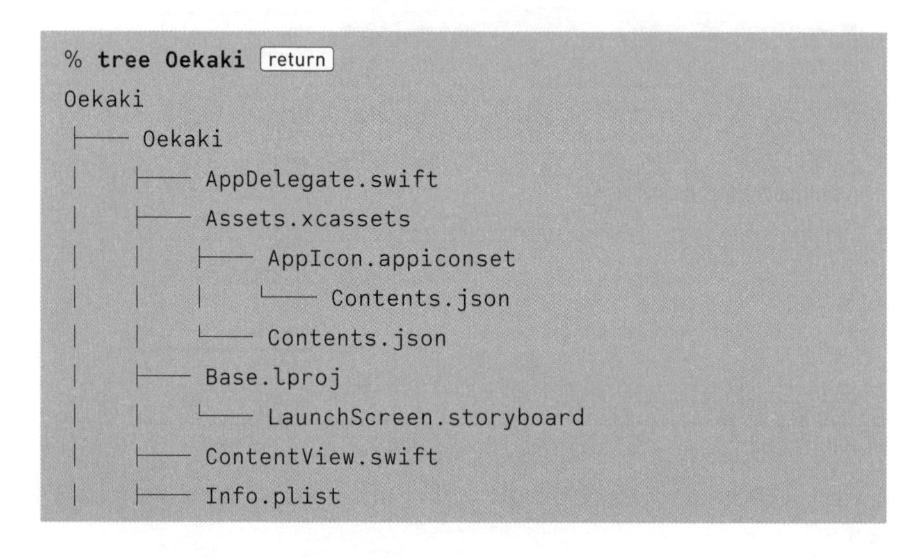

```
% tree Oekaki return
Oekaki
├── Oekaki
│   ├── AppDelegate.swift
│   ├── Assets.xcassets
│   │   ├── AppIcon.appiconset
│   │   │   └── Contents.json
│   │   └── Contents.json
│   ├── Base.lproj
│   │   └── LaunchScreen.storyboard
│   ├── ContentView.swift
│   ├── Info.plist
```

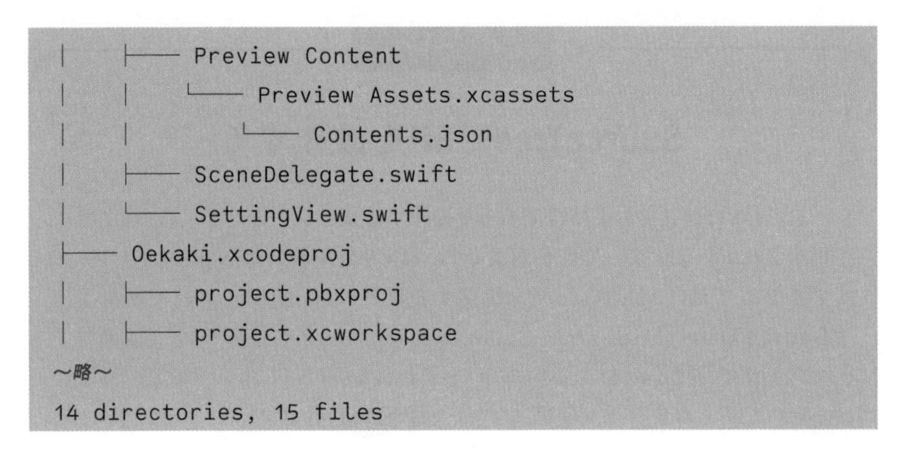

```
│     ├── Preview Content
│     │     └── Preview Assets.xcassets
│     │           └── Contents.json
│     ├── SceneDelegate.swift
│     └── SettingView.swift
├── Oekaki.xcodeproj
│     ├── project.pbxproj
│     ├── project.xcworkspace
～略～
14 directories, 15 files
```

「アプリケーション」フォルダの「Xcode」のアイコンをクリックして起動し、プロジェクトファイル「Oekaki.xcodeproj」を開くとOekakiアプリの編集画面が表示されます。「Project」メニューから「Run」を選択するとプロジェクトがビルドされ、シミュレータで実行されます。

**Xcodeで開いたOekakiアプリのプロジェクトファイル**

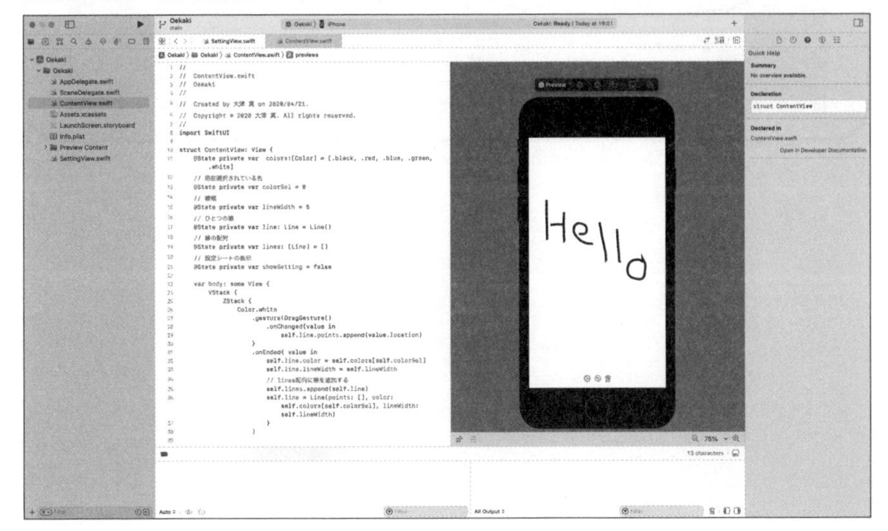

COLUMN

## SourceTreeでGitを操作する

macOSにはGitおよびGitHubを操作するコマンドとしてgitが標準で用意されていますが、操作が面倒です。Gitを効率的に操作できるGUIアプリとしては、Atlassian社が提供する無料のGitクライアントソフト**SourceTree**（https://www.sourcetreeapp.com）が有名です。Gitのコマンドライン操作がとっつきにくいと思われる方は、こちらを試してみるといいかもしれません（使用にはユーザ登録が必要です）。

**SourceTree**

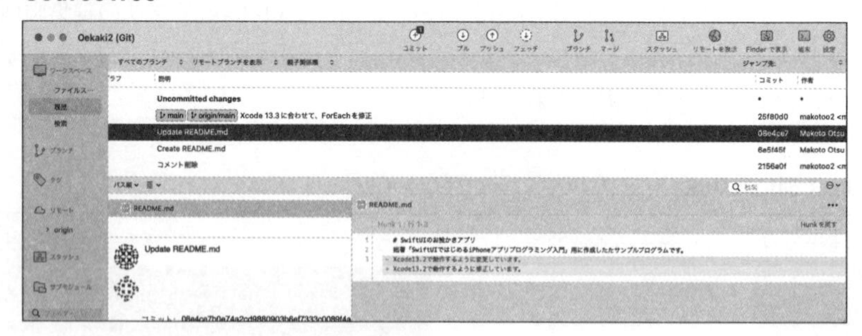

# 第16章

# Dockerによる仮想環境の構築

**Dockerとは、コンテナ仮想化という仕組みをもとに、Linuxの技術を使った仮想化技術です。Docker Desktopというアプリを使用することにより、macOSやWindowsでも動作させることができます。**

ポイントはこれ！

- Docker は Linux におけるコンテナ仮想化技術
- Docker Desktop を使用することで macOS や Windows でも Docker が動作可能
- Docker では「コンテナ」という単位でアプリが動作する
- コンテナを生成するためのイメージは Docker Hub で公開されている
- Docker を操作する docker コマンド

## 16-1　Dockerの概要を知ろう

Dockerでは、仮想化する対象のアプリやOSを「**コンテナ**」という単位で管理しています。まずは、その概要とインストール方法について説明しましょう。

### 16-1-1　Dockerの仕組み

macOSで利用可能なフリーの仮想化ソフトに**VirtualBox**があります。VirtualBoxを例に、通常の仮想化ソフトとDockerのコンテナ仮想化の動作の相違を示します。

通常の仮想化ソフトとDockerのコンテナ仮想化の相違

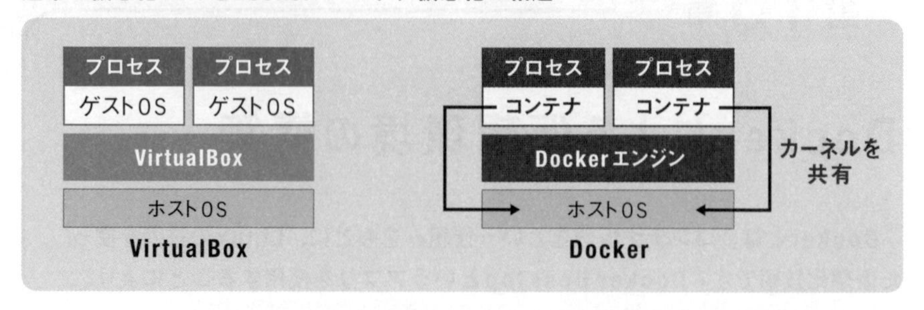


VirtualBoxを使用した仮想化の場合、ホストOS上でVirtualBoxが起動し、その上でゲストOSを動作させます。それに対してDockerの場合には、ホストOS上でDockerエンジンが動作します。Dockerエンジン上では、ホストとは独立した「**コンテナ**」として対象となるアプリが動作します。注目すべきは、コンテナはホストOSのカーネルを共有して動作している点です。技術的には、プロセス、ファイル構造、ユーザIDなどを分離する、Linuxに用意された**ネームスペース**(namespace)という仕組みを利用しています。VirtualBoxなどの仮想化ソフトに比べて、ゲストOSのカーネルを動作させる必要がないため、圧倒的に軽量です。ただし、コンテナとして動作するのは、Linuxで動作するアプリ、あるいはLinuxディストリビューションに限られます。

## ● macOSやWindowsでDockerを動作させるDocker Desktop

現在では「**Docker Desktop**」というアプリを使用することによって、コンテナをLinuxだけでなくmacOSやWindowsで動作させることができます。この場合、Docker DesktopのDockerエンジン内に用意された仮想的なLinuxが起動して、コンテナのカーネルとして動作します。したがって、Linux版のDockerに比べて動作速度は劣ります。

Dockerエンジン内に仮想的なLinuxを置く

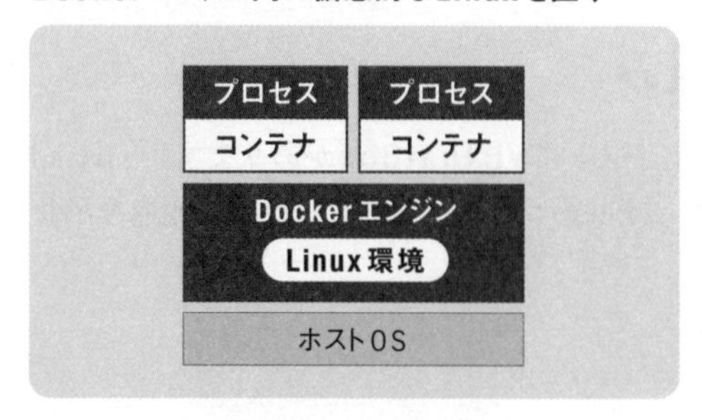

MEMO

**無料／有料Docker Desktop**

**Docker Desktopは有料アプリですが、個人やオープンソースプロジェクト、およびスモールビジネス（250人未満かつ年間売り上げ1000万ドル未満）であれば無料で利用できます。**

### ●多くのイメージを公開しているDocker Hub

コンテナを生成するもとになるものを「**イメージ**」といいます。イメージは自分で作成することもできますが、Docker社のWeb上のサービス「**Docker Hub**」(https://hub.docker.com)では多くのイメージが公開され自由にダウンロードできます。

**Docker Hub**

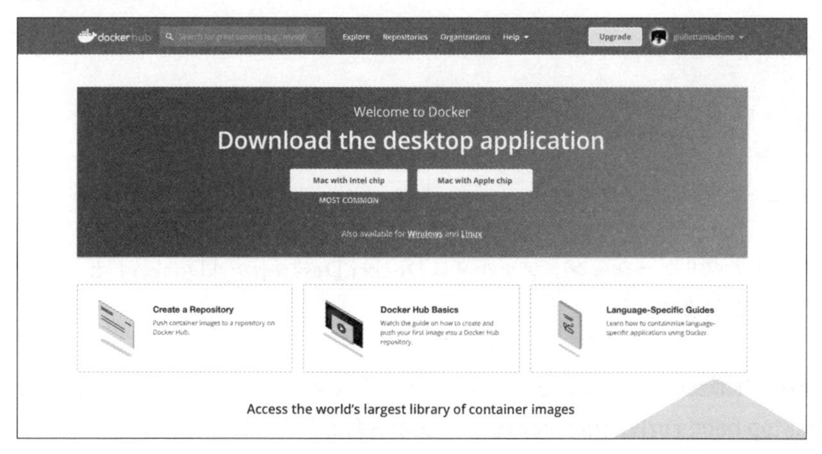


公開されているイメージを検索し、ダウンロードして利用することで簡単にコンテナを生成できます。また、自分で作成したイメージをDocker Hubで公開することもできます。

## 16-1-2 Docker Desktopのインストール

Docker Desktopは、有料のソフトウェアですが、アカウント情報を登録することで個人やオープンソースプロジェクトであれば無料で利用できます。また、Intel Mac、AppleシリコンのMacのどちらでも動作します。

①ダウンロードページ（https://www.docker.com/products/docker-desktop）を開き、マシンに合ったディスクイメージ（Docker.dmg）をダウンロードします。

②ダウンロードしたディスクイメージを開き「Docker」を「Applications」にドラッグします。

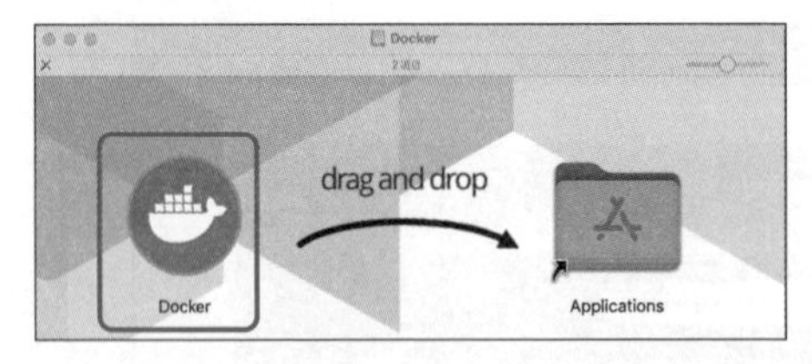


以上で「アプリケーション」フォルダにDocker Desktopが「Docker」としてインストールされます。

③Docker Desktopのアイコンをダブルクリックして起動すると、初回には「Docker Desktop needs privileged access」が表示されるので「OK」ボタンをクリックします。

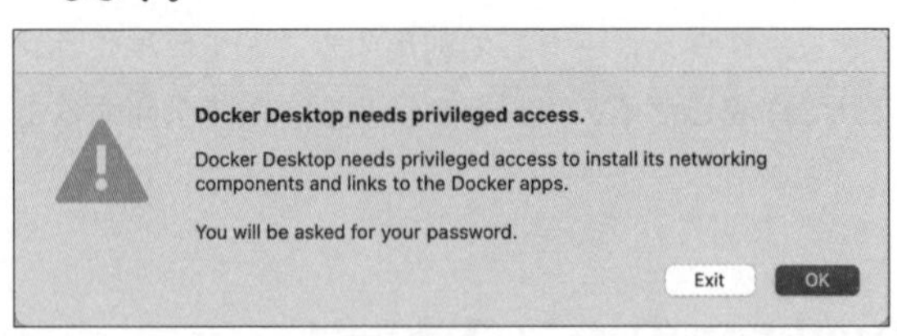


④ヘルパーツールをインストールするダイアログボックスが表示されるのでパスワードを入力し「ヘルパーをインストール」ボタンをクリックします。その後に表示される、使用許諾に同意します。

⑤Docker Desktopが起動し管理画面であるDashboardが表示されます。ここで「Sign in」ボタンをクリックします。

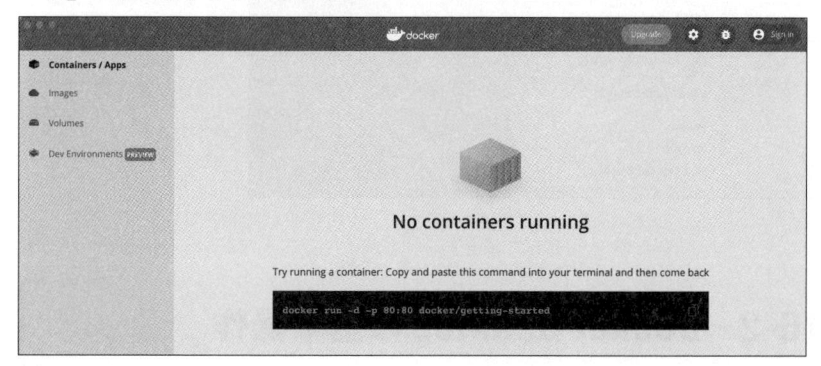


⑥Docker HubのWebサイトが表示されるので、「Sign Up」ボタンをクリックして、Docker IDを登録します。

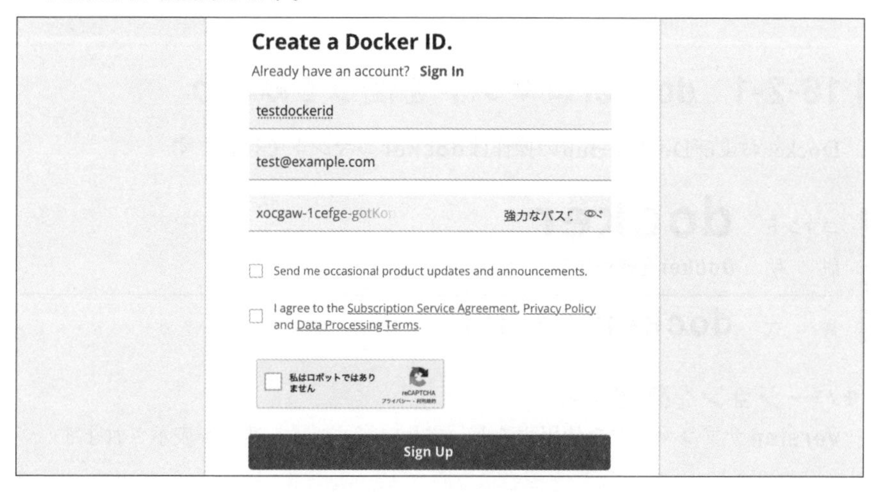

以上で、Docker Desktopがプロセス名「**docker**」のデーモンプロセスとしてシステムに常駐するようになります。また、デスクトップのメニューバーにDockerのアイコンが追加され、このアイコンをクリックするとメニューが表示されます。

**「Docker」メニュー**

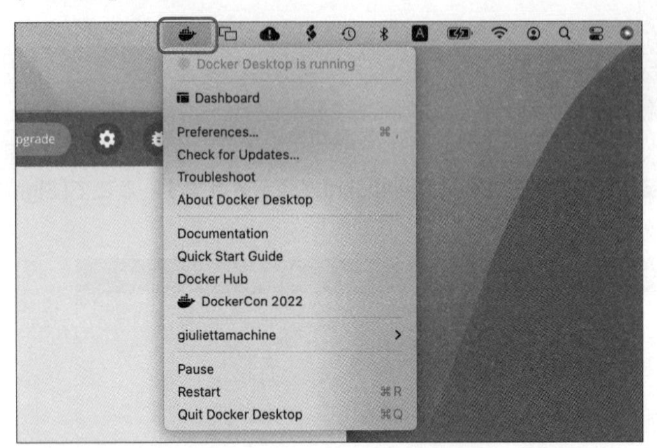


## 16-2 Docker Desktopの基本操作

次に、Docker Hubにサンプルとして用意されている「**hello-world**」イメージを使用してDockerの基本操作を説明しましょう。

### 16-2-1 dockerコマンドを使ってみよう

DockerおよびDocker Hubの操作は**docker**コマンドで行います。

コマンド **docker**
説　明 **Dockerを操作する**

書　式 **docker** サブコマンド

#### ●バージョンを確認する

**version**サブコマンドを使用すると、詳しいバージョン情報が表示されます。

```
% docker version return
Client:
 Cloud integration: v1.0.22
 Version:           20.10.13
 API version:       1.41
 Go version:        go1.16.15
 Git commit:        a224086
 Built:             Thu Mar 10 14:08:43 2022
 OS/Arch:           darwin/arm64
 Context:           default
 Experimental:      true

Server: Docker Desktop 4.6.0 (75818)
 Engine:
  Version:          20.10.13
  API version:      1.41 (minimum version 1.12)
  Go version:       go1.16.15
  Git commit:       906f57f
～略～
```

なお、**info**サブコマンドを使用するとより詳細な情報が表示されます。たとえばDockerエンジンのLinuxカーネルのバージョンを確認するには、grepで絞り込んで次のようにします。

```
% docker info | grep Kernel return
 Kernel Version: 5.10.104-linuxkit
```

## 16-2-2 Docker Hubからイメージを検索する

Docker Hubで公開されているイメージをキーワードで検索するには、「**docker search キーワード**」を実行します。「hello-world」を検索するには次のようにします。

```
% docker search hello-world return
```

**実行結果**

```
o2 — -zsh — 127×24
o2@mbp1 ~ % docker search hello-world
NAME                                     DESCRIPTION                                     STARS     OFFICIAL   AUTOMATED
hello-world                              Hello World! (an example of minimal Dockeriz…   1710      [OK]
kitematic/hello-world-nginx              A light-weight nginx container that demonstr…   151
tutum/hello-world                        Image to test docker deployments. Has Apache…   88                   [OK]
dockercloud/hello-world                  Hello World!                                    19                   [OK]
crccheck/hello-world                     Hello World web server in under 2.5 MB          15                   [OK]
vad1mo/hello-world-rest                  A simple REST Service that echoes back all t…   5                    [OK]
ansibleplaybookbundle/hello-world-db-apb An APB which deploys a sample Hello World! a…   2                    [OK]
ppc64le/hello-world                      Hello World! (an example of minimal Dockeriz…   2
rancher/hello-world                                                                      1
ansibleplaybookbundle/hello-world-apb    An APB which deploys a sample Hello World! a…   1                    [OK]
souravpatnaik/hello-world-go             hello-world in Golang                           1
thomaspoignant/hello-world-rest-json     This project is a REST hello-world API to bu…   1
businessgeeks00/hello-world-nodejs                                                       0
strimzi/hello-world-producer                                                             0
koudaiii/hello-world                                                                     0
strimzi/hello-world-consumer                                                             0
freddiedevops/hello-world-spring-boot                                                    0
strimzi/hello-world-streams                                                              0
garystafford/hello-world                 Simple hello-world Spring Boot service for t…   0                    [OK]
tsepotesting123/hello-world                                                              0
kevindockercompany/hello-world                                                           0
```

デフォルトでは**STARS**（評価）が高い順に表示されます。この例では、一番上に表示されている「hello-world」がOFFICIAL（公式）のイメージです。

## 16-2-3　Docker Hubからイメージを取得する

イメージを取得するには「**docker image pull イメージ名**」を実行します。hello-worldイメージを取得するには次のようにします。

```
% docker image pull hello-world [return]
Using default tag: latest ←①
latest: Pulling from library/hello-world
93288797bd35: Pull complete
Digest: sha256:97a379f4f88575512824f3b352bc03cd75e239179ee
a0fecc38e597b2209f49a
Status: Downloaded newer image for hello-world:latest
docker.io/library/hello-world:latest
```

イメージは「**タグ**（tag）」でバージョンが管理されています。デフォルトでは①のように「**latest**（最新）」のタグが設定されたイメージが取得されます。特定のタグのイメージを指定するには「**イメージ名:タグ**」とします。

### ●取得したイメージの一覧を表示する

ダウンロードしたイメージの情報は「**docker image ls**」で確認できます。

```
% docker image ls return
REPOSITORY    TAG       IMAGE ID       CREATED       SIZE
hello-world   latest    46331d942d63   2 days ago    9.14kB
```

上記の例では、「**46331d942d63**」がイメージを識別するための**イメージID**(IMAGE ID)になります。

> **MEMO**
>
> **イメージの保存場所**
>
> **デフォルトのイメージの保存場所は「/Users/ユーザ名/Library/Containers/com.docker.docker/Data/vms/0/data」です。Docker Desktopの「Preferences」→「Resources」→「Advanced」→「Disk image location」で保存場所を変更できます。**

## 16-2-4 イメージからコンテナを生成して実行する

ダウンロードしたイメージからコンテナを生成して実行するには「**docker container run**」コマンドを実行します。引数にイメージのIDを指定します。また、「**--name**」オプションでコンテナ名を指定します。IDが「46331d942d63」のhello-worldイメージから「**my-hello**」という名前のコンテナを生成し実行するには次のようにします。

```
% docker container run --name my-hello 46331d942d63 return

Hello from Docker!  ←これ以降が実行結果
This message shows that your installation appears to be
working correctly.

To generate this message, Docker took the following steps:
 1. The Docker client contacted the Docker daemon.
 2. The Docker daemon pulled the "hello-world" image from
the Docker Hub.
    (arm64v8)
```

```
 3. The Docker daemon created a new container from that
image which runs the
～略～
```

> MEMO
> **イメージのIDは省略可能**
>
> **イメージのIDはすべてを入力する必要はありません。識別可能な最初の数文字（上記の例では「4」）を入力するだけでかまいません。**

### ●コンテナの一覧を表示する

「**docker container ls**」に「**-a**」オプション指定して実行すると、停止中のものも含めてホスト内のすべてのコンテナの一覧が表示されます。

```
% docker container ls -a [return]
CONTAINER ID   IMAGE   COMMAND    CREATED          STATUS                      PORTS   NAMES
ecd4da19c9fc   4       "/hello"   56 minutes ago   Exited (0) 56 minutes ago           my-hello
```

「**COMMAND**」が「**/hello**」となっていますが、これはコンテナ内の「/」ディレクトリに用意された「hello」というコマンドが実行されることを示します。

## 16-2-5　コンテナとイメージを削除する

コンテナを削除するには「**docker container rm コンテナ名**」を実行します。

```
% docker container rm my-hello [return]
my-hello
```

また、イメージを削除するには「**docker image rm イメージのID**」を実行します。

```
% docker image rm 46331d942d63 [return]
Untagged: hello-world:latest
～略～
```

# 16-3 Webサーバ「nginx」を実行する

hello-worldイメージの場合、コンテナを生成して実行すると単にメッセージを表示して終了するだけでした。次により実践的な例として高速性で定評のあるWebサーバ「**nginx**」のコンテナを生成して実行してみましょう。

## 16-3-1 nginxのコンテナを生成する

hello-worldイメージの場合、「docker image pull」でイメージをダウンロードし、「docker container run」でコンテナを生成し実行しましたが、実はイメージがダウンロードされていない場合でも、「**docker container run**」を実行するだけでイメージのダウンロードから実行までが自動で行われます。次のようにしてnginxのコンテナを生成して実行してみましょう。

```
% docker container run  --detach --name my-nginx1␣➡
--publish 8080:80 nginx return
Unable to find image 'nginx:latest' locally
latest: Pulling from library/nginx

32252aec0777: Pull complete
8b8326e14b35: Pull complete
～略～
b4fe41dc8f20478c18937ccc2c54a762fee125fc02c1222194c5f5177
607efcd
```

半角スペースを入れて改行せずに次の「--publish」以降を続けて入力

自動でダウンロードが行われる

ここで、「**--detach**」はコンテナをバックグラウンドで実行するオプション、「**--publish 8080:80**」は、コンテナのネットワークポートをホストのネットワークポートに割り当てる指定です。「**ホストのポート:コンテナのポート**」のように指定します。nginxはデフォルトで、80番ポートで動作するため、ホスト側の8080番ポートをコンテナの80番ポートに転送しています。

これで「my-nginx1」という名前のコンテナが起動し、8080番ポートで待ち受けます。Webブラウザで「**http://localhost:8080**」にアクセスしてみましょう。サンプルのWebページが表示されるはずです。

**Webサーバ「nginx」にアクセス**

## ●コンテナ実行状況を確認する

「**container ls**」コマンドでコンテナ状況を確認してみましょう（コンテナ「my-nginx1」は実行中なので「-a」オプションをつけなくても表示されます）。

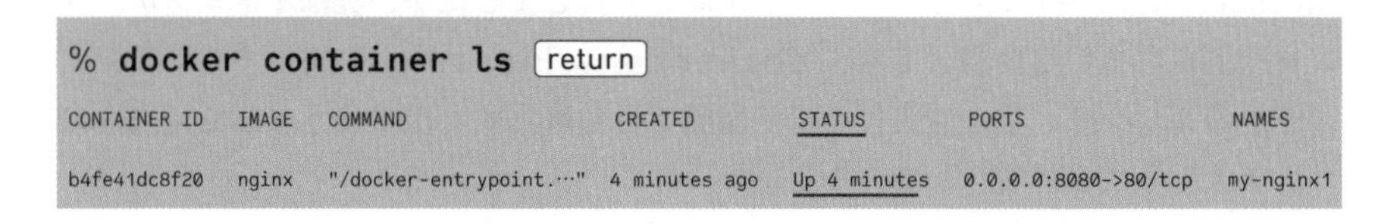


「**STATUS**」が「**UP ～**」(実行中）になっている点に注目してください。

## 16-3-2　コンテナ側のシェルに接続する

続いて、作成したコンテナ「my-nginx1」にターミナルから接続しLinuxの標準シェルであるbashを起動します。それには、「**docker container exec -it コンテナ名 bash**」を実行します。すると、コンテナ側のプロンプトが「**コンテナID:カレントディレクトリ#**」の形式で表示されます。

```
% docker container exec -it my-nginx1 bash [return]
root@b4fe41dc8f20:/#  ←コンテナ側のプロンプトが表示される
```

コンテナ側で、いくつかのコマンドを実行してみましょう。次の例では、unameコマンドでコンテナ側のOS情報を表示し、whoamiコマンドでrootとしてログインしていること、lsコマンドで/binや/libといったファイル構造が存在することを確認しています。コンテナとの接続を切るにはexitコマンドを実行します。

```
root@b4fe41dc8f20:/# uname -a [return]
Linux b4fe41dc8f20 5.10.104-linuxkit #1 SMP PREEMPT Wed
```

```
Mar 9 19:01:25 UTC 2022 aarch64 GNU/Linux
root@b4fe41dc8f20:/# whoami return
root ←「root」としてログインされている
root@b4fe41dc8f20:/# ls return
bin   docker-entrypoint.d   home   mnt   root   srv   usr
boot  docker-entrypoint.sh  lib    opt   run    sys   var
dev   etc       media  proc  sbin  tmp
root@b4fe41dc8f20:/# exit return  ← exitで切断
exit
```

## 16-3-3 コンテナ側にホストファイルをコピーする

次のようにすることで、ホストのファイルを、コンテナ側のファイルシステムにコピーすることができます。

**ホストのファイルをコンテナ側にコピー**

```
docker container cp ホスト側のファイルのパス コンテナ名:コピー先ディレクトリ
```

たとえば、nginxは、**/usr/share/nginx/html**ディレクトリがWebサーバのドキュメントルートになります。ここに、適当なHTMLファイル（次の例では「test.html」）をコピーしてみましょう。

```
% docker container cp test.html my-nginx1:/usr/share/nginx➡
/html/ return
```

半角スペースを入れずに改行せずに次行の「/home/」を続けて入力

これで、「http://localhost:8080/test.html」にアクセスするとコピーしたWebページが表示されます。

**実行結果**

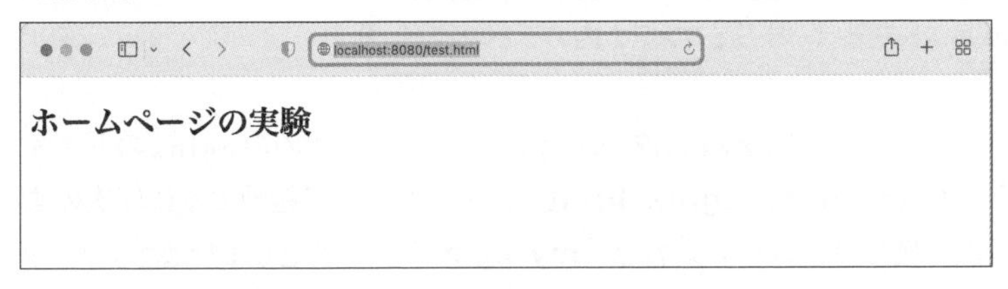

MEMO

**コンテナ側のファイルをホスト側にコピー**

**逆に、コンテナ側のファイルをホスト側にコピーするには次のようにします。**

```
docker container cp コンテナ名:ファイルのパス ホスト側のディレクトリ
```

## 16-3-4 コンテナの停止と起動

コンテナを停止するには「**docker container stop コンテナ名**」を使用します。

```
% docker container stop my-nginx1 return
my-nginx1
```

停止状態のコンテナを開始するには「**docker container start コンテナ名**」を使用します。

```
% docker container start my-nginx1 return
my-nginx1
```

## 16-3-5 ホストのディレクトリをコンテナにマウントする

ホストのディレクトリをコンテナ側にマウントすることもできます。たとえば、nginxのようなWebサーバの場合、Webサーバで公開したいディレクトリをホスト側に用意し、それをnginxのWebコンテンツの起点となるドキュメントルートにマウントしておくと便利です。それには「docker container run」の「**--volume**」オプションを次の形式で指定します。

**ホストのディレクトリをコンテナ側にマウント**

```
--volume ホストのディレクトリ:コンテナ内のディレクトリ
```

たとえば、ホスト側の「**/User/o2/Sites**」を、コンテナ内のnginxのドキュメントルート「**/usr/share/nginx/html**」にマウントして起動するには次のようにします（次の例では、コンテナ名を「**my-nginx2**」に設定しています）。

半角スペースを入れて
改行せずに続けて入力

```
% docker container run --detach --name my-nginx2 --publish␣➡
8080:80 --volume ~/Sites:/usr/share/nginx/html nginx [return]

42a6572c27c7e4723d408c555e657d4e10254f4315c21b00634e28824
3bdfd76
```

これで「http://localhost:8080/index.html」にアクセスすると、ホスト側の/User/o2/Sites以下のコンテンツが表示されるようになります。

## 16-3-6 コンテナをイメージとして保存する

作成したコンテナはイメージとして保存しておくことができます。デフォルトのnginxイメージには最低限のコマンドしかないので、コンテナ側にpsコマンドをインストールしてイメージとして保存する例を示しましょう。

まず、コンテナ「**my-nginx2**」に接続してbashを起動し、psコマンドをインストールするには次のようにします（ここで使用したaptコマンドはLinuxのパッケージ管理コマンドです）。

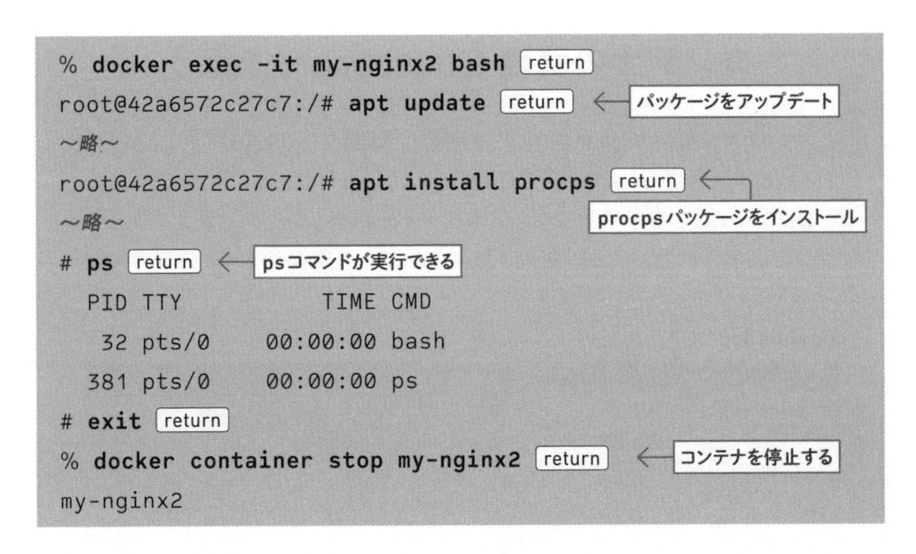

```
% docker exec -it my-nginx2 bash [return]
root@42a6572c27c7:/# apt update [return]
～略～
root@42a6572c27c7:/# apt install procps [return]
～略～
# ps [return]
  PID TTY          TIME CMD
   32 pts/0    00:00:00 bash
  381 pts/0    00:00:00 ps
# exit [return]
% docker container stop my-nginx2 [return]
my-nginx2
```



psコマンドを追加したコンテナを、オリジナルイメージとして保存するには「**docker container commit イメージのパス**」を実行します。

たとえば、my-nginx2コンテナを、「test-image」という名前のイメージに保存するには次のようにします。

```
% docker container commit  my-nginx2 test-image [return]
sha256:d54c36c901566d2589fcc852ebe407cfc6590f07c75e2233d8
624f6d4aa13c6f
% docker image ls [return]
REPOSITORY    TAG       IMAGE ID       CREATED           SIZE
test-image    latest    d54c36c90156   39 seconds ago    155MB
nginx         latest    4f6e44d5fceb   4 days ago        134MB
```

### ●イメージをtarアーカイブに書き出す

さらに、イメージを通常のファイル（tarアーカイブ）として保存しておくには「**docker image save イメージ名 -o ファイルのパス**」を実行します。

イメージ「test-image」を「test-image.tar」に保存するには次のようにします。

```
% docker image save test-image -o test-image.tar [return]
```

COLUMN

## コンテナの管理をDashboardで行う

コンテナの起動/停止、ログの確認、削除などの操作は、Docker Desktopの**Dashboard**の「**Containers/App**」で行うこともできます。

Dashboardを表示するには、メニューバーのDockerアイコンをクリックし、表示されたメニューから「Dashboard」を選択します。

**Dashboard**

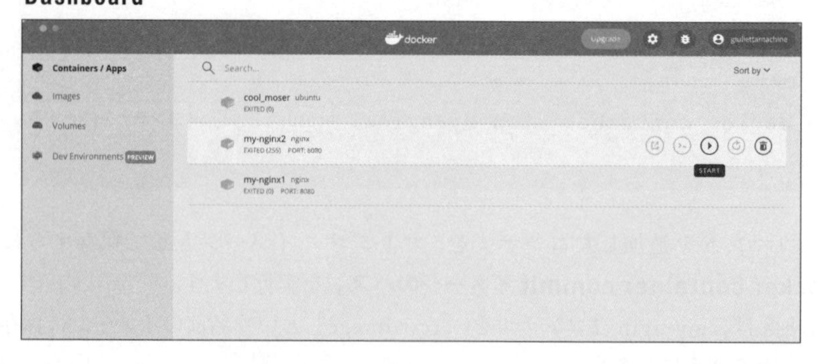

# 第 4 部

# ネットワーク管理とサーバ構築

第17章

# ネットワークの基礎知識

**この章では、まず、macOSに用意されているホスト名からIPアドレスを解決する仕組みについて説明します。次に、主にネットワークのテストに使用されるコマンドを紹介します。いずれもネットワークを操作する上で必須の知識なのでぜひマスターしておきましょう。**

**ポイントはこれ！**

- インターネットのホスト名とIPアドレスの対応はDNSサーバに登録されている
- Bonjour名は「ホスト名.local」
- ホストが応答するかどうかを調べるpingコマンド
- ネットワークインターフェースの情報を表示するifconfigコマンド
- ホスト名とIPアドレスの対応を調べるhostコマンド

## 17-1 ホスト名とIPアドレスの対応について

一般的にネットワークに接続されているコンピュータは**IPアドレス**によって識別されます。IPv4（Internet Protocol version 4）のIPアドレスは「192.168.0.3」のような32ビットの数値ですが、そのままでは人間にとってわかりにくいので、通常は個々のコンピュータにわかりやすいホスト名を付けます。そうすることによって、たとえば、Webサーバにアクセスするのに「http://93.184.216.xx」といった数値の代わりに「http://www.example.com」のようなホスト名を使用できるわけです。

ホスト名の管理にはさまざまな方法がありますが、ここではmacOSで使用されるホスト名についてまとめておきましょう。

## 17-1-1 DNSサーバに登録されたホスト名

インターネットで最も普及しているホスト名とIPアドレスを管理する仕組みに、**DNSサーバ**による集中管理があります。インターネットに直接接続されているマシンは、必ずDNSサーバに登録されている必要があります。たとえば、Webブラウザで「http://www.google.com」といったURLを指定すると、DNSサーバによって「210.139.253.216」といったIPアドレスに変換されるわけです。

**DNSサーバがURLをIPアドレスに変換してWebブラウザに通知**

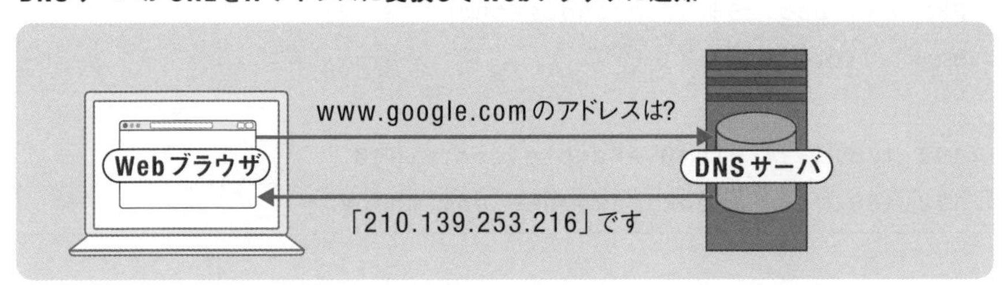


※google.comのアドレスは変更される場合があります。

### ●参照するDNSサーバを登録する

家庭内でブロードバンドルーターを使用してネットワークに接続しているような場合、DNSサーバは自動で設定されます。macOSで手動で設定するには、「**システム環境設定**」→「**ネットワーク**」でインターフェースを選択して、「詳細」ボタンをクリックすると表示されるダイアログの「**DNS**」パネルでDNSサーバのアドレスを登録します。アドレスは複数登録しておいてもかまいません。

次の例では、Googleの無料パブリックDNSサービス「8.8.8.8」と「8.8.4.4」を登録しています。

**DNSサーバの設定**

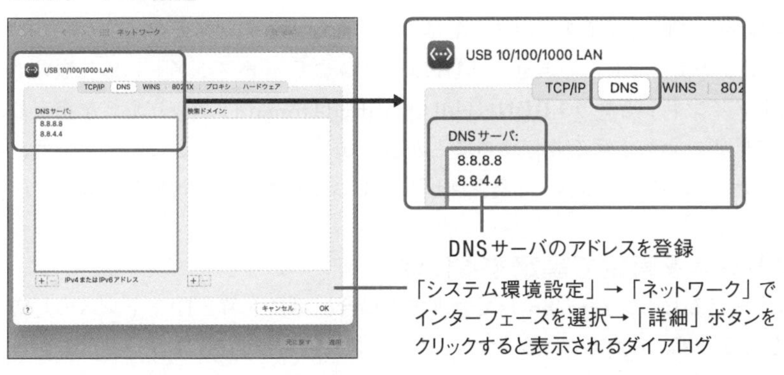

## 17-1-2 /etc/hostsファイルによるホスト名の管理

小規模のLANの場合、DNSサーバを用意する代わりに、それぞれのマシンの **/etc/hosts**ファイルでコンピュータ名を個別に管理するという方法がしばしばとられます。次にmacOSの/etc/hostsファイルの例を示します。

**/etc/hosts（主要部分）**

```
127.0.0.1    localhost ←①
255.255.255.255    broadcasthost ←②
::1    localhost ←③

192.168.1.16 win10.example.com win10  ┐
192.168.1.6  mbook1.example.com mbook1 ┘←④
```

①〜③がデフォルトで記述されている設定です。

①と③の「**localhost**」は、「**ループバック**」と呼ばれる自分自身を示す特別なホスト名です。①はIPv4用の設定、③は次世代のインターネットプロトコル「IPv6」用の設定です。

②の「**broadcasthost**」は、ネットワーク内のすべてのホストを指定するための特別なホスト名です。

④以降に、必要に応じてホストを登録します。書式を次に示します。

**ホストを登録**

```
IPアドレス　ホスト名　別名
```

最後の別名は省略可能です。ホスト名は、重複しないものならどのような文字列を指定してもかまいません。最近ではDNSに合わせて、「ホスト名」には「短いホスト名.ドメイン名」という**FQDN**（Full Qualified Domain Name）形式を指定し、「別名」には短いホスト名を指定することが多いようです。ただしこの方法では、それぞれのマシンの/etc/hostsで整合性がとれている必要があり管理が面倒です。

### ●IPアドレスを固定で設定するには

DNSサーバもしくは/etc/hostsで管理する場合、ホスト名とIPアドレスの対応は固定となるので、それらのマシンのIPアドレスは通常はDHCPサーバなどから自動取得しないで、手動で設定する必要があります。設定は「**システム環境設定**」→「**ネットワーク**」で行います。IPv4の設定を行うには「ネットワーク」の左のリストからインターフェースを選択し（イーサネットによる接続の場合には「Ethernet」を選択)、「詳細」ボタンをクリックして表示されるダイアログで「**IPv4の設定**」から「**手入力**」を選択し、IPアドレスなどの情報を入力します。

**固定IPアドレスを設定（イーサネットの場合）**

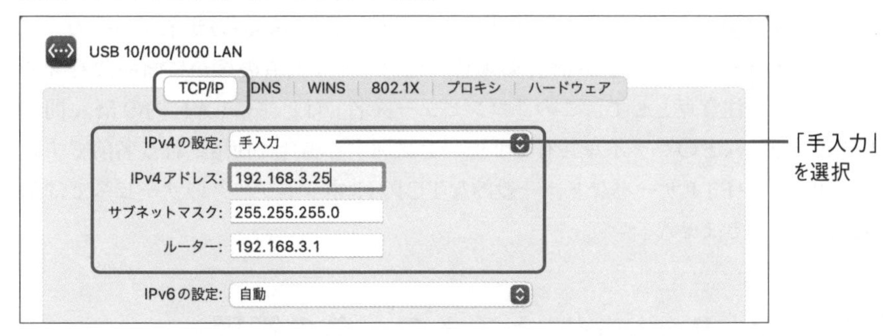


無線LANの場合には「詳細」ボタンをクリックし、表示されるダイアログの「TCP/IP」パネルを開きます。「IPv4の設定」で「手入力」を選択するとIPアドレスなどの情報を入力できます。

**固定IPアドレスを設定（無線LANの場合）**

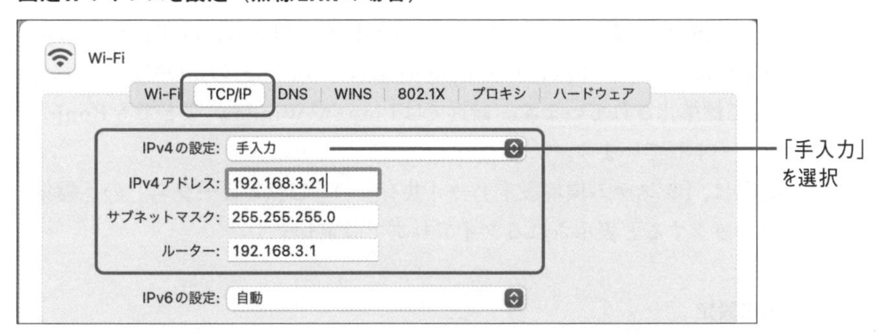


## 17-1-3　ファイル共有で使用されるコンピュータ名

Mac間もしくはMacとWindowsとの間のファイル共有では、独自の名前解決の仕組みがあります。その場合のホスト名は、「システム環境設定」→「共有」の「**コンピュータ名**」で設定します。

**「システム環境設定」→「共有」**　　「コンピュータ名」を指定

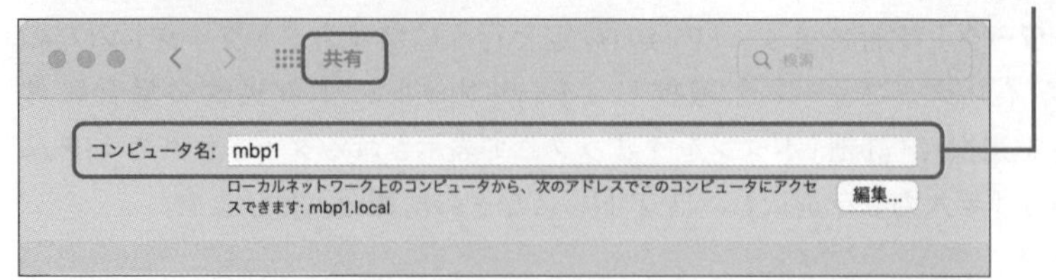


現在接続可能なコンピュータの「コンピュータ名」はFinderのサイドバーの「場所」に表示されます。相手がMacの場合にはファイル共有のほかに画面共有も利用できます。注意点として、この「コンピュータ名」は、主にLAN内のMac間およびWindowsとのファイル共有でサーバを識別する場合に使用される名前です。WebサーバやFTPサーバなど、一般的なTCP/IPネットワークのサービスでは基本的に利用できません。

## 17-1-4　Bonjourによるホスト名の管理

**Bonjour**（ボンジュール）は、Appleが中心になって提唱している、ローカルネットワーク上の機器を自動認識・設定するための仕組みです。前述の「コンピュータ名」はMac同士、およびMacとWindows間のファイル共有でしか使用できませんが、Bonjour名のほうは、WebブラウザやFTPなどBonjourをサポートするすべてのTCP/IPベースのサービスで利用できます。

BonjourはAppleによってオープンソースとして公開され、IETF（Internet Engineering Task Force）で「Zero Configuration Networking」のmDNS（multicast DNS）として標準化されています。最近ではLinuxやWindowsなどでもBonjourの機能をサポートしています。

Bonjour名は、「システム環境設定」→「共有」の「**コンピュータ名**」の「編集」ボタンをクリックすると表示されるダイアログで設定します。

**Bonjour名の設定**

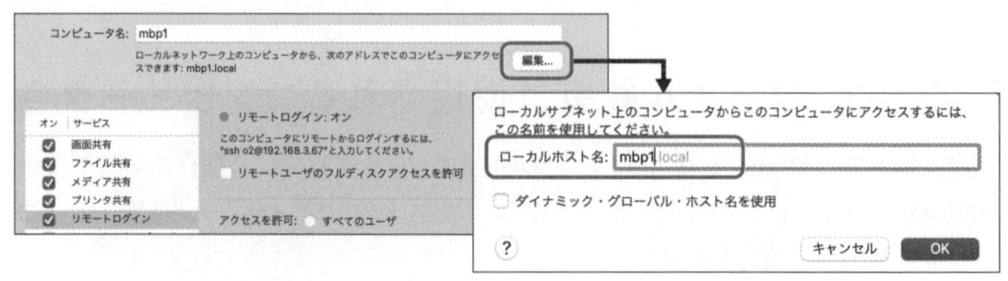

このBonjour名は基本的にローカルネットワーク内でのみ有効なため、必ずローカルを示す「**.local**」という拡張子が付きます。相手がmacOSやWindowsのようにBonjourをサポートしている場合に限りますが、Bonjour名は前述のDNSや/etc/hostsに登録されているホスト名の代わりに使用できます。

たとえば、Bonjour名が「mbp1.local」のmacOSマシン上でWebサーバが立ち上がっている場合、別のマシンから「http://mbp1.local」のようにアクセスすることでWebページが表示されます。

Bonjour名は他のネットワークサービスでも利用できます。たとえばBonjour名が「mbp1.local」のMac上で、次章で説明するSSHサーバが立ち上がっている場合には、「ssh -l ユーザ名 mbp1.local return」でリモートログインできます。

## 17-2 ネットワークの基本コマンドを覚えよう

続いて、IPアドレスなどネットワーク情報の確認や、テストに便利な基本コマンドをいくつか紹介していきましょう。

### 17-2-1 ifconfigコマンドでネットワークインターフェースの状態を表示する

**ifconfig**コマンドは、ネットワークインターフェースの状態を確認するのに便利なコマンドです。

コマンド **ifconfig**

説　明 **ネットワークインターフェースの情報を表示する**

書　式 **ifconfig** [オプション] インターフェース名

「-l」オプションを指定して実行すると、現在システムに認識されているすべてのインターフェースの一覧が表示されます。

```
% ifconfig -l return
lo0 gif0 stf0 anpi0 anpi1 anpi2 en4 en5 en6 en1 en2 en3 ap1 en0
en7 awdl0 llw0 bridge0 utun0 utun1 utun2 utun3 utun4 utun5
```

次に有線LANインターフェースである「en0」の情報を表示する例を示します。

```
% ifconfig en0 return
en0: flags=8863<UP,BROADCAST,SMART,RUNNING,SIMPLEX,MULTICA
ST> mtu 1500
    options=6463<RXCSUM,TXCSUM,TSO4,TSO6,CHANNEL_
IO,PARTIAL_CSUM,ZEROINVERT_CSUM>
    ether f8:4d:89:6a:08:26  ←①
    inet6 fe80::14f4:8da3:72c4:2ce3%en0 prefixlen 64
secured scopeid 0xe  ←②
    inet 192.168.3.66 netmask 0xffffff00 broadcast
192.168.3.255  ←③
〜略〜
```

①は、ネットワークインターフェースを識別するためのMACアドレスです。MACアドレスが他と重複しないようにメーカー側が設定していて、通常はユーザが変更することはありません。

IPv4のIPアドレスは③の「inet〜」に、IPv6のアドレスは②の「inet6 〜」に表示されます。

## 17-2-2 pingコマンドでホストの応答を調べる

**ping**コマンドは、引数で指定したネットワーク上のホストに、**ICMP**プロトコルの「**ECHOリクエスト**」という主にネットワークのテストに使用されるパケットを送り、相手が応答するかどうか、および、応答した場合にその応答時間を調べるコマンドです。

コマンド **ping**
説　明 **ホストの応答を調べる**

書　式 **ping** [オプション] ホスト

pingコマンドを実行すると、引数で指定したホストに1秒ごとにパケットを送り、その応答時間を表示します。終了するには control + C を押します。ホストはBonjour名で指定することも可能です。次に「imac2.local」に対してpingコマンドを実行した結果を示します。

```
% ping imac2.local [return]
PING imac2.local (192.168.1.16): 56 data bytes
64 bytes from 192.168.1.16: icmp_seq=0 ttl=64 time=0.518 ms
64 bytes from 192.168.1.16: icmp_seq=1 ttl=64 time=0.527 ms
64 bytes from 192.168.1.16: icmp_seq=2 ttl=64 time=0.627 ms
64 bytes from 192.168.1.16: icmp_seq=3 ttl=64 time=0.579 ms
^C  <— [control]+[C]を押して終了
--- imac2.local ping statistics ---
4 packets transmitted, 4 packets received, 0.0% packet
loss
round-trip min/avg/max/stddev = 0.518/0.563/0.627/0.044 ms
```

最後に表示される「**round-trip**」(ラウンドトリップタイム) は、相手にパケットを送って帰ってくるまでの時間のことです。そのmin (最小値)、avg (平均)、max (最大値)、stddev (標準偏差) が表示されます。

pingコマンドに応答がない場合、送信先のホストがダウンしている可能性があります。たとえば、Webブラウザからアクセスしても Webページが表示されないとします。pingコマンドを実行してみて応答がある場合には、ホストは生きていますが、Webサーバのソフトがダウンしているということが考えられます。

なお、最近ではセキュリティ上の配慮からpingに応答しないように設定されたホストもあります。

## 17-2-3 tracerouteコマンドで経路情報を表示する

**traceroute**コマンドは、pingと同じくICMPパケットを使用して、指定したホストまでの経路を調べるコマンドです。pingで応答がなかった場合、経路のどこに不具合があるかを調べるといった目的で使用できます。

コマンド **traceroute**
説　明 **経路を表示する**

書　式 **traceroute** [オプション] ホスト

tracerouteコマンドを実行すると、目的のホストにパケットが到達するまでに通ったルータのホスト名もしくはIPアドレスを順に表示します。次に「google.co.jp」までの経路情報を表示する例を示します。

```
% traceroute google.co.jp return
traceroute to google.co.jp (172.217.174.99), 64 hops max,
52 byte packets
 1  192.168.3.1 (192.168.3.1)  1.729 ms  0.903 ms  0.429 ms
 2  softbank221111179170.bbtec.net (221.111.179.170)
8.141 ms  8.177 ms  8.936 ms
 3  softbank221111179169.bbtec.net (221.111.179.169)
7.588 ms  7.907 ms  7.183 ms
 4  * * *    ←①
 5  * * *
 6  74.125.146.69 (74.125.146.69)  14.342 ms  8.035 ms
7.668 ms
～略～
 9  108.170.242.144 (108.170.242.144)  9.376 ms  8.630 ms
    209.85.242.45 (209.85.242.45)  8.915 ms
10  nrt20s09-in-f3.1e100.net (172.217.161.67)  8.788 ms
    209.85.244.35 (209.85.244.35)  9.957 ms
```

この例では、パケットが到達したホスト（172.217.161.67）が10番目なので、1～9番目に表示されている9個のルータを通ったということになります。なお、パケットに応答しないルータはタイムアウトとなり、①のように結果が「*」になります。

## 17-2-4 hostコマンドでIPアドレスとホスト名を変換する

**host**コマンドは、DNSサーバに問い合わせて、指定したホストのIPアドレスを調べたり、逆にIPアドレスからホスト名を取得したりするのに使用します。

コマンド **host**

説　明 **指定したホストのIPアドレス／ホスト名を調べる**

書　式 **host** [オプション] ホスト

次に「www.impress.co.jp」のIPアドレスを取得する例を示します。

```
% host www.impress.co.jp [return]
www.impress.co.jp has address 203.183.234.2
```

逆にIPアドレス「203.183.234.2」からホスト名を調べるには次のようにします。

```
% host 203.183.234.2 [return]
2.234.183.203.in-addr.arpa is an alias for
2.0/25.234.183.203.in-addr.arpa.
2.0/25.234.183.203.in-addr.arpa domain name pointer www.
impress.co.jp.
```

## 17-2-5 dns-sdコマンドで Bonjour名からIPアドレスを調べる

Bonjour名からIPアドレスを調べるには**dns-sd**コマンドを実行します。

コマンド **dns-sd ①**

説　明 **Bonjour名からIPアドレスを調べる**

書　式 **dns-sd -G v4 Bonjour名**

IPv4のIPアドレスを調べるには「-G v4」オプションを指定します。たとえば「imac2.local」のIPアドレスを調べるには次のようにします。終了するには[control]+[C]を押します。

```
% dns-sd -G v4 imac2.local  [return]
DATE: ---Thu 17 Feb 2022---
20:32:46.107  ...STARTING...
Timestamp     A/R    Flags if Hostname
Address                                              TTL
20:32:46.108  Add 40000003 15 imac2.local.
192.168.3.13                                         120
20:32:46.108  Add 40000003 14 imac2.local.
192.168.3.13                                         120
    ← [control]+[C]を押して終了
```

### ●サービスを公開しているホストを調べる

dns-sdコマンドを次の書式で実行すると、Bonjourの仕組みにより特定のサービスを公開しているホストを調べることもできます。

コマンド **dns-sd②**

説　明 **サービスを提供しているホストを調べる**

書　式 **dns-sd** -B タイプ

タイプには「_サービス名」を指定します。たとえば、SSHサーバを公開しているホストを調べるには次のようにします。

```
% dns-sd -B _ssh return
 dns-sd -B _ssh
Browsing for _ssh._tcp
DATE: ---Thu 17 Feb 2022---
20:35:38.365  ...STARTING...
Timestamp     A/R    Flags  if Domain
Service Type         Instance Name
20:35:38.367  Add        3  14 local.                    _ssh._
tcp.             imacStudio
～略～
20:35:38.367  Add        2  14 local.                    _ssh._
tcp.             MacBook
20:35:38.603  Add        2  15 local.                    _ssh._
tcp.             imac2
```

← control + C を押して終了

**MEMO**

**サービス名**

**Webサーバのサービス名は「www」、FTPサーバは「ftp」です。正式なサービス名の一覧は、インターネットのIPアドレスやドメイン名を管理するIANA（Internet Assigned Number Authority）のサイトで見ることができます。**

**http://www.iana.org/assignments/service-names-port-numbers/service-names-port-numbers.xhtml**

第18章

# SSHでセキュアな通信を実現

**この章では、公開鍵暗号方式という暗号化技術を使って安全なリモートログインを可能にするSSHについて解説します。また、SSHを使用した、ファイルコピーやリモートバックアップについても説明します。**

ポイントはこれ！

- SSHを使用すると安全なリモートログインが可能
- SSHサーバは「システム環境設定」→「共有」で起動／停止できる
- より安全なリモートログインが可能な公開鍵暗号方式
- SSHを使用したファイルコピーが可能なscpコマンド
- rsyncコマンドを使用するとSSH経由でリモートバックアップが可能

## 18-1　SSHの概要を知ろう

ターミナルでは、ネットワークを介してほかのコンピュータにリモートログインできます。かつてリモートログインには「Telnet」と呼ばれるプロトコルが使用されていました。ただし、Telnetはログイン情報や通信の内容が「平文」(暗号化されていないテキスト) で流れるため、セキュリティ上問題があります。そのため近年では、暗号化された通信によるリモートログインが可能な**SSH** (Secure Shell) が広く使用されるようになってきています。macOSにはオープンソース版のSSHである**OpenSSH** (https://www.openssh.com) が標準搭載されています。

## 18-1-1　公開鍵暗号方式とは

SSHによる通信では「**公開鍵暗号方式**」と呼ばれる暗号化技術が使用されます。これについて簡単に説明しましょう。

まず、公開鍵以前の暗号化方式は「**共通鍵暗号方式**」などと呼ばれていました。共通鍵方式は、暗号化する人と、復号する人が同じ「鍵」(共通鍵)を所有する必要があり、鍵が外部に漏れやすいという欠点がありました。

**共通鍵暗号方式**

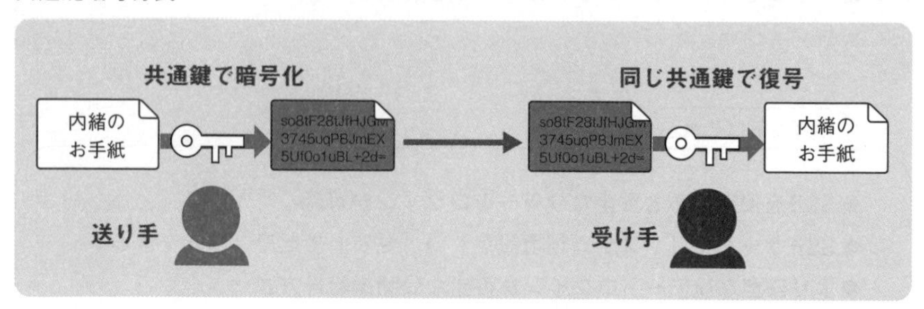


それに対し、公開鍵暗号方式では「**公開鍵**」と「**秘密鍵**」という鍵のペアを使用します。公開鍵で暗号化したものはそのペアの秘密鍵でないと復号できません。データを送ってほしい相手にあらかじめ自分の公開鍵を渡しておき、データをそれで暗号化して送ってもらいます。届いたデータは自分の秘密鍵を使用して解読できます。何らかの理由で公開鍵が悪意のある第三者の手に渡ったとしても、それだけではデータは解読できないというわけです。

**公開鍵暗号方式**

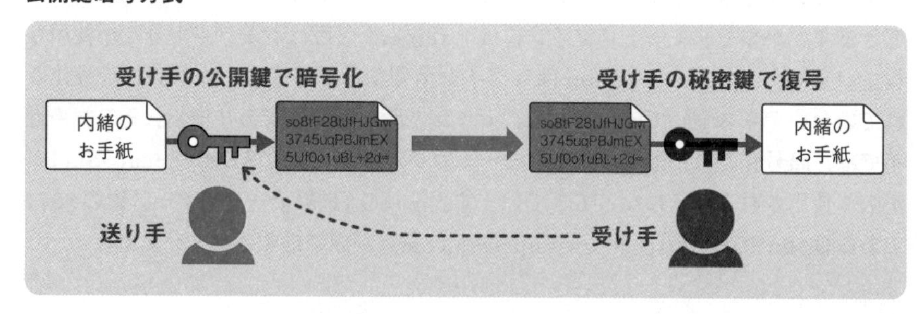

## 18-1-2　SSHにおけるリモートログインの流れ

次に、SSHを使用してリモートログインを行う際の基本的な流れを示します。

**SSHによるリモートログイン**

SSHクライアントからSSHサーバにログインしようとすると、ユーザ認証の前に、まず接続先のホストが正しいかどうかを判断する「**ホスト認証**」が行われます。このホスト認証は常に公開鍵暗号方式で行われます。続くユーザ認証は、設定次第で、通常のユーザ名とパスワードによる「**パスワード認証**」、もしくは「**公開鍵暗号方式**」のどちらかで行われます。

ユーザ認証が完了すると、ローカルホストでシェルを実行するのと同じように、リモートホストのコマンドラインが実行できます。

### ●SSHプロトコルのバージョンについて

SSHのプロトコルのバージョンには、大きく分けて「**バージョン1系**」と「**バージョン2系**」がありますが、両者には互換性がないので注意が必要です。ふたつのバージョンの主な相違は、公開鍵暗号方式の認証アルゴリズムです。現在ではバージョン2系が主流で、バージョン1が使用されることはほぼありません。

OpenSSHのプロトコル・バージョン2は多くのアルゴリズムに対応しています。次に、バージョン2が対応している認証アルゴリズム（鍵の種類）を示します。

**バージョン2が対応している認証アルゴリズム（鍵の種類）**

DSA　RSA　ECDSA　Ed25519

右側のほうが最新で暗号の強度が高くなります。ただし、OpenSSH自体のバージョンによってはECDSAやEd22519といったアルゴリズムに対応していないので注意が必要です。

## 18-1-3　SSHサーバを起動する

macOSでのSSHサーバの有効／無効の切り替えは、「システム環境設定」で行います。「共有」の「**リモートログイン**」をチェックすると有効になります。

**「共有」の「リモートログイン」をチェック**

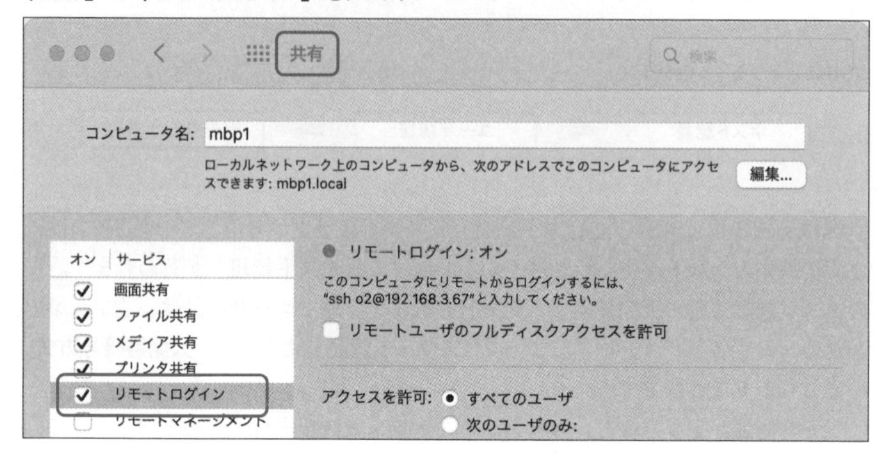


以上でSSHサーバ本体「**sshd**」が起動できる状態になります。

次のように「launchctl print-disabled」コマンドを実行すると、com.openssh.sshdがfalse（有効）になっていることがわかります。

```
% launchctl print-disabled system | grep openssh return
    "com.openssh.sshd" => false
```

なお、SSHサーバはオンデマンド型のサービスなので、SSHサーバ本体（sshd）はSSHクライアントから接続があった時点で起動します。

> MEMO
> **外部ディスクへのアクセス**
>
> **「リモートユーザのフルディスクアクセスを許可」をチェックすると外部ディスクを含めて、すべてのディスクへのアクセスを許可します。**

## ●ログイン可能なユーザを限定する

初期状態ではサーバ側に登録されている任意のユーザでリモートログイン可能ですが、「**アクセスを許可**」で「**次のユーザのみ**」を選択した場合には、下のリストに登録されたユーザ／グループのみにリモートログインを許可することもできます。

**「次のユーザのみ」をチェック**

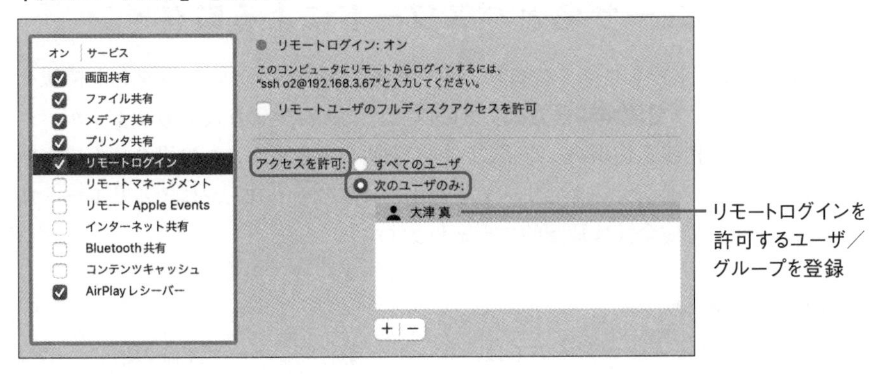


ユーザ／グループを追加するには、[+]ボタンをクリックしてリストからユーザ名もしくはグループ名を選択します。

**リモートログイン可能なユーザ／グループを追加**

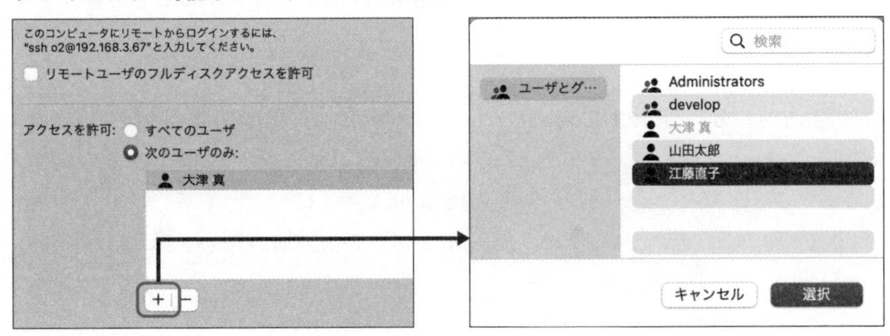


## 18-2 sshコマンドでリモートログインする

SSHを使用したリモートログインには**ssh**コマンドを使用します。

コマンド **ssh**

説　明 **リモートログインを行う**

書　式 **ssh [-l ユーザ名] ホスト名**

## 18-2-1　ユーザ名とパスワードによるログイン

SSHによるリモートログインには、ユーザ名とパスワードのアカウント情報を使用する方式と、「**公開鍵暗号方式**」と呼ばれ、より安全な方式がありますが、まずはアカウント情報を使用する方式について説明しましょう。この場合にもアカウント情報を含めて通信データはすべて暗号化されるので、Telnetによるリモートログインと比較して安全性は飛躍的に高まります。

### ●初回のログイン

SSHによるリモートログインでは、ユーザを特定するユーザ認証の前に、ホストが正しいかどうかを判断するホスト認証が行われますが、利便性を考慮し、初めてログインしたサーバの公開鍵は自動で登録できるようになっています。

次に、sshコマンドを使用して、SSHサーバが動作中であるホスト「imac2.local」にユーザ「o2」が初めてリモートログインした場合の実行結果を示します（マシンが1台しかない場合には自分自身「localhost」にログインすることで動作を確かめられます）。

```
% ssh -l o2 imac2.local [return]
The authenticity of host 'imac2.local (fe80::12dd:b1ff:fe9
9:6273%en0)' can't be established. ←①
ED25519 key fingerprint is SHA256:/EKN9K0bijpsx/SOb3QzBjjP
qjll9Qhc+oSB2/kd3nU. ←②
This key is not known by any other names
Are you sure you want to continue connecting (yes/no/
[fingerprint])? yes [return] ←③ 「yes」を入力
Warning: Permanently added 'imac2.local' (ED25519) to the
list of known hosts.
(o2@imac2.local) Password: ■■■■ [return] ←④ 接続先のパスワードを入力
Last login: Wed Feb 16 23:40:51 2022
o2@imac2 ~ % ← ログインが完了!
```

①の「The authenticity of host 'imac2.local (fe80::12dd:b1ff:fe99:6273%en0)' can't be established」というメッセージは、接続先のホストが、ローカルホスト側にまだ登録されていないということを示しています。

③で「yes」を入力して[return]キーを押すと、そのホストの公開鍵が「**~/.ssh**

**/known_hosts**」に登録されます。

次回からはこの公開鍵を使用してホスト認証が行われます。万一、悪意のある第三者がDNSの改ざんを行い、別のホストがそのホストになりすましているような場合には、ホスト認証に失敗しメッセージが表示されるので、そのような行為がわかるというわけです。

なお、前ページ②の「**fingerprint**」とは公開鍵の指紋のようなもので、これを調べることによって鍵が改ざんされていないかどうかを判別することができます。

④でリモートホストに登録されているパスワードを入力すると、ログインが完了します。接続を解除するには**exit**コマンドを実行してください。

### ●2回目以降のログイン

なお、いったんSSHサーバの公開鍵がSSHクライアント側に登録されると、次回からはパスワードだけでログインが可能になります。

```
% ssh -l o2 imac2.local [return]
Password:■■■ [return]   ←パスワードを入力
Last login: Thu Jul  7 00:25:24 2016 from
fe80::ca2a:14ff:fe4d:be8e%en0
mini:~ o2$   ←ログインが完了!
```

上記の例を見るとわかるように、LAN内のホストにログインする場合は、ホスト名に「imac2.local」のようなBonjour名も指定できます。

ホスト名は、「mini.example.com」のようなDNSサーバに登録されているホスト名、もしくは192.168.0.1のようにIPアドレスを直接指定してもかまいません。

なお、sshコマンドの代わりに**slogin**コマンドを使用してもかまいません(sloginはsshのシンボリックリンクです)。

MEMO

**「-l(エル) ユーザ名」の省略**

**現在ローカルホストにログインしているのと同じユーザ名でリモートログインする場合であれば、「-l ユーザ名」は省略できます。**

```
% ssh -l o2 imac2.local  ➡  % ssh imac2.local
```

COLUMN

## 自分のホストの公開鍵と秘密鍵

ホスト認証で使用される、自ホストの公開鍵と秘密鍵は、ほかのホストからアクセスされた後、SSHサーバが初めて起動した時点で自動的に作成され、/etc/sshディレクトリ以下にファイルとして保存されます。次にバージョン2用の鍵ペアを示します。

**自ホストの公開鍵と秘密鍵のペア**

```
┌ ssh_host_dsa_key      (DSA用秘密鍵)
└ ssh_host_dsa_key.pub  (DSA用公開鍵)
┌ ssh_host_rsa_key      (RSA用秘密鍵)
└ ssh_host_rsa_key.pub  (RSA用公開鍵)
┌ ssh_host_ecdsa_key      (ECDSA用秘密鍵)
└ ssh_host_ecdsa_key.pub  (ECDSA用公開鍵)
┌ ssh_host_ed25519_key      (Ed25519用秘密鍵)
└ ssh_host_ed25519_key.pub  (Ed25519用公開鍵)
```

## 18-2-2 公開鍵暗号方式によるリモートログイン

SSHによって経路は暗号化されているとはいえ、前の例のようなリモートマシンのパスワードを使ってのユーザ認証では、万一パスワードが漏れてしまうと、誰でもログインできてしまうという不安があります。より安全なリモートログインを行うには、ホスト認証だけでなく、ユーザ認証も**公開鍵暗号方式**で行う必要があります。公開鍵暗号方式では、誰に見られてもよい「**公開鍵**」と、他人には渡せない「**秘密鍵**」という鍵のペアを使用して認証を行います。

### ●鍵ペアを作成する

公開鍵と秘密鍵の鍵ペアの作成には**ssh-keygen**コマンドを使用します。

コマンド **ssh-keygen**

説　明 **鍵ペアを作成する**

書　式 **ssh-keygen [オプション]**

「-tタイプ」オプションでは、鍵のタイプを指定します。

**鍵のタイプ**

| タイプ | 説明 |
|---|---|
| rsa1 | SSHプロトコル・バージョン1用RSA1認証の鍵ペア |
| rsa | SSHプロトコル・バージョン2用RSA認証の鍵ペア |
| dsa | SSHプロトコル・バージョン2用DSA認証の鍵ペア |
| ecdsa | SSHプロトコル・バージョン2用ECDSA認証の鍵ペア |
| ed22519 | SSHプロトコル・バージョン2用Ed22591認証の鍵ペア |

ssh-keygenコマンドを実行し、メッセージに従って「**パスフレーズ**」を入力すると、鍵ペアが作成されます。パスフレーズは、ユーザからすれば、従来のパスワードと同じようなものと考えてかまいません。ただし、途中にスペースを入れることが可能で、より長い文字列が使えます。

このパスフレーズは秘密鍵を使うときに必要になります。秘密鍵はそれ自体暗号化されていて、使える状態にするにはパスフレーズを入力する必要があります。このおかげで、万一秘密鍵が盗まれたとしても第三者には使えないわけです。

次に、SSHプロトコル・バージョン2用ECDSA認証の鍵ペアを作成する例を示します。

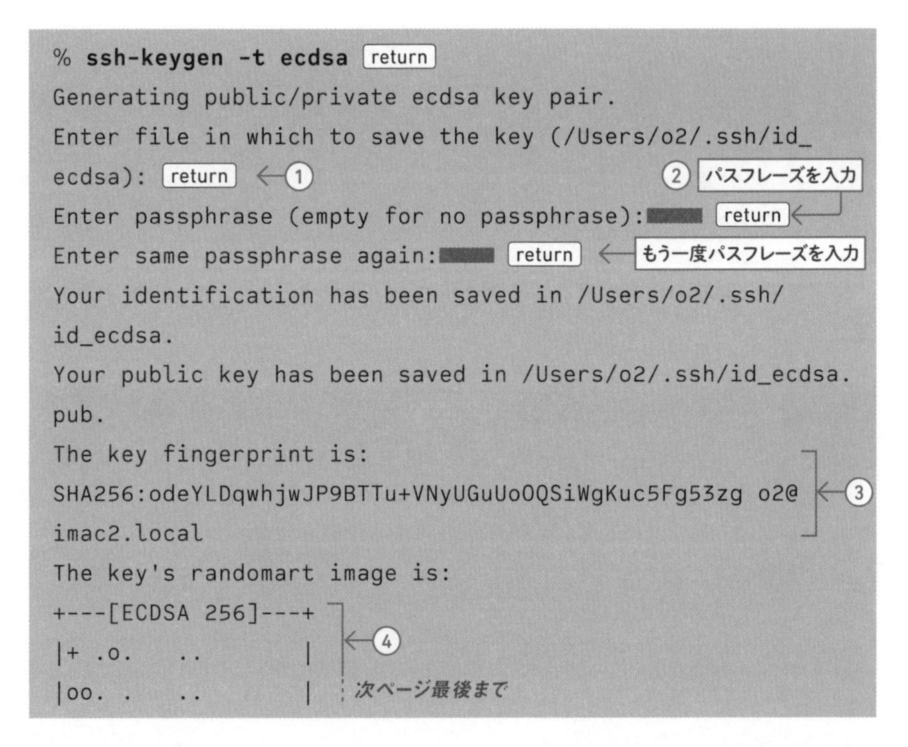

```
% ssh-keygen -t ecdsa [return]
Generating public/private ecdsa key pair.
Enter file in which to save the key (/Users/o2/.ssh/id_
ecdsa): [return]  ←①
Enter passphrase (empty for no passphrase):████ [return]  ←② パスフレーズを入力
Enter same passphrase again:████ [return]  ← もう一度パスフレーズを入力
Your identification has been saved in /Users/o2/.ssh/
id_ecdsa.
Your public key has been saved in /Users/o2/.ssh/id_ecdsa.
pub.
The key fingerprint is:
SHA256:odeYLDqwhjwJP9BTTu+VNyUGuUoOQSiWgKuc5Fg53zg o2@    ←③
imac2.local
The key's randomart image is:
+---[ECDSA 256]---+  ←④
|+ .o.    ..      |
|oo. .    ..      |  次ページ最後まで
```

```
|.o .o.  ..o .       |   前ページから
～略～
|=B.+Eo++ . .        |
|.+= o..             |  ←④
| ... .              |
|                    |
+----[SHA256]-----+
```

①では秘密鍵の保存先を尋ねてきていますが、通常はデフォルトの場所（~/.ssh/id_ecdsa）でかまわないでしょう。そのまま［return］を押します。

②でパスフレーズを入力します。

③の「**fingerprint**」はP.397でも説明しましたが、公開鍵の指紋のようなもので、公開鍵に対し「ハッシュ値」と呼ばれる固有の値を取ったものです。

④ではそのfingerprintを、ASCIIアートイメージに変換したものが表示されます。

以上で、秘密鍵が「**~/.ssh/id_ecdsa**」に、公開鍵が「**~/.ssh/id_ecdsa.pub**」に保存されます。なお、秘密鍵は、他人に中身を見られてはならない秘密の鍵のため、初期状態では所有者のみ読み書き可（rw-------）に設定されています。

```
% ls -l ~/.ssh [return]
total 24
-rw-------  1 o2  staff  314  7  7 14:21 id_ecdsa ←秘密鍵
-rw-r--r--  1 o2  staff  176  7  7 14:21 id_ecdsa.pub ←公開鍵
-rw-------  1 o2  staff  659  2 17 23:07 known_hosts
```

秘密鍵と公開鍵の中身は単なるテキストファイルです。catコマンドで中身を確認できます。

```
% cat ~/.ssh/id_ecdsa.pub [return]
ecdsa-sha2-nistp256 AAAAE2VjZHNhLXNoYTItbmlzdHAyNTYAAAAIbm
lzdHAyNTYAAABBBJmEX5Uf0o1uBL+2d4aBTd7M1xE6yg1YK/
o24WLHHosLPtrrbeRLLkjftxh/Smu5n5HK9+ORt9ecjpHLw/XHl2Q= o2@
mbp1.local
% cat ~/.ssh/id_ecdsa [return]
-----BEGIN OPENSSH PRIVATE KEY-----
```

```
b3BlbnNzaC1rZXktdjEAAAAACmFlczI1Ni1jdHIAAAAGYmNyeXB0AAAAG
AAAABB5wu1z1W
0unnb1U/K1qkzLAAAAEAAAAAEAAABoAAAAE2VjZHNhLXNoYTItbmlzdHA
yNTYAAAAIbmlz
～略～
CzFvz084deSeBEZQso8tF28tJfHJGM3745uqP/vwLE4ZR0Y1GbKQwslgJ
X4M5kZ4f0zmeJ
4RMTdR5439hn2JmcSdwZaS8LxtQvFGHFixbHLQp2+W2ZZsbbrWcsJSGL/
08YYYp4PALc6U
8KXCuGmZNJDyW1YbTJMR7+WTK45JXZY5QZdjWBWfRUONbFTttzndbtjK3
WI=
-----END OPENSSH PRIVATE KEY-----
```

## ●SSHサーバに公開鍵を登録する

作成した鍵ペアの中で公開鍵は、あらかじめログイン先のSSHサーバに登録しておく必要があります。公開鍵は人に見られても大丈夫ですから、メールやFTPなどで転送してもかまいません。より安全に行うには、P.403「18-3-1 SSHを使用してファイル転送を行う」で説明するSSHのファイル転送コマンド「**scp**」を使うとよいでしょう。たとえば、ホスト「imac2.local」のユーザ「o2」にECDSAの公開鍵を転送するには、次のようにします。

```
% scp ~/.ssh/id_ecdsa.pub o2@imac2.local: return
Password:■■■■ return ←パスワードを入力
id_ecdsa.pub                                    100%  176
0.2KB/s   00:00
```

転送先（ここではホスト「imac2.local」のユーザ「o2」）では、公開鍵を登録するファイルは「**~/.ssh/authorized_keys**」になります。登録するファイルをエディタで開いて公開鍵を追加してもかまいませんが、次のようにcatコマンドとリダイレクション「>>」を組み合わせて使うと簡単です（P.139「ファイルの最後に追加するには「>>」を使用する」参照）。

```
% mkdir ~/.ssh return ←~/.sshがない場合は作成する
% cat id_ecdsa.pub >>  ~/.ssh/authorized_keys return
```

MEMO

**catコマンドのリダイレクションに注意**

**catコマンドのリダイレクションを「>>」の代わりに「>」にしないように注意してください。「>」を使用すると元の内容がクリアされてしまいます。**

「~/.ssh/authorized_keys」ファイルは、所有者だけに読み書き可能に設定しておきます。

```
% chmod 600 ~/.ssh/authorized_keys return
% ls -l ~/.ssh/authorized_keys return
-rw-------  1 o2  staff  175  2 18 15:49 /Users/o2/.ssh/
authorized_keys
```

## ●公開鍵暗号方式でログインする

準備が整ったらログインしてみましょう。コマンドには、パスワード認証の場合と同じく、**ssh**コマンドを使用します。

```
% ssh -l o2 imac2.local return
```

すると「Enter passphrase ～」とパスフレーズを尋ねてくるのでパスフレーズを入力します（macOSのバージョンによってはダイアログでパスフレーズを入力）。以上で、ログインが完了します。

```
% Enter passphrase for key '/Users/o2/.ssh/id_ecdsa':████ return
Last login: Thu Feb 17 23:07:34 2022 from
fe80::1c86:4f8d:79cf:247d%en0
o2@imac2 ~ %  ← ログイン完了
```

↑ パスフレーズを入力

## ●パスフレーズの入力を省略するには

鍵を一元管理する**SSHエージェント**（ssh-agent）を使用すると、最初のリモートログイン時に秘密鍵がSSHエージェントに登録されます。パスフレーズの入力は最初にリモートログインしたときだけで、再度ログインする場合に省略できます。

それにはSSHの設定ファイル「**/etc/ssh/ssh_config**」を次のように編集します（編集にはスーパーユーザの権限が必要なためsudoコマンドを使用してvim

などのエディタを起動する必要があります)。

**/etc/ssh/ssh_config**

```
Host * ←コメント記号を外す(27行目)
  AddKeysToAgent yes ←① 追加する
  UseKeychain yes ←② 追加する
  ～略～
   IdentityFile ~/.ssh/id_ecdsa ←コメント記号を外す(ECDSA認証の場合)
```

①が鍵をSSHエージェントで管理する設定、②が鍵をmacOSのキーチェーンにも追加する設定です。

/etc/ssh/ssh_configを上記のように編集して保存すると鍵が記録されるようになり、2回目以降のリモートログインではパスフレーズの入力が省略されます。

なお、現在ssh-agentに記録されている鍵は「**ssh-add -l**」で確認できます。

```
% ssh-add -l return
256 SHA256:AgEBLVkeXglmEpg1fona10tVe90KU1oQB7LUOFbpsF8 o2@
mbp1.local (ECDSA)
```

# 18-3 SSHを活用するために

本章の最後に、SSHを使用したファイルのコピーなど、SSHを日常的に使いこなすために覚えておくと便利な基本機能について説明します。

## 18-3-1 SSHを使用してファイル転送を行う

SSHは単にリモートログインだけのツールではありません。**sftp**は暗号化されたftpクライアントとして使用可能で、**scp**コマンドは安全なファイル転送に使用できます。またrsyncと組み合わせてリモートホストに差分バックアップを作成することもできます。

### ●sftpコマンドでファイル転送を行う

**sftp**コマンドは、標準的なFTPクライアントであるftpコマンドとほぼ同じように使用できます。

コマンド **sftp**
説　明 **ftpと同じようにファイル転送を行う**

書　式 **sftp** ユーザ名@ホスト名またはIPアドレス

次に、sftpコマンドを使用して、ホスト「imac2.local」にユーザ「o2」としてログインし、Documents/sample.txtファイルを取得する実行例を示します。

```
% sftp o2@imac2.local [return]
Connected to imac2.local.
sftp> ls Documents [return]          ← ホスト「imac2.local」のDocumentsディレクトリを表示する
Documents/HelloIPhone                Documents/Janken
Documents/Oekaki                     Documents/Wget.pkg
Documents/main                       Documents/main.swift
Documents/sample.txt                 Documents/test
sftp> get Documents/sample.txt [return]   ← Documents/sample.txtをダウンロード
Fetching /Users/o2/Documents/sample.txt to sample.txt
/Users/o2/Documents/sample.txt      100%   411    0.4KB/s
00:0
sftp> exit [return]     ← sftpを終了
```

**MEMO**

**「ユーザ名@」の省略**

**sftpコマンドと次に説明するscpコマンドも「ユーザ名@」を省略した場合には、現在ローカルシステムにログインしているユーザでアクセスしたものとみなされます。**

### ●scpコマンドでファイルをコピーする

**scp**コマンドを使用すると、cpコマンドと同じような感覚でリモートホストとの間でファイルのコピーが行えます。

コマンド **scp**

説　明　**ローカルホストとリモートホストの間でファイルをコピーする**

書　式　**scp** [オプション] コピー元のファイルのパス　コピー先のパス

コピー元、もしくはコピー先にリモートホストを指定する場合には、「ユーザ名@ホスト名:パス」の形式で指定します（「パス」を省略するとホームディレクトリになります）。

たとえばカレントディレクトリの「test.txt」を、SSHサーバ「imac2.local」のユーザ「o2」の~/Documentsディレクトリにコピーするには次のようにします。

```
% scp test.txt o2@imac2.local:Documents/ return
test.txt                          100%    0    0.0KB/s   00:00
```

## 18-3-2　rsyncコマンドでリモートバックアップを行う

P.317「13-4-2 rsyncを使用してバックアップを1日1回自動で行う」で説明した**rsync**は、SSHと組み合わせてリモートホストに差分バックアップを作成することが可能です。このときリモート側のファイルは、次の形式で指定します。

**リモート側のファイルの指定**

```
ユーザ名@ホスト名:パス
```

たとえば、myFilesディレクトリ以下をimac2.localのユーザ「o2」のPublicディレクトリ以下にバックアップするには次のようにします（デフォルトでSSHを使用するように設定されているので「-e ssh」は省略可能）。

```
% rsync -aE -e ssh myFiles o2@imac2.local:Public return
```

# 第19章

# WebサーバApacheを起動する

**macOSには、オープンソースのWebサーバ「Apache」が標準搭載されています。適切に設定すれば、手元のmacOSマシンでWebサーバを立ち上げることができ、Webページやアプリケーションの検証などに利用できます。**

ポイントはこれ！

- Apacheはオープンソースのwebサーバ
- Apacheを制御するapachectlコマンド
- メインの設定ファイルは/etc/apache2/httpd.conf
- デフォルトのHTMLドキュメントの保存場所は/Library/WebServer/Documents
- ユーザごとのホームページの保存場所は「~/Sites」ディレクトリ
- CGIプログラムを実行するCGIモジュール

## 19-1 WebサーバApacheの概要

**Webサーバ**とは、WWW（World Wide Web）の機能を提供するサーバソフトウェアです。ホームページを公開するソフトウェアと考えてよいでしょう。ホームページをレンタルサーバなどに置いている方でも、ローカル環境でのHTMLやCGIなどのテスト環境として活用できます（ただし、本書ではLAN内で検証することを想定しており、セキュリティについては説明していません。閉じた環境ではない場合、セキュリティを十分に検討しておく必要があります）。

macOSに標準搭載されている**Apache**は、世界で最も広く使用されているオープンソースのWebサーバソフトウェアです。現在Apacheは、Apache Software Foundation（ASF）（http://www.apache.org/）で開発／保守が行われ、Linuxや

macOSのようなUNIX系OSだけでなくWindowsなどさまざまなOS上で動作します。

## 19-1-1 Apacheの本体はhttpdコマンド

Apacheのプログラム本体は/usr/sbinディレクトリに保存されている**httpd**コマンドです。

```
% ls -l /usr/sbin/httpd return
-rwxr-xr-x  1 root  wheel  1673792 12  8 08:39 /usr/sbin/httpd
```

Apacheのバージョンは「**-v**」オプションを指定してhttpdコマンドを実行すると確認できます。

```
% httpd -v return
Server version: Apache/2.4.51 (Unix)
Server built:   Nov 13 2021 01:41:12
```

## 19-1-2 柔軟な設定が可能なモジュール構造

Apacheは機能拡張が容易なようにモジュール構造になっています。Apache本体にはシンプルな基本機能のみが搭載され、モジュールを追加／削除することで自由にカスタマイズできる構造になっています。モジュールは、Apache本体に組み込まれている「**静的モジュール**」と、必要に応じて読み込まれる「**動的モジュール**」（**DSOモジュール**）に大別されます。

動的モジュールは拡張子が「**.so**」の個別のファイルで、macOSでは/usr/libexec/apache2ディレクトリに保存されています。

```
% ls /usr/libexec/apache2 return
httpd.exp                    mod_lbmethod_heartbeat.so*
mod_access_compat.so*        mod_ldap.so*
～略～
```

たとえば、「mod_userdir.so」は各ユーザ用のディレクトリを公開するためのモジュール、「mod_cgi.so」はCGI機能のためのモジュールです。

### ●ロードされているモジュールを確認する

macOSに用意されているApacheのモジュールの中で、現在どれが使用されているかは、httpdコマンドを「**-M**」オプションを指定して実行することで確認できます。

```
% httpd -M return
Loaded Modules:
 core_module (static) ←①
 so_module (static)
 http_module (static)
 mpm_prefork_module (static)
 authn_file_module (shared)
 ～略～
```

①のcore_moduleは基本機能の必須モジュールです。また、モジュール名の後ろに「**(static)**」と表示されているのがhttpd自体に組み込まれている静的モジュール、「**(shared)**」と表示されているのが動的モジュール（DSOモジュール）です。

## 19-1-3 Apacheを起動してみよう

コマンドラインでApacheを制御するには**apachectl**コマンドを使用します。

コマンド **apachectl**

説　明 **Apacheを起動／停止する**

書　式 **apachectl** サブコマンド

次に、apachectlの主なサブコマンドを示します。

**apachectlコマンドのサブコマンド**

| 引数 | 説明 |
|---|---|
| configtest | 設定ファイルの文法エラーをチェックする |
| start | Apacheを起動する |
| stop | Apacheを停止する |
| restart | Apacheを再起動する |

起動や停止にはスーパーユーザの権限が必要なのでsudoコマンド経由で実行します。たとえば起動するには次のようにします。

```
% sudo apachectl start return
Password:■■■■ return ←パスワードを入力
```

### ●テスト用のWebページを表示する

Apacheにはテスト用のサンプルページが用意されています(/Library/WebServer/Documents/index.html.en)。Apacheを起動したら、Webブラウザで「http://ホスト名」にアクセスしてみましょう。サンプルページは「It works!」と表示するだけのシンプルなものです。

**Apacheのテスト用サンプルページ(/Library/WebServer/Documents/index.html.en)**

**It works!**

LAN内のコンピュータからアクセスする場合、ホスト名は「http://imac2.local」のようなBonjour名で指定してかまいません。自分自身にアクセスする場合には「http://localhost」も使用できます。

## 19-1-4 ホームページの保存場所について

macOSのApacheの基本設定では、サイト単位でのホームページの保存場所はデフォルトで**/Library/WebServer/Documents**ディレクトリに設定されています。これを「**ドキュメントルート(DocumentRoot)**」と呼びます。このディレクトリにHTMLファイルを保存しておけば「http://ホスト名/ファイルのパス」でアクセス可能です。

lsコマンドで確認すると、デフォルトでは/Library/WebServer/Documentsディレクトリにサンプルファイルが用意されています。

```
% ls /Library/WebServer/Documents/ return
index.html.en
```

前記の「**index.html.en**」はホスト名でアクセスした場合に「It works!」と表示されるサンプルのHTMLファイルです。

DocumentRootには、オリジナルのHTMLファイルを保存してもかまいません。ただし、このディレクトリはスーパーユーザ以外書き込みができません。

```
% ls -ld /Library/WebServer/Documents/ return
drwxr-xr-x  5 root  wheel  170  2 21 13:06 /Library/Web
Server/Documents/
```

そのため、sudoコマンド経由でファイルをコピーする必要があります。たとえば、次のような**index.html**を用意したとします。

**index.html**

```
<!DOCTYPE html>
<html lang="ja">
<head>
    <meta charset="utf-8">
    <title>My Page</title>
</head>
<body>
    <h1>はじめてのホームページ!</h1>
</body>
</html>
```

このindex.htmlをsudoコマンド経由で/Library/WebServer/Documentsディレクトリにコピーし、「http://localhost」としてアクセスすると、用意したindex.htmlが表示されます。

**index.htmlが表示される**

**はじめてのホームページ！**

### ●一般ユーザにホームページの書き換えを許可するには

HTMLファイルの管理にスーパーユーザの権限が必要なのは面倒と感じるかもしれません。回避策として、chmodコマンドでパーミッションを変更すると一般ユーザでも書き換えできるようになります。

```
% sudo chmod 777 /Library/WebServer/Documents [return]
Password:■■■■ [return] ←パスワードを入力
```

なお、上記のようにシステムファイルのパーミッションを変更したくない場合には、あとで説明するユーザごとのホームページ（P.415「19-3 ユーザごとにホームページを公開する」）を使用するとよいでしょう。

## 19-1-5　システム起動時にApacheを起動するには

**launchd**（P.303「13-1 サービスを集中管理するlaunchd」参照）により、システムの起動時にApacheを自動起動するように設定することもできます。それには次のようにlaunchctlコマンドを使用してApacheを有効にします。

```
% sudo launchctl enable system/org.apache.httpd [return]
% sudo launchctl bootstrap system /System/Library ➡
/LaunchDaemons/org.apache.httpd.plist [return]
```

半角スペースを入れずに改行せずに次行の「/LaunchDaemons」以降を続けて入力

# 19-2　Apacheの設定ファイルについて

Apacheの設定ファイルを変更することで、ユーザごとのホームディレクトリを公開したり、CGIプログラムを実行したりできるようになります。まずは、設定ファイルの種類と、基本的な設定方法について説明しましょう。

## 19-2-1　設定ファイルは/etc/apache2ディレクトリに保存されている

macOSでは、Apacheの設定ファイル群は**/etc/apache2**ディレクトリ以下にまとめて保存されています。次に、基本的な設定ファイルの概要をまとめておきます。

**Apacheの基本的な設定ファイル**

| ファイル名 | 説明 |
|---|---|
| httpd.conf | Apacheのメインの設定ファイル |
| users/ユーザ名.conf | ユーザごとの設定ファイル |
| mime.types | 拡張子とMIMEタイプの対応を記述したファイル |
| magic | ファイルの先頭部分を読み込んでMIMEタイプを判定するのに使用されるファイル |
| extra/http-設定項目.conf | 機能ごとに用意された設定ファイル |
| other/設定名.conf | PHPなど標準以外の設定ファイル |
| original/httpd.conf | 初期状態の設定ファイル |

### ●メインの設定ファイルは「httpd.conf」

/etc/apache2ディレクトリ以下の設定ファイルの中で、Apacheの動作を決定するメインの設定ファイルが「**httpd.conf**」です。このファイルにApacheへの指令である「**ディレクティブ**」を記述します。

ただし、すべてのディレクティブをhttpd.conf内に記述すると煩雑になるので、**/etc/apache2/extra**ディレクトリ、および**/etc/apache2/other**ディレクトリに、個々の機能ごとに個別の設定ファイルを用意して、httpd.confでは必要に応じてIncludeディレクティブによりそれらのファイルを読み込んでいます。

### ●オンラインマニュアルを表示する

httpd.confを変更する例として、Webサーバ経由でApacheのマニュアルを表示できるようにしてみましょう。vimでhttpd.confを開いて編集します。編集には管理者権限が必要なのでsudoコマンドを経由して「sudo vim /etc/apache2/httpd.conf [return]」のように実行します。「manual」を検索すると、次のような行が見つかります（vimで検索を行うには、lessコマンドと同様にコマンドモードで「/検索ワード [return]」とします）。

```
# Include /private/etc/apache2/extra/httpd-manual.conf
```

先頭の「#」はコメントの指定です。設定ファイルでは「#」以降行末まではコメントとみなされます。「#」を削除してIncludeディレクティブを有効にします。

```
Include /private/etc/apache2/extra/httpd-manual.conf
```

これで、オンラインマニュアルの設定ファイル「/private/etc/apache2/extra/httpd-manual.conf」が読み込まれます。

なお、「**apachectl configtest**」コマンドを実行すると、設定ファイルに文法上のミスがないかを調べられます。

```
% apachectl configtest [return]
Syntax OK
```

「Syntax OK」と表示されれば、記述上のミスはありません。

設定ファイルを変更したら、次のようにApacheを再起動します。

```
% sudo apachectl restart [return]
Password:■■■■ [return] ←パスワードを入力
```

この後、webブラウザで「http://localhost/manual」にアクセスすると日本語のマニュアルが表示されるようになります。

**Apacheのオンラインマニュアル**

マニュアルのHTMLファイルは/Library/WebServer/share/httpd/manualディレクトリの下にさまざまな言語で保存されています。拡張子が「html.ja.utf8」のファイルが日本語のマニュアルです。

```
% ls /Library/WebServer/share/httpd/manual return
BUILDING
LICENSE
bind.html
bind.html.de
bind.html.en
bind.html.fr.utf8
bind.html.ja.utf8
～略～
```

## 19-2-2 動的モジュールのロード

**/usr/libexec/apache2**ディレクトリに保存されている動的モジュールがすべてApacheに読み込まれるわけではありません。どのモジュールを読み込むかは、**httpd.confのLoadModule**ディレクティブによって設定します。

**/etc/apache2/httpd.conf（一部）**

```
#LoadModule mpm_event_module libexec/apache2/mod_mpm_
event.so
LoadModule mpm_prefork_module libexec/apache2/mod_
mpm_prefork.so
#LoadModule mpm_worker_module libexec/apache2/mod_
mpm_worker.so
LoadModule authn_file_module libexec/apache2/mod_
authn_file.so
#LoadModule authn_dbm_module libexec/apache2/mod_
authn_dbm.so
```

実際にhttpd.confを見るとわかりますが、LoadModuleディレクティブはデフォルトでコメントになっているものが少なくありません。機能が必要になった段階で、コメント記号を外して有効にします。

COLUMN

## ログファイルの表示

Apacheのログファイルは、**/var/log/apache2**ディレクトリ以下に保存されます。

```
% ls -l  /var/log/apache2 return
total 16
-rw-r--r--  1 root  wheel  2191  2 19 13:33 access_log
-rw-r--r--  1 root  wheel  1199  2 19 13:33 error_log
```

**access_log**はアクセス状況が記録されるログファイル、**error_log**はエラー情報が記録されるログファイルです。

なお、さまざまなログファイルは「コンソール」アプリ（「アプリケーション」→「ユーティリティ」フォルダ）でも表示できます。

# 19-3 ユーザごとにホームページを公開する

続いて、前節で学んだApacheの基本知識をもとに、ユーザごとのホームページを公開する方法について説明します。

## 19-3-1 ユーザのホームページの場所は ~/Sitesディレクトリ

Apacheで公開するホームページは、ユーザごとに個別に用意することもできます。デフォルトの設定では**~/Sites**ディレクトリ（「サイト」フォルダ）が、ユーザごとのホームページの保存場所になっています。この場合、Webブラウザから次のような形式のURLを指定します。

**ユーザのサイト**

```
http://ホスト名/~ユーザ名/ファイルのパス
```

たとえば自ホスト「localhost」のユーザ「o2」のホームページにアクセスするには、Webブラウザのアドレスに「**http://localhost/~o2/ファイルのパス**」を指定します。

### ● Sitesディレクトリを作成する

システムによってはデフォルトで**Sites**ディレクトリが用意されていません。その場合、次のように作成しておきましょう。パーミッションは他人がアクセスできるように「755」に設定します。また、Finder上で日本語の「サイト」フォルダとして表示されるように「.localized」ファイルも作成しておきます。

```
% mkdir ~/Sites return
% chmod 755 ~/Sites return
% touch ~/Sites/.localized return
```

## 19-3-2 httpd.confを変更する

メインの設定ファイル**/etc/apache2/httpd.conf**を編集し、次のLoadModuleディレクティブのコメント記号を外して、mod_userdir.soモジュールをロードします。

```
#LoadModule userdir_module libexec/apache2/mod_userdir.so
```

↓ コメント記号「#」を外す

```
LoadModule userdir_module libexec/apache2/mod_userdir.so
```

次のIncludeディレクティブのコメント記号も外します。

```
#Include /private/etc/apache2/extra/httpd-userdir.conf
```

↓ コメント記号「#」を外す

```
Include /private/etc/apache2/extra/httpd-userdir.conf
```

### ● httpd-userdir.confを修正する

次に、**/etc/apache2/extra/httpd-userdir.conf**を修正し、次のInclude文がコメントになっていたら、コメント記号を外します。

```
#Include /private/etc/apache2/users/*.conf
```

コメント記号「#」を外す

```
Include /private/etc/apache2/users/*.conf
```

これで/etc/apache2/extra/httpd-userdir.confが読み込まれるようになります。

## 19-3-3 ユーザごとの設定ファイルを用意する

/etc/apache2/extra/httpd-userdir.confは、さらにユーザごとの設定ファイル「**/etc/apache2/users/ユーザ名.conf**」を読み込んでいます。たとえば、ユーザ名が「o2」の場合、次のようにファイルを編集します（存在しない場合には作成してください）。

**/etc/apache2/users/o2.conf**

```
<Directory "/Users/o2/Sites/"> ←①
    AllowOverride All      ←②
    Require all granted    ←③
</Directory>
```

①は「**セクションディレクティブ**」と呼ばれるディレクティブで、ディレクティブの有効範囲を設定します。この場合「Users/o2/Sites/」ディレクトリが、内部の②③のディレクティブの有効範囲となります。なお、ユーザ名の「o2」部分を自分のユーザ名に書き換えてください。

②は「.htaccess」ファイルを用意した場合にすべての設定の上書きを許可する設定です。

③は、すべてのホストからの接続を許可する設定です。

MEMO

### 「.htaccess」ファイル

**「.htaccess」は、「アクセスコントロールファイル」と呼ばれるファイルです。ディレクトリに「.htaccess」を作成しておくと、そのディレクトリ以下のアクセス権限などの設定を変更することができます。Apacheを再起動することなく設定が反映されるので便利です。**

## ●Apacheを再起動する

設定ファイルのチェックを行って、エラーがなければApacheを再起動します。

```
% apachectl configtest [return]
Syntax OK
% sudo apachectl restart [return]
Password:■■■■ [return] ←パスワードを入力
```

## ●ユーザごとのホームページを表示する

以上で準備は完了です。たとえば、ユーザ「o2」の~/Sitesディレクトリに、次のようなHTMLファイル「sample.html」を用意したとします。

**sample.html**

```
<!DOCTYPE html>
<html lang="ja">
<head>
    <meta charset="utf-8">
    <title>My Page</title>
</head>
<body>
    <h1>ユーザホームページの実験</h1>
</body>
</html>
```

Webブラウザで「**http://localhost/~ユーザ名/sample.html**」にアクセスして、次のようにsample.htmlが表示されることを確認しましょう。

**sample.html**

| ユーザホームページの実験 |
|---|

# 19-4 CGIプログラムを実行してみよう

**CGI**（Common Gateway Interface）とは、Webサーバから別のプログラムを起動する仕組みです。たとえば、多くのブログや掲示板などのWebアプリケーションはCGIプログラムとして作成されています。なお、CGIプログラムでは使用するプログラム言語はなんでもかまいません。通常はRuby、Perl、Pythonなどのテキスト処理に優れたスクリプト言語が使用されており、macOSにはそれらのプログラム言語が用意されています。なお、CGIは使い方によってはセキュリティホールになる恐れがあります。本書と異なる実装の場合、十分に注意する必要があります。

## 19-4-1 CGIモジュールをロードする

まず、メインの設定ファイルである/etc/apache2/httpd.confを編集し、次の**LoadModule**ディレクティブのコメント記号を外し、CGIの動的モジュール**mod_cgi.so**をロードします。

```
#LoadModule cgi_module libexec/apache2/mod_cgi.so
```

コメント記号「#」を外す　「cgid_module」の行と間違えないように注意

```
LoadModule cgi_module libexec/apache2/mod_cgi.so
```

設定を変更したらApacheを再起動してください。

```
% sudo apachectl restart return
Password:■■■■ return ← パスワードを入力
```

### ●CGIプログラムのデフォルトの保存場所について

macOSのApacheでは、CGIプログラムの保存場所は、/etc/apache2/httpd.confに記述された次の**ScriptAliasMatch**ディレクティブにより、**/Library/WebServer/CGI-Executables**ディレクトリに設定されています。

```
ScriptAliasMatch ^/cgi-bin/((?!(?i:webobjects)).*$)
"/Library/WebServer/CGI-Executables/$1"
```

これはWebブラウザのURLでcgi-binディレクトリが指定された場合、/Library/WebServer/CGI-Executablesディレクトリにマッピングするための指定です。

ScriptAliasMatchディレクティブの記述が複雑ですが、要するにCGIプログラムは/Library/WebServer/CGI-Executablesに保存しておけばよいという設定です。たとえば、Webブラウザから「http://ホスト名/cgi-bin/sample.cgi」がアクセスされた場合、CGIプログラム「/Library/WebServer/CGI-Executables/sample.cgi」が実行されます。

## 19-4-2 CGIプログラムを作成する

ここでは、単にWebブラウザに「CGIプログラムのテスト」と表示するだけのRubyで記述したシンプルなCGIプログラムの作成例を示します。次のようなファイル「**sample.cgi**」を作成し、/Library/WebServer/CGI-Executablesディレクトリに保存します。

**sample.cgi**

```
#!/usr/bin/ruby   ←①
print "Content-Type: text/html\n\n";
print "<html lang='ja'><head>\n";
print "<meta charset='utf-8'>";
print "<title>Ruby CGI</title>";
print "</head>\n";
```

```
print "<body>";
print "<h1>CGIプログラムのテスト</h1>"; ←②
print "</body>";
print "</html>\n";
```

①は、このファイルを実行するプログラムの指定です。このように「#!」の後ろに、rubyコマンドのパスとして「/usr/bin/ruby」を指定します。それ以降の部分ではprintコマンドを使用して単純にHTMLを出力しています。②が文字列「CGIプログラムのテスト」をh1要素として表示している部分です。

MEMO

**「#!～」はプログラムの指定**

**①の部分はシェルスクリプトと同じく、スクリプトを実行するプログラムの絶対パスの指定です。Pythonのスクリプトの場合には次のようにします。**

```
#!/usr/bin/python
```

次に、chmodコマンドで実行権限を設定します。

```
% sudo chmod a+x /Library/WebServer/CGI-Executables/sample➡
.cgi [return]
Password:■■■■ [return] ←パスワードを入力
```

半角スペースを入れずに改行せずに次行の「.cgi」を続けて入力

## ● WebブラウザでCGIプログラムにアクセスする

以上で準備は完了です。Webブラウザで「http://localhost/cgi-bin/sample.cgi」にアクセスしてみましょう。次のようにsample.cgiが実行されます。

**sample.cgi**

# CGIプログラムのテスト

## 19-4-3 ユーザのディレクトリのCGIを許可する

初期状態では、CGIプログラムの実行は/Library/WebServer/CGI-Executablesディレクトリのみに許可されています。次に、別のディレクトリでCGIのプログラムの実行を許可する方法を説明しましょう。ここでは例として、ユーザごとの公開ディレクトリ（~/Sitesディレクトリ）以下に用意されている、拡張子が「**.rb**」のCGIプログラムの実行を許可します。

### ●CGIプログラムの拡張子を登録する

CGIプログラムのデフォルトの保存場所である/Library/WebServer/CGI-Executablesディレクトリに保存したプログラムの場合、実行権限が設定されていれば、任意の拡張子が使用可能です。しかし、そのほかのディレクトリのCGIプログラムを実行する場合には、拡張子を登録しておく必要があります。ここではデフォルトの「.cgi」に加えて、Rubyプログラムの拡張子「**.rb**」を登録してみます。

CGIの拡張子を登録するには、**AddHandler**ディレクティブを使用します。デフォルトの/etc/apache2/httpd.confでは、AddHandlerディレクティブがコメントになっているので、先頭の「#」を削除しスペースで区切って「.rb」を加えます。

```
#AddHandler cgi-script .cgi
```

↓ コメント記号「#」を外す

```
AddHandler cgi-script .cgi .rb
```

←「.rb」を加える

### ●ユーザごとの設定ファイルを編集する

ユーザごとの設定ファイル（ユーザ名が「o2」の場合は/etc/apache2/users/o2.conf」）を編集し、次のような**Options**ディレクティブを追加します。

**/etc/apache2/users/o2.conf**

```
<Directory "/Users/o2/Sites/">
    Options ExecCGI
    AllowOverride All
    Require all granted
</Directory>
```

← 追加する（Options ExecCGI）

### ●WebブラウザからCGIプログラムにアクセスする

以上で準備は完了です。Apacheを再起動し、前述のsample.cgi（P.420）を、/Users/o2/Sitesディレクトリに「**sample.rb**」という名前でコピーしておきましょう。Webブラウザで「http://localhost/~o2/sample.rb」にアクセスすると、次の実行結果が表示されます。

**sample.rb（表示はsample.cgiと同じ）**

| CGIプログラムのテスト |
|---|

### ●アクセスコントロールファイルでユーザのCGIを許可する

/etc/apache2/users/o2.confを修正する代わりに、アクセスコントロールファイル「**.htaccess**」を用意することでもユーザごとのCGIが許可できます。

それには、/Users/o2/Sitesディレクトリに「.htaccess」ファイルを作成して、次の行を記述します。

```
Options ExecCGI
```

# 第20章 WordPressでブログを作成する

**Apacheの活用例として、macOS上でブログサーバを構築する方法について説明しましょう。ブログソフトといってもいろいろですが、本章では、インストール／カスタマイズの容易さなどで人気の高いWordPressを取り上げます。**

ポイントはこれ！

- WordPressは高機能で扱いやすいブログソフトウェア
- WordPressの実行にはApache、MySQL、PHPが必要
- Mac用のApache、MySQL、PHPがパッケージ化されたMAMP
- MySQLのデータベースをGUIで操作するphpMyAdmin

## 20-1 WordPressの概要を知ろう

**WordPress**（http://ja.wordpress.org/）は、現在最も人気の高いブログソフトです。プログラミング言語PHPで記述され、オープンソースとして無償で公開されています。インストールも驚くほど簡単で「5分間インストール」をキャッチフレーズにしています。

ブログのデータは「**MySQL**」というデータベースソフトで管理します。そのため、WordPressを動作させるには「**Apache+PHP+MySQL**」の環境が必要になります。次にWordPressの主な特徴を示します。

- インストール／アップデートが簡単
- 豊富なテーマによりデザインのカスタマイズが簡単
- プラグインを追加することにより機能を自由に拡張できる

## 20-1-1　MAMP環境をセットアップする

WordPressの実行には、Webサーバ「Apache」とPHP、MySQLが連携した環境を構築しなければなりません。特にMySQLに関してはインストールと環境構築を行う必要があり、けっこう面倒です。ここでは、ApacheとPHP、MySQLをまとめて簡単に構築できるようにパッケージ化した「**MAMP**」(Mac、Apache、MySQL、PHP) を使用したインストールについて説明しましょう。

「MAMP」とはLinuxのLAMP (Linux、Apache、MySQL、PHP) のMac版です。Windows用の同じような環境に、WAMP (Windows、Apache、MySQL、PHP) があります。

なお、MAMPのApacheは、macOS標準のApacheと共存が可能です。TCP/IPではIPアドレスでホストを、ポート番号でサービスを識別します。Webサーバはデフォルトで80番のポートを使用しますが、MAMPのApacheはデフォルトで8888番ポートに設定されているので問題ありません。その場合は、次のようにアクセスします。

**ポートを指定してアクセス**

```
http://ホスト名/~:8888
```

なお、macOS付属のApacheを立ち上げない場合、MAMP側のApacheを80番ポートで実行することもできます。

### ● MAMPをインストールする

まず、MAMP本体をインストールします。MAMPのオフィシャルサイト「https://www.mamp.info/en/mac/」を開き、「Free Download」をクリックします。

**MAMP（https://www.mamp.info/en/mac/）**

次のページでIntel MacもしくはAppleシリコンのシステムに応じたパッケージをダウンロードします。

**MAMPのダウンロード**

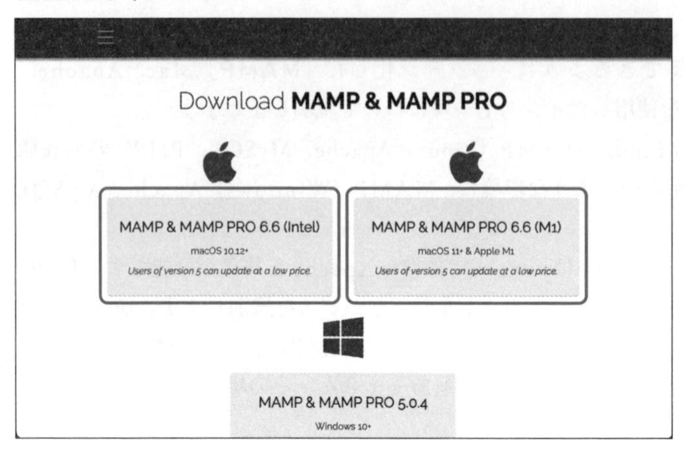


ダウンロードしたパッケージをダブルクリックしてインストーラを起動し、インストールを実行します。

> **MEMO**
>
> **無料版と有料版**
>
> **MAMPとMAMP PROのふたつがインストールされますが、「MAMP PRO」のほうは有料版です。ブログの作成には無料版の「MAMP」で十分です。**

## ● MAMPを起動する

インストールが完了すると「アプリケーション」フォルダに「MAMP」フォルダが作成されます。「MAMP」フォルダのMAMPアプリをダブルクリックして起動してみましょう（MAMPとMAMP PROのどちらを起動するかを選択するダイアログが表示された場合には「Check for MAMP PRO when starting MAMP」のチェックを外し「Launch MAMP」をクリックします）。

以上でMAMPが起動します。「MAMP」ウインドウで「**WebStart**」ボタンをクリックすると、ApacheとMySQLが起動します（「WebStart」ボタンがクリックできない場合には、「Preferences」→「General」の「Start Servers」をチェックしてMAMPを再起動してください）。

**「MAMP」ウインドウ**

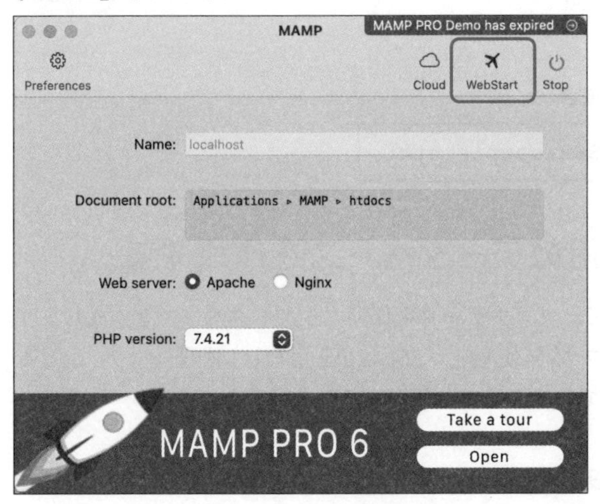


以上で、WebブラウザにMAMPの「WebStart」ページが開かれます。

**MAMPの「WebStart」ページ**

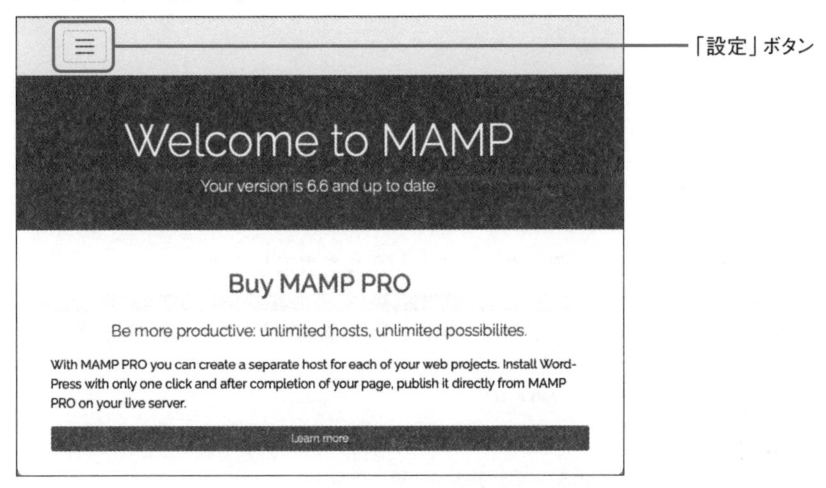


MAMPのApacheでは、Webページの保存場所はmacOS標準のApacheとは異なります。MAMPのApacheでは、DocumentRoot、つまりWebページのデフォルトの保存場所は**/Applications/MAMP/htdocs**ディレクトリになります。適当なHTMLファイルを保存して試してみるとよいでしょう。

注意点として、MAMPのApacheのデフォルトのポート番号は「8888」になります。たとえば保存したsample.htmlにアクセスするには次のようなURLを指定します。

**sample.htmlにアクセスする場合**

```
http://localhost:8888/sample.html
```

## 20-1-2 ブログ用のデータベースを作成する

続いてMySQLを使用して、ブログデータを保存するデータベースを作成します。MAMPには、Webブラウザを使用したMySQL用GUI管理ツールである**phpMyAdmin**が用意されているのでこれを使ってみましょう。

**①「WebStart」ページの「設定」ボタン☰をクリックし「Tools」メニューから「phpMyAdmin」を選択します。**

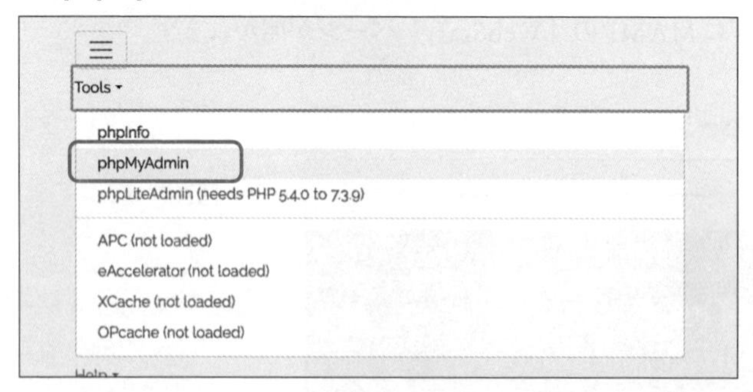


**②「phpMyAdmin」画面で「データベース」パネルを表示します。**

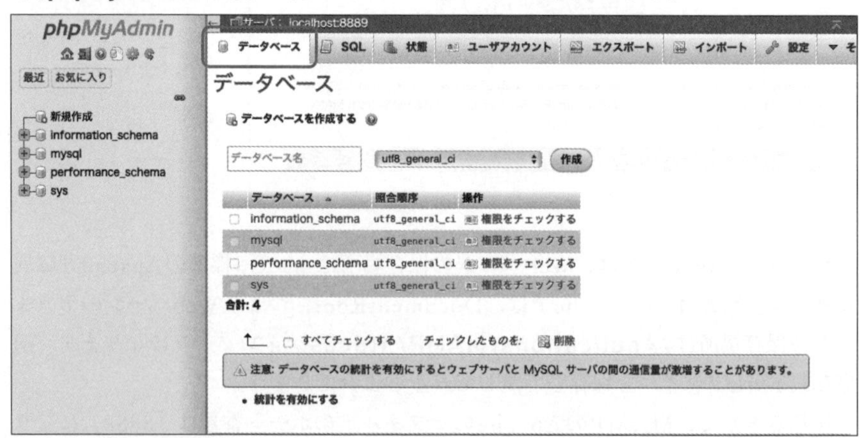

なお、ブラウザの幅が狭いと上部のタブは表示されません。その場合は、左上の☰ボタンをクリックしてメニューから「データベース」を選択します。

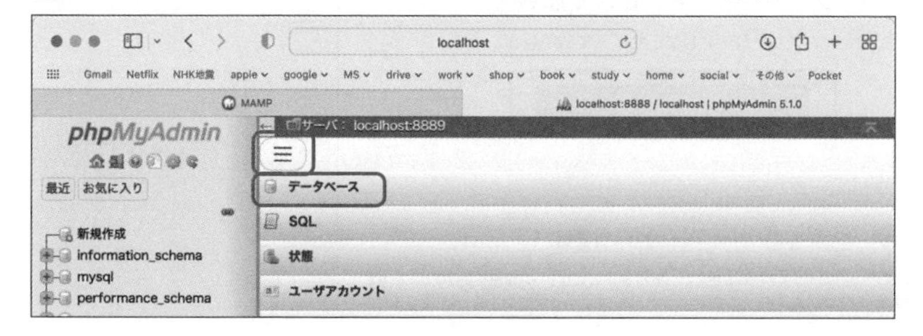


**③「データベースを作成する」の下のテキストボックスにデータベース名を入力し「作成」ボタンをクリックします。**

図の例では「myBlog」という名前のデータベースを作成しています。

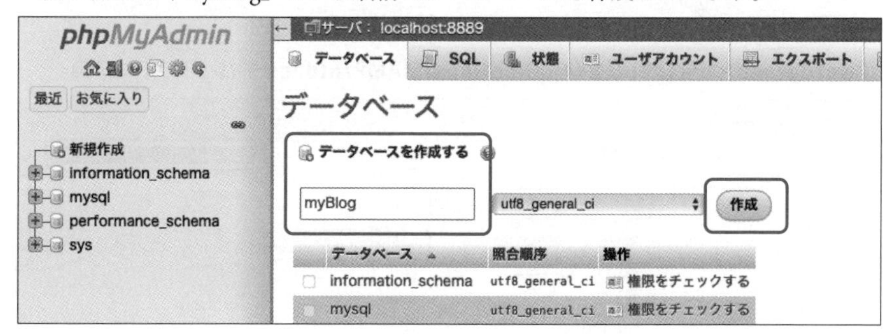


# 20-2 WordPressを動作させる

ここまでの操作で、MAMPの環境設定が完了し、ブログ用のデータベース「myBlog」が用意できました。次にWordPressをダウンロードしてブログを作成してみましょう。

## 20-2-1 WordPressをインストールする

WordPressの日本語オフィシャルサイト（https://ja.wordpress.org）にアクセスして画面をスクロールし、「WordPressを入手」をクリックしてダウンロードページに移動します。

WordPressのダウンロードページ

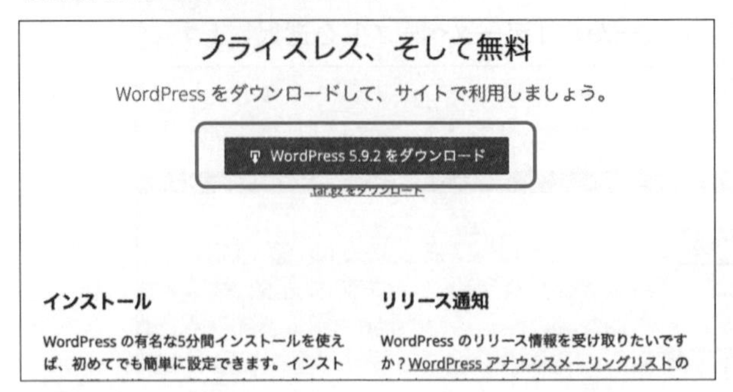


「Wordpress～をダウンロード」をクリックしてWordPressのZip形式の圧縮ファイルをダウンロードします。圧縮ファイルを展開し、作成された「**wordpress**」ディレクトリを**/Applications/MAMP/htdocs**ディレクトリの下に移動します。

「wordpress」ディレクトリを/Applications/MAMP/htdocsディレクトリ下に移動

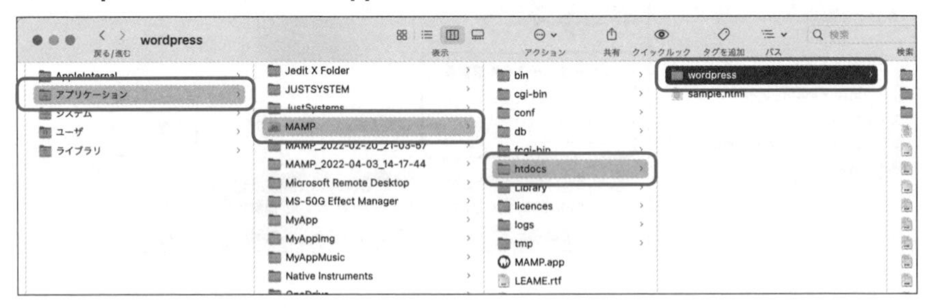


## 20-2-2　WordPressの設定を行う

続いて、WebブラウザでWordPressにアクセスして基本設定を行います。

**①Webブラウザで「http://localhost:8888/wordpress/」を開き、「さあ、始めましょう！」をクリックします。**

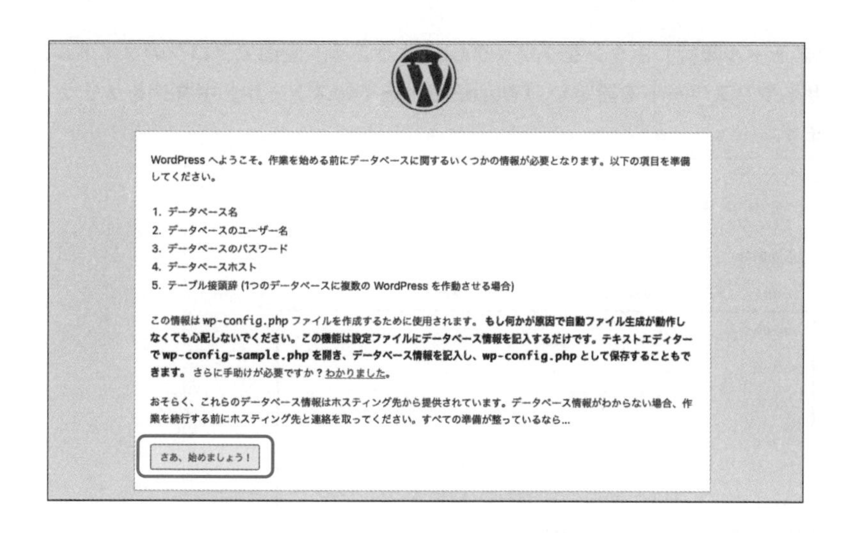


### ②データベース名、ユーザ名などを設定し、「送信」ボタンをクリックします。

データベースのユーザ名はデフォルトで「root」、パスワードは「root」に設定されています。ここでは以下のようにデータベース名、ユーザ名などを設定しました。

- データベース名：myBlog（作成したデータベース）
- ユーザ名：root
- パスワード：root（MAMPの初期パスワード）
- データベースのホスト名：localhost
- テーブル接頭辞：wp_

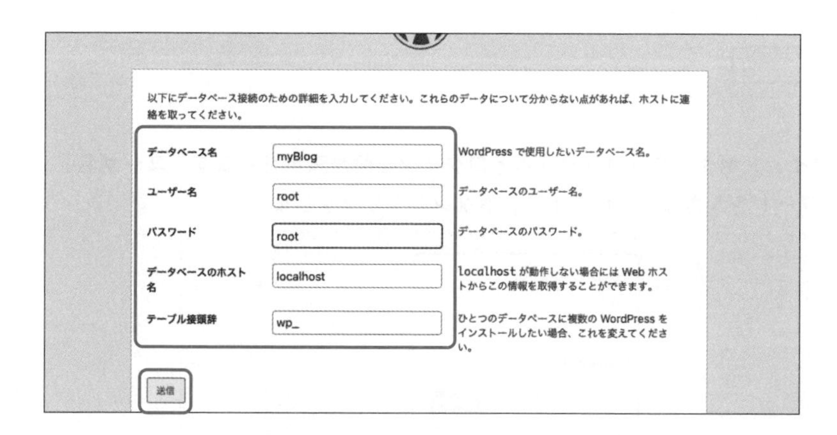


なお、パスワードはphpMyAdminの「ユーザアカウント」ページで変更できます。

③「インストール続行」ボタンをクリックし、「ようこそ」画面でブログのタイトル、ユーザ名やパスワードを設定し、「WordPressをインストール」ボタンをクリックします。

ようこそ

WordPress の有名な5分間インストールプロセスへようこそ！以下に情報を記入するだけで、世界一拡張性が高くパワフルなパーソナル・パブリッシング・プラットフォームを使い始めることができます。

必要情報

次の情報を入力してください。ご心配なく、これらの情報は後からいつでも変更できます。

サイトのタイトル　o2 blog

ユーザー名　o2

ユーザー名には、半角英数字、スペース、下線、ハイフン、ピリオド、アットマーク (@) のみが使用できます。

パスワード　•••••••••　Show

脆弱

重要: ログイン時にこのパスワードが必要になります。安全な場所に保管してください。

パスワード確認　脆弱なパスワードの使用を確認

メールアドレス　xxxxx@mac.com

次に進む前にメールアドレスをもう一度確認してください。

検索エンジンでの表示　検索エンジンがサイトをインデックスしないようにする

このリクエストを尊重するかどうかは検索エンジンの設定によります。

WordPress をインストール

④設定が完了すると「成功しました！」と表示されます。

成功しました！

WordPress をインストールしました。ありがとうございます。それではお楽しみください！

ユーザー名　o2

パスワード　選択したパスワード。

ログイン

⑤「ログイン」ボタンをクリックするとログイン画面が表示されます。ユーザ名とパスワードを入力して「ログイン」ボタンをクリックします。

⑥以上でWordPressのダッシュボードが表示されます。

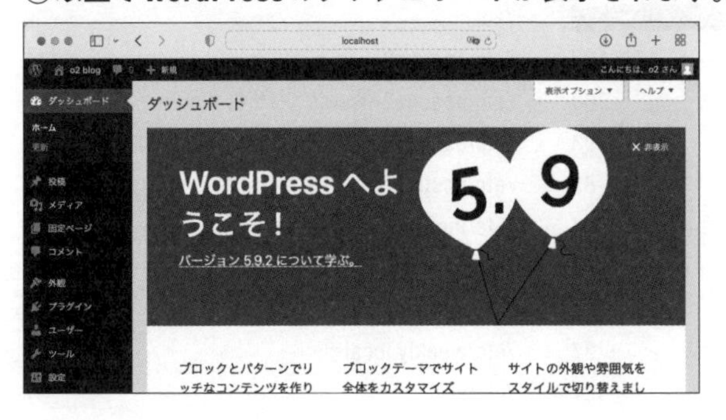


## ●記事を投稿する

⑥の画面左上の「+新規」ボタンをクリックして、記事を投稿してみましょう。

**記事を入力して「公開」をクリック**

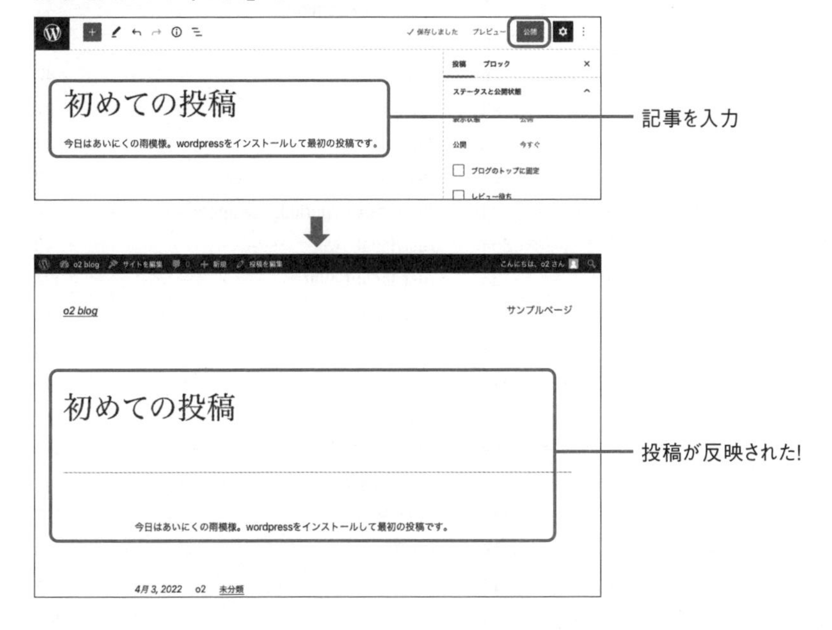


これ以降、管理画面を開くには「http://localhost:8888/wordpress/wp-login.php」にアクセスします。

本書の解説はここまでです。これでまずは一歩を踏み出せるはずです。さらにいろいろと調べて操作してみてください。

## 記号／数字

## D



## E



## F

## M



## N



## O



## P



## R



## S

## T



## U



## V



## W

## さ

## た



## な



## は

## ま



## や

## ら



## わ

## ■ 著者プロフィール


### 大津 真（おおつ まこと）

東京都生まれ。早稲田大学理工学部卒業後、外資系コンピューターメーカーにSEとして8年間勤務。現在はフリーランスのテクニカルライター。プログラマーのかたわら、ミュージシャンとしても活動。自己のユニット「Giulietta Machine」にて、4枚のアルバムをリリース。主な著書に『基礎Python改訂2版』『Linuxサーバ入門［CentOS 8対応］』『これから学ぶPython』（以上、インプレス）、『SwiftUIではじめるiPhoneアプリプログラミング入門』（ラトルズ）、『MASTER OF Logic Pro X［改訂第2版］』（ビー・エヌ・エヌ新社）、他多数。



■STAFF

| | |
|---|---|
| カバー・本文デザイン | 細山田光宣+狩野聡子（株式会社細山田デザイン事務所） |
| カバーイラスト | 橋本 聡 |
| DTP & 編集 | 芹川 宏（株式会社ピーチプレス） |
| 編集協力 | 進藤 智文 |
| 編集 | 石橋 克隆 |

**本書のご感想をぜひお寄せください**

**https://book.impress.co.jp/books/1121101093**

読者登録サービス CLUB impress

アンケート回答者の中から、抽選で**図書カード（1,000円分）**などを毎月プレゼント。
当選者の発表は賞品の発送をもって代えさせていただきます。
※プレゼントの賞品は変更になる場合があります。

■商品に関する問い合わせ先
このたびは弊社商品をご購入いただきありがとうございます。本書の内容などに関するお問い合わせは、下記のURLまたはQRコードにある問い合わせフォームからお送りください。

**https://book.impress.co.jp/info/**

上記フォームがご利用頂けない場合のメールでの問い合わせ先
info@impress.co.jp

※お問い合わせの際は、書名、ISBN、お名前、お電話番号、メールアドレスに加えて、「該当するページ」と「具体的なご質問内容」「お使いの動作環境」を必ずご明記ください。なお、本書の範囲を超えるご質問にはお答えできないのでご了承ください。

- 電話やFAXでのご質問には対応しておりません。また、封書でのお問い合わせは回答までに日数をいただく場合があります。あらかじめご了承ください。
- インプレスブックスの本書情報ページ　https://book.impress.co.jp/books/1121101093 では、本書のサポート情報や正誤表・訂正情報などを提供しています。あわせてご確認ください。
- 本書の奥付に記載されている初版発行日から3年が経過した場合、もしくは本書で紹介している製品やサービスについて提供会社によるサポートが終了した場合はご質問にお答えできない場合があります。

■落丁・乱丁本などの問い合わせ先
FAX　03-6837-5023
service@impress.co.jp

- 古書店で購入された商品はお取り替えできません。



# エンジニアなら知(し)っておきたい macOS(マックオーエス)環境(かんきょう)のキホン

## コマンド・Docker(ドッカー)・サーバなどをイチから解説

2022年7月21日　初版第1刷発行

著　者　　大津 真(おおつ まこと)
発行人　　小川 亨
編集人　　高橋隆志
発行所　　株式会社インプレス
〒101-0051　東京都千代田区神田神保町一丁目105番地
ホームページ　https://book.impress.co.jp/



印刷所　音羽印刷株式会社

978-4-295-01503-1　　C3055



Printed in Japan